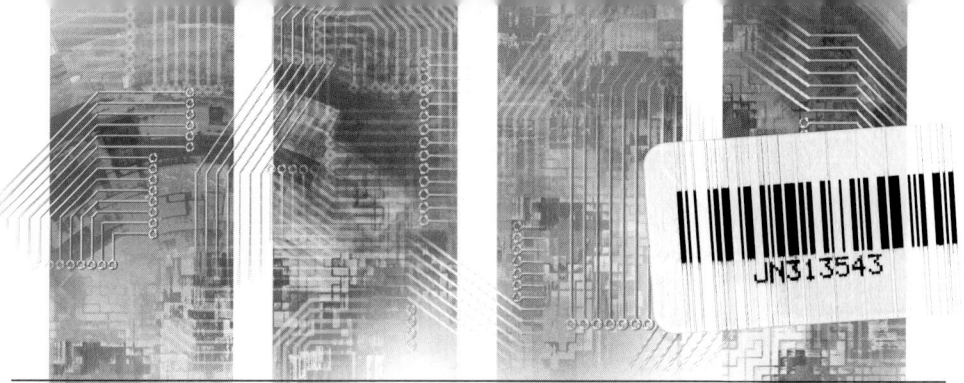

コンピュータサイエンス入門

日向俊二●著

本書で取り上げられているシステム名／製品名は、一般に開発各社の登録商法／商品名です。本書では、™およびⓇマークは明記していません。本書に掲載されている団体／商品に対して、その商標権を侵害する意図は一切ありません。本書で紹介しているURLや各サイトの内容は変更される場合があります。

はじめに

　本書は、コンピュータサイエンス（計算機科学）全般について解説する書籍です。コンピュータの原理や構造はもちろん、アルゴリズム、ソフトウェアとハードウェアの理論と技術、ネットワーク、これからのコンピュータ技術についてまで、コンピュータの科学に関連したさまざまなことを網羅しています。

　本書は、コンピュータの専攻学生と、コンピュータを専門としない読者を対象としています。コンピュータの専攻学生にとっては、本書はコンピュータサイエンスの基礎を学習し、将来の方向を決定するために役立ちます。本書の内容は専門課程の最初の教科書として相応しく、以降の学習の基礎となるでしょう。コンピュータを専門としない読者は、本書を通読することでコンピュータに関すること全般について把握できるので、コンピュータをより深く理解し、より効果的に利用できるようになります。特に、本書はコンピュータを利用するうえで重要な用語や概念を網羅しているので、コンピュータを利用するうえで必要不可欠な知識を得ることができます。また、本書はコンピュータ的なものの見方や考え方に重点を置いているので、本書を通読することで、ものごとをコンピュータで扱う際に必要な見方や考え方ができるようになります。

　現代のコンピュータサイエンスは、広範で変化の激しい分野です。しかし、本書では時代が変わっても変わらぬ重要性を持つことに焦点を当てて、どのようなコンピュータの使い方をしようと、あるいは、将来どの分野に進もうとも、知っておくべき重要で本質的な事柄について説明しています。本書を通読するとコンピュータサイエンスの全体像を把握することができ、興味を抱いたトピックを追究してゆくと専門分野への道が開かれるでしょう。

　さあ、魅惑的で可能性を秘めたコンピュータサイエンスの世界に足を踏み込みましょう。

日向 俊二

●本書の内容

第1章 コンピュータの歴史
原始的な計算機から現代のコンピュータまでのハードウェアの進歩と、その中におけるアルゴリズムとコンピュータの関係について解説します。

第2章 コンピュータシステムの基礎
最小のデータ単位であるビットからはじめて、CPUの仕組み、コンピュータの構成要素などについて解説します。

第3章 数とデータ表現
2進数、8進数、10進数、16進数、BCDなどについて解説します。

第4章 アルゴリズム
アルゴリズムとは何か、計算量や計算可能性、そして暗号化や圧縮のようなよく使われるアルゴリズムについて解説します。

第5章 プログラミング言語
マシン語と、高級プログラミング言語であるC言語、C++、Visual Basic、Java、C#、Delphiなどの概要と特徴について解説します。

第6章 ソフトウェア
OS（オペレーティングシステム）についてと、ワードプロセッサや表計算、グラフィックスからサウンドまで、コンピュータを実際に応用する分野について解説します。

第7章 データ構造
配列やリスト、スタックなどの代表的なデータ構造について解説します。

第8章 ファイルとデータベース
さまざまなファイル形式、データベースの基礎と構造、オブジェクト指向データベースなどについて解説します。

第9章 通信とネットワーク
ネットワークとネットワークプロトコル、ネットワーク上でのセキュリティー、通信エラーについて解説します。

第10章 ソフトウェアエンジニアリング
ソフトウェアのライフサイクル、モジュール化、テスト、ソフトウェアのドキュメントなどについて解説します。

第11章　AIとニューロコンピュータ

　AI（人工知能）とニューロコンピュータ、将来のコンピュータ技術について解説します。

第12章　コンピュータと社会

　コンピュータは社会に大きな影響を与えています。この章では、コンピュータの社会における役割や立場について考えます。

●本書の表記

補足説明や関連事項であることを表します。

参照⇒参照するとよい項目を表します。

●ご注意

　変革が急速なコンピュータの世界では用語が必ずしも統一されていません。また、コンピュータに関連する用語や意味は使われる状況に応じてさまざまな意味を持つことがあり、同じ言葉を状況に応じて異なる意味で使うことがあります。本書は最も一般的に使われる用語や概念を解説しています。特定の資格試験を受験される場合は、その資格試験のための教科書や参考書を参照してください。

　本書を使用、参照、運用した結果の影響については、著者、編集者、出版社はいっさい責任を負いかねます。あらかじめご了承ください。

　ここに含まれるすべての情報は、本書執筆時のものです。定義や権利所有者は、将来変わる可能性があります。

　ここに記載されている会社名、商品名や製品名などは、一般に各権利所有者の登記済み社名、商標または登録商標です。

目 次

はじめに iii

第1章 コンピュータの歴史 1

1.1 計算機の起源 2
最初の計算機 2
練習問題 3
計算機とアルゴリズム 3

1.2 機械式計算機 4
ギア式計算機 4
練習問題 6
チューリングマシン 5

1.3 デジタル計算機 6
リレーの時代 6
シリコンの時代 9
練習問題 11
真空管の時代 7
PCの時代 10

1.4 ソフトウェアの歴史 12
初期のソフトウェア 12
専用ソフトウェアの時代 13
PCの時代 14
練習問題 16
ノイマン型コンピュータの登場 12
OSとパッケージソフトウェアの時代 ... 13
インターネットの時代 15

第2章 コンピュータシステムの基礎 17

2.1 情報の最小単位とCPU 18
ビット 18
練習問題 20
ビットパターン 19

2.2 論理演算と論理回路 21
ブール演算 21
ゲート 23
練習問題 27
NANDとNOR 22
フリップフロップ 25

2.3 コンピュータの構成要素 28
ノイマンシステム 28
FPU 31
CISCとRISC 32
練習問題 33
CPU 29
パイプライン 32
マルチプロセッサマシン 33

2.4 システムバス 34
- データバス 34
- アドレスバス 35
- 練習問題 36
- プロセッサのサイズ 35
- コントロールバス 36

2.5 メモリ 37
- メモリの構造 37
- RAM と ROM 39
- リトルエンディアンとビッグエンディアン 40
- マスストレージ 41
- I/O 44
- メモリの単位 38
- キャッシュメモリ 39
- 実メモリと仮想メモリ 41
- データの読み書き 43
- 練習問題 44

2.6 レジスタ 45
- レジスタ 45
- セグメントレジスタ 47
- フラグレジスタ 49
- 練習問題 51
- 汎用レジスタ 45
- 特殊目的のレジスタ 49
- FPUのレジスタ 50

2.7 プログラムの実行 52
- プログラムの実行順序 52
- ソースプログラムとCPU 53
- プログラムとデータ 52
- 練習問題 53

2.8 データの転送 54
- シリアルとパラレル 54
- DMA 55
- 誤り訂正 57
- 転送速度 55
- 転送エラー 56
- 練習問題 57

第3章 数とデータ表現 …… 59

3.1 値の表し方 60
- N進数 60
- 2進数 61
- 16進数 65
- 練習問題 68
- 10進数 60
- 8進数 64
- 2進化10進数（BCD） 67

3.2 符号 69
- 符号付き数の表現 69
- 2の補数の演算 71
- BCDの符号 72
- 練習問題 74
- 2の補数 69
- 16進表現の負数の計算 72
- オーバーフロー 74

3.3 実数 75
- 2進数の分数表現 75
- 練習問題 78
- 浮動小数点数 76

3.4 ニブル、バイト、ワード ... 78
- ニブル ... 78
- ワード ... 79
- 練習問題 ... 80
- バイト ... 79
- ダブルワード ... 80

3.5 数の演算 ... 81
- ビットごとのAND ... 81
- ビットごとのOR ... 83
- シフト ... 84
- 練習問題 ... 86
- ビットごとのXOR ... 82
- ビットの反転（NOT）... 83
- ローテート ... 86

3.6 さまざまなデータ ... 87
- 文字 ... 87
- グラフィックス ... 89
  - ラスタ型のグラフィック／89　ベクタ型のグラフィックス／92
- サウンド ... 94
- テキスト ... 88
- 練習問題 ... 95

第4章 アルゴリズム 97

4.1 アルゴリズム ... 98
- アルゴリズム ... 98
- アルゴリズムの表現 ... 99
- 実行制御 ... 102
  - 繰り返し／102　分岐／103
- 練習問題 ... 105
- アルゴリズムとプログラム ... 99
- アルゴリズムの発見 ... 101

4.2 計算可能性 ... 106
- 解決可能な問題 ... 106
- 困難な問題 ... 107
- 計算できない問題 ... 107
- 練習問題 ... 109

4.3 正当性 ... 110
- 前提条件 ... 110
- 練習問題 ... 111
- アルゴリズムの検証 ... 110

4.4 計算量 ... 112
- ステップ数 ... 112
- 計算時間量と空間計算量 ... 116
- 練習問題 ... 117
- ソートの計算量 ... 112
- システムと計算時間 ... 116

4.5 さまざまなアルゴリズム ... 118
- 探索 ... 118
- 圧縮 ... 120
- 暗号 ... 119
- 練習問題 ... 121

第5章 プログラミング言語 …… 123

5.1 プログラムと言語 124
- 実行可能なコード 124
- プログラミング言語の構成 125
- プログラミング言語の文化 127
- 練習問題 128
- プログラミング言語 125
- 言語のレベル 126
- クロスプラットフォーム 127

5.2 アセンブリ言語 129
- アセンブリ言語のニモニック 129
- 単純なアセンブリ言語プログラム 131
- アセンブラとアセンブリ言語 134
- 命令セット 130
- アセンブリ言語のプログラム 133
- 練習問題 135

5.3 高級プログラミング言語 136
- 高級言語 136
- 言語の実装 137
- インタープリタ 139
- コンパイラ 136
- 開発ツール 138
- 練習問題 139

5.4 プログラムと構造 140
- プロシージャ 140
- モジュラープログラミング 141
- 練習問題 142
- 構造化プログラミング 141
- イベント駆動型プログラミング 142

5.5 オブジェクト指向プログラミング 143
- オブジェクト 143
- クラスとインスタンス 145
- 継承 146
- 練習問題 147
- オブジェクトの操作 144
- カプセル化 146
- ポリモーフィズム 147

5.6 主なプログラミング言語 148
- C言語 148
- Visual Basic 150
- C# 153
- FORTRAN 155
- スクリプト言語 156
- C++ 149
- Java 153
- Delphi言語 154
- COBOL 155
- 練習問題 156

5.7 記述言語 157
- 記述言語 157
- XML 159
- XMLとHTML 165
- HTML 157
- XMLドキュメントの構造 161
- 練習問題 166

第6章 ソフトウェア …… 167

6.1 システムソフトウェア 168
システムソフトウェアとアプリケーション ... 168
プログラムローダー 169
練習問題 171
OSを使わないシステム 168
デバイスドライバ 170

6.2 OS 172
OSの役割 172
ウィンドウシステムとの統合 174
OSの構造 173
練習問題 175

6.3 マルチタスクOS 175
マルチタスク 175
プロセスとスレッド 176
競合の回避 177
マルチユーザー 179
マルチタスクの仕組み 175
プライオリティ 177
デッドロック 178
練習問題 179

6.4 主な汎用OS 180
UNIX系OS 180
Mac OS 182
その他のOS 182
Windows 181
MS-DOS 182
練習問題 183

6.5 クライアント・サーバーシステム 184
クライアント・サーバーシステム 184
練習問題 185
ファットとシン 185

6.6 アプリケーションソフトウェア 186
アプリケーションプログラム 186
オフィス 187
　ワードプロセッサ／187　表計算ソフトウェア／188　データベース／189
　プレゼンテーション／189
業務アプリケーション 190
グラフィックス 190
Web・インターネット 187

サウンド 190
練習問題 191

6.7 その他の応用 192
医用コンピュータ 192
教育 193
農林水産業 194
宇宙航空技術 192
生物・化学 193
練習問題 194

第7章 データ構造 …… 195

7.1 データ型と構造 196
データ型 196
ポインタ 197
データ構造 197
練習問題 198

7.2 配列 ... 199
- 配列の構造 ... 199
- 配列の使い方 ... 202
- 2次元配列 ... 201
- 練習問題 ... 203

7.3 リスト ... 204
- リストの構造 ... 204
- 練習問題 ... 207
- リストの使い方 ... 206

7.4 スタック ... 208
- スタックの構造 ... 208
- 練習問題 ... 210
- スタックの使い方 ... 209

7.5 キュー ... 211
- キューの構造 ... 211
- 練習問題 ... 213
- キューの使い方 ... 212

7.6 ツリー ... 214
- ツリー構造 ... 214
- 練習問題 ... 215
- ツリーの使い方 ... 215

7.7 カスタムデータ構造 ... 216
- ユーザー定義のデータ構造 ... 216
- メンバーへのアクセス ... 218
- データ構造体 ... 216
- 練習問題 ... 219

第8章 ファイルとデータベース 221

8.1 ファイル ... 222
- ファイル ... 222
- バッファ ... 224
- ファイルの圧縮 ... 225
- OSとファイル ... 222
- ハッシュ ... 224
- 練習問題 ... 225

8.2 構造のないファイル ... 226
- テキストファイル ... 226
- バイナリファイル ... 228
- シーケンシャルファイル ... 227
- 練習問題 ... 229

8.3 構造化されたファイル ... 229
- レコード ... 229
- インデックス ... 232
- 練習問題 ... 233
- 可変長レコード ... 230
- ハッシュテーブル ... 233

8.4 データベース ... 234
- データベースの基礎 ... 234
- リレーショナルデータベース ... 236
- データベース問い合わせ言語 ... 237
- データベース管理システム ... 235
- データベースの完全性 ... 237
- ロック ... 238

	トランザクション 239	データの保全 239
	分散データベース 240	練習問題 241

8.5　オブジェクト指向のデータベース 242
オブジェクトデータベース ....242　　オブジェクト指向データベース 243
練習問題 244

第9章　通信とネットワーク …… 245

9.1　通信 246
通信機能 ....246　　通信リソース 247
ポート ....247　　機器の制御 248
練習問題 248

9.2　ネットワーク 249
ネットワークの種類 ....249　　ネットワークプロトコル 251
練習問題 253

9.3　インターネット 254
インターネット ....254　　インターネットアドレス 255
Web ....256　　電子メール 258
練習問題 258

9.4　セキュリティー 259
システムのセキュリティー ....259　　セキュリティー対策 260
ネットワークのセキュリティー ....260　　練習問題 262

第10章　ソフトウェアエンジニアリング …… 263

10.1　ソフトウェア開発 264
ソフトウェア開発 ....264　　CASE 264
トップダウンとボトムアップ ....265　　ソフトウェアの生産性 266
ソフトウェアエンジニア ....266　　練習問題 267

10.2　ソフトウェアのライフサイクル 268
ソフトウェアのライフサイクル ....268　　バグフィックス 269
練習問題 269

10.3　モジュール化 270
モジュール ....270　　モデル 271
UML ....271　　プロトタイプ 272
練習問題 273

10.4 ソフトウェアの品質 274
- ソフトウェアの品質 274
- 練習問題 276
- 品質の管理 275

10.5 テスト 277
- プログラムのテスト 277
- モジュールのテスト 279
- ハードウェアの問題 280
- 練習問題 281
- ベータテスト 278
- テストの支援ツール 279
- デバッグ 280

10.6 ドキュメント 282
- ドキュメンテーション 282
- 練習問題 284
- ドキュメントの作成と更新 283

第11章 AIとニューロコンピュータ 285

11.1 AI（人工知能） 286
- 認識と推論 286
- エキスパートシステム 287
- PrologとLisp 288
- 知識ベース 286
- チューリングテスト 287
- 練習問題 289

11.2 ニューロコンピュータ 290
- 脳と電子回路 290
- 応用例 292
- ニューロンとモデル 290
- 練習問題 293

11.3 遺伝的アルゴリズム 294
- 遺伝的アルゴリズム 294
- 練習問題 295
- 遺伝的プログラミング 295

11.4 あいまいさの表現 296
- ファジィ理論 296
- 練習問題 297
- ファジィプログラミング 297

11.5 ロボット 298
- ロボット 298
- サイボーグ 299
- 練習問題 301
- ヒューマノイド 299
- ウェアラブルコンピュータ 300

11.6 未来の技術 302
- 光技術 302
- 有機コンピュータ 303
- ナノテクノロジー 303
- 自然言語処理 302
- センサー 303
- 練習問題 304

第12章 コンピュータと社会 …… 305

12.1 コンピュータと人間 …… 306
- 技術の進歩と社会 …… 306
- 人間と社会 …… 307
- 練習問題 …… 308
- コンピュータと脳 …… 306
- 戦争と破壊 …… 308

12.2 情報の保護 …… 309
- 情報の価値 …… 309
- 権限と責任 …… 310
- 情報の公開 …… 309
- 練習問題 …… 310

12.3 権利と義務 …… 311
- 所有権 …… 311
- 練習問題 …… 312
- 製造責任 …… 212

12.4 オープンソフトウェア …… 313
- オープンソースソフトウェア …… 313
- オープン開発 …… 314
- オープンソースの特徴 …… 314
- 練習問題 …… 315

12.5 コンピュータとビジネス …… 316
- 伝統的なビジネス …… 316
- オープンソースとビジネス …… 317
- 新しいビジネス …… 316
- 練習問題 …… 318

付録 …… 319
- 付録A ASCIIコード …… 320
- 付録B 略語 …… 321
- 付録C 参考リソース …… 323

索引 …… 324

第1章

コンピュータの歴史

原始的な計算機から現代のコンピュータまで、ハードウェアは飛躍的に進歩しました。当初は意識されることさえなかったソフトウェアも、ハードウェアの進歩と共に発展しました。

1.1　計算機の起源

1.2　機械式計算機

1.3　デジタル計算機

1.4　ソフトウェアの歴史

1.1 計算機の起源

コンピュータのことを日本語で**電子計算機**といいます。コンピュータが当初は計算機と呼ばれていた理由は、まさに計算をするための機械であったためです。計算をする機械からコンピュータへの進化には、アルゴリズムが大きく関わっています。

●●● 最初の計算機

現在でも広く知られていて、最も古い計算機は、**アバカス**（Abacus）や東洋の**そろばん**（算盤）でしょう。

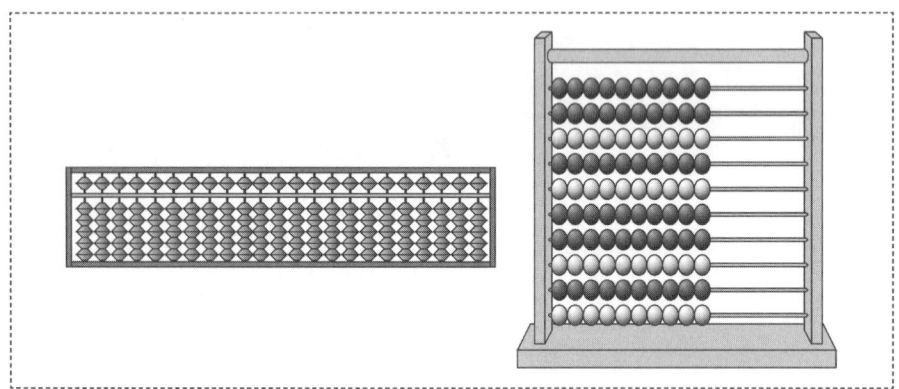

図1.1　そろばんとアバカス

アバカスやそろばんには、玉を移動して値を置くことができます。そして、これらは計算のために使った道具です。しかし、アバカスやそろばんそれ自身には、計算を行う機能はありません。足し算や引き算のような計算を行うのは人間です。アバカスやそろばんを使った足し算や引き算を行う手順を知っている人間が、手順に従って玉を操作することで結果を得ることができます。

計算機とアルゴリズム

アバカスやそろばんのような道具を使った計算には、一定の手順があります。このような計算の手順は、一種の**アルゴリズム**であると考えることができます。

アバカスやそろばんは、それ自身ではアルゴリズムを実行できません。足し算や引き算のような計算は、実際には人間が行います。一方、アバカスやそろばんには、値を保存する機能があります。たとえば、3という数をアバカスやそろばんに置くことができます。つまり、アバカスやそろばんは、値を記憶するという機能はありますが、それ自身は計算の手順（アルゴリズム）を実行できない機械です。この点で、アバカスやそろばんはコンピュータとは異なります。

アバカスやそろばんは、メモリ（記憶媒体）としての機能と、計算の手順を手助けする機能を備えた単純な機械であるといえます。

練習問題

1. そろばんで8＋6を計算するときの手順を書き出してください。
2. 2進数の計算を行うそろばんを設計してください。

コンピュータと計算機

日本ではコンピュータのことを電子計算機といい、単に計算機ともいいます。たとえば、コンピュータサイエンスのことを計算機科学と呼ぶことがあります。しかし、厳密にいえば、コンピュータと計算機はまったく異なる機械です。

計算機はあくまでも計算をするための機械であって、英語ではcalculatorといいます。一方、コンピュータ（computer）は、計算を行うだけでなく、情報を保存し、プログラム（アルゴリズム）を実行するシステムです。また、ほかのシステムと通信したり、一定の条件のもとで、推論したり、予測したりすることもあります。将来は、コンピュータが考えたり創造するようになるかもしれません。

コンピュータの概念が日本に導入されたときから、電子計算機あるいは単に計算機という言葉がcomputerの訳語として使われてきましたが、コンピュータの技術が発展すれば発展するほど、計算機という言葉は相応しくなくなっています。

1.2 機械式計算機

時代が進むにつれて、計算の手順を実行するための何らかの工夫を取り入れた計算機が作られるようになりました。

ギア式計算機

力を伝える道具としてギアが発明されたあとで、ギアを使った計算機が設計されました。**ギア式計算機**は純粋にギアとカムだけで構成されています。

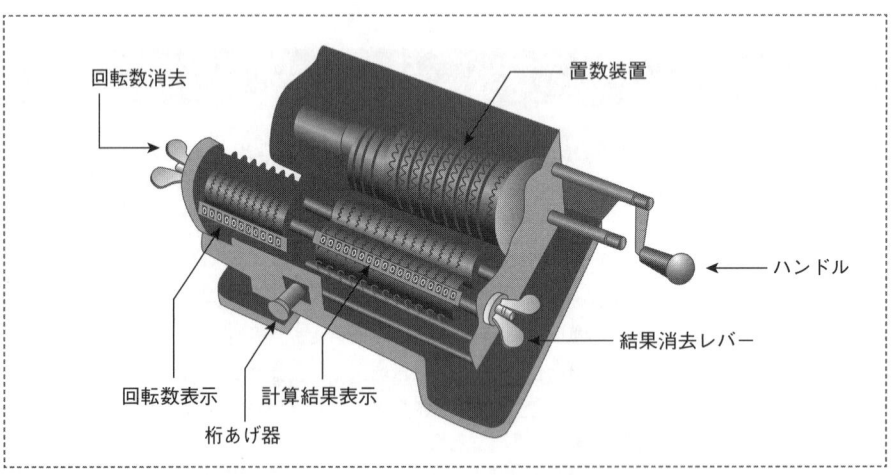

図1.2　ギア式計算機

ギアを使った計算機械の発明者には、フランスのパスカル（Blaise Pascal、1623－1662）、ドイツのライプニッツ（Gottfried Wilhelm Leibniz、1646－1716）、英国のバベージ（Charles Babbage、1792－1871）などがいました。**パスカルの機械**は付加したアルゴリズムに従うように作られていました。いいかえると、手順は機械それ自身の構造の中に埋め込まれていました。**ライプニッツの機械**は、いくつかのアルゴリズムから選択して演算を行うことができました。バベージの**差分エンジン**（Difference Engine）は、デモンストレーションモデルだけが組み立てられましたが、いろいろな計算を行うために変更することができ、**分析エンジン**（Analytical Engine）は紙の

カードから指示を読み込むように設計されていました。

　紙に穴を開けてアルゴリズムを表現するという考え方はバベッジより以前に、織機で開発されて使われていました。

　ギア式計算機は、やがて**手回し式計算機**に発展しました。のちに電動モーターが発明されると、手回し式計算機は**電動計算機**になりました。電動計算機は比較的最近（20世紀中ごろ）まで使われていました。

　ギア式計算機はより複雑なことをしようとすると構造がとても複雑になります。機械で実現できる複雑さには限界があります。そのため、ギア式では比較的単純な計算を行う機械以上のものは実現困難でした。

●●●チューリングマシン

　1936年にイギリスの数学者アラン・チューリング（Alan Turing）が計算を行う機械のモデルを考案しました。これを**チューリングマシン**（Turing Machine）といいます。チューリングマシンは、理論的に考案された仮想の機械で、現実に組み立てられた機械ではありません。

　チューリングマシンは、セルに分割されている無限に長い一本のテープと、テープにデータを読み書きする一個のヘッドから構成されているものと考えます。また、チューリングマシンは内部状態を持っています。その状態とヘッドから読み出したデータの組み合わせによって、以下の動作を行います。

・ヘッドを右か左に1つ移動する
・ヘッドの位置の情報を読み取る
・ヘッドの位置に情報を書き込む
・機械の内部状態を変える

　この手順に従えば答えが求められるような計算は、理論上すべて実行できるとされています。

　現在のコンピュータはチューリングマシンの原理に従っているといわれています。しかし、チューリングマシンの記憶媒体であるテープの長さには限界がありません。一方、コンピュータのメモリには大きさに限界があります。その意味では、チューリングマシンには現在のコンピュータのような限界はなかったといえます。

●練習問題

1. プログラムという観点からみたときに、ギア式計算機と現在のコンピュータで最も大きく違う点を指摘してください。
2. チューリングが考案したマシンをソフトウェアで完全に実現できない理由を挙げてください。

1.3 デジタル計算機

2つの異なる状態が存在すれば、それで0と1を表すことができます。そして、これで2進数を表すことができます。2つの異なる状態で0と1を表す手法を使った計算機が、さまざまな方法で作られました。

●●● リレーの時代

リレーは電磁石を使って電気の接点を切り替える、一種のスイッチです。電気を通すと磁石の力で一方の回路がオンになり、他方の回路をオフにすることができます。このリレーを使って計算機を作成した時代がありました。

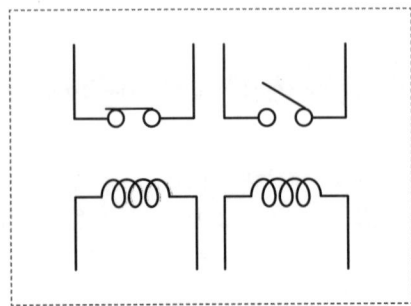

図1.3 リレー

リレーを使った大規模自動デジタル計算機では、1944年に完成した**Mark I**と呼ぶ機械が有名です。Mark Iでは命令は紙に穴を開けたテープ（さん孔テープ）から読み取りました。

図1.4 Mark I（写真提供：日本IBM）

リレーを大量に使うことで、より能力の大きな計算機を作ることができます。しかし、機械自体の大きさが大きくなりすぎる、配線が長くなる、たくさんの電力を必要とするなどの問題があって、限界がありました。

のちに、リレーに代わって、真空管、トランジスタ、IC、LSIへとスイッチ素子が小さなデバイスに変わっていきますが、スイッチの組み合わせで論理回路を構成するという原理はこのときに確立されます。

●●●真空管の時代

真空管は、アナログにもデジタルにも使うことができるデバイスです。この真空管を使った完全に電子的なデジタルのコンピュータの時代がありました。この時期は戦争の時代であったので、多くのマシンが作られました。たとえば、1946年にはペンシルバニア大学のムーア校でモークリー（John William Mauchly）とエッカート（John Presper Eckert）によって18,800本の真空管を使った**ENIAC**が作られました。また、1942年にアイオワ州立大学のアタナソフ（John Vincent Atanasoff）とベリー（Clifford Edward Berry）によって**ABC**が、1943年にはイギリスで**Colossus**という電

子計算機が作られました。しかし、これらは主に弾道計算や暗号解読のような軍事目的に使われたため、軍や国家の機密として公表されないものがありました。

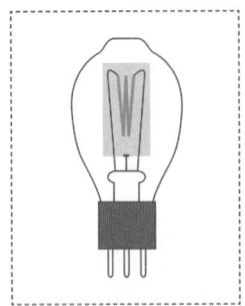

図 1.5　真空管

図 1.6　ENIAC（写真提供：米国ユニシス社）

　この頃の真空管計算機は、信頼性に問題がありました。真空管には寿命があるので、真空管の数が多くなるほど故障が多くなります。当時の真空管の平均寿命は約 2,000 時間でしたので、18,800 本の真空管を使っている場合、単純に計算すると、数分に一度は真空管のどれかが故障することになります。

●●●シリコンの時代

トランジスタが発明されると、真空管はトランジスタに置き換えられました。真空管がトランジスタに置き換えられただけで、デバイスの寿命が長くなり、使用電圧は低くなり、消費電力も少なくなって、コンピュータは小型化されました。小型化されると回路をさらに増やすことができます。半導体化されたことでコンピュータの可能性が大幅に広がりました。

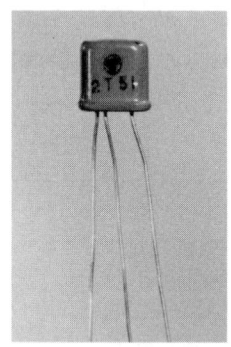

図1.7 トランジスタ（ソニーが1954年に日本初の試作に成功したトランジスタ、写真提供：ソニー（株））

さらに、ひとつの基盤に、複数のトランジスタ、抵抗、コンデンサ、ダイオードなどの素子を集めて基板の上に装着した**IC**（Integrated Circuit、**集積回路**）が作られました。

ICのようなデバイスで、ひとつのデバイスに集められている素子の数を**集積度**という言葉で表します。ICの集積技術は発展し、ICのうち、素子の集積度が1,000個〜10万個程度と高い**LSI**（Large Scale Integration、**大規模集積回路**）が開発されました。

集積回路の開発で、コンピュータの能力は飛躍的に拡大され、小型化されました。

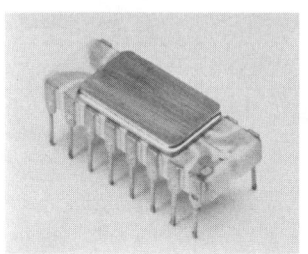

図1.8 LSI（1971年、世界で初めてのマイクロプロセッサi4004、写真提供：インテル（株））

第1章 コンピュータの歴史

集積度が10万を超えるものをVLSI (Very Large Scale Integration)、1,000万を超えるものをULSI (Urtla Large Scale Integration) と呼んで区別した時代もありましたが、現在では、LSIも含めてすべてをICと呼ぶことがあります。

●●● PCの時代

　以前はひとつの部屋を占有するほどの大型のコンピュータに備わっていた能力が、デバイスの小型化と集積化によって、机の上に載る**パーソナルコンピュータ**（Personal Computer、**PC**）にも備わるようになりました。現在では、かつての大型コンピュータを上回る能力を持ったコンピュータが小型のPCとして作られています。そして、ほとんどあらゆる汎用コンピュータが、PCか、PCをベースにして開発されたマシンになりました。

　組み込みコンピュータのようなPC以外のコンピュータも依然として数多く使われていますが、そうしたコンピュータの設計やプログラミングにもPCやPCをベースにしたシステムが使われるようになっています。

　小型PCが開発されると、コンピュータの中心部であるCPUの駆動電圧が低くなり、同じ処理をするために必要な消費電力も少なくなりました。その結果、さらに集積が可能になり、さらなる小型化が推し進められています。大型コンピュータの時代には、コンピュータは専用のコンピュータ室に設置されて、コンピュータ室全体をエアコンで冷却する必要がありましたが、現在では、あらゆる環境で超小型のシステムが利用可能になりつつあります。

表1.1 計算機の歩み

年	できごと
1600年代	パスカル（Blaise Pascal）の機械式計算機。
1936	仮想機械チューリングマシンを考案。
1944	リレー式計算機MARK-1を完成。ハーバード大（米）。
1945	ノイマン型計算機（プログラム内蔵方式の計算機）を発表。
1946	世界初の真空管式計算機、ENIAC（エアニック）を完成。ペンシルバニア大学（米）。
1948	トランジスタを発明。ベル研究所（米）。
1959	IC（集積回路）を考案。

年	できごと
1971	インテル社が世界初の4ビットCPU、i4004を発表。いわゆるマイコンの誕生。
1971	IBM社がシステム370/135を発表。
1972	インテル社の8ビットマイクロプロセッサ（i8008）が登場。
1973	NECの4ビットプロセッサ（μCOM-4）が登場。
1974	NECの8ビットプロセッサ（μCOM-8）と16ビットプロセッサ（μCOM-16）が登場。
1974	日立の4ビットプロセッサ（HMCS-41）が登場。
1977	アップル社のApple IIが登場。カラーグラフィックスと音源搭載。
1978	インテル社の16ビットCPU、i8086が登場。
1978	モトローラ社の16ビットCPU、68000が登場。
1981	IBM社がIBM-PCを発売。
1981	NECが8ビットパソコンPC-8801を発表。
1983	アップル社のパーソナルコンピュータLisaが登場。主要なアプリケーションを標準で搭載。
1984	アップル社のパーソナルコンピュータMacintoshが登場。32ビットパーソナルコンピュータ。
1986	アップル社の漢字Talkを搭載したMacintoshが登場。日本語対応Macintosh。
1995	インテル社の32ビットCPU、Pentium Proが登場。
1999	インテル社の32ビットCPU、Pentium IIIが登場。

● 練習問題

1. 真空管からシリコン（トランジスタ、IC、LSI）に代わったことによるメリットを列挙してください。
2. かつてはプログラムやデータは紙テープや紙のカードにパンチされ、出力はプリンタですべて紙に印字している時代がありました。現在、それらに代わっているデバイスを列挙してください。

1.4 ソフトウェアの歴史

ハードウェアの進歩と共にソフトウェアの形態や役割も変化してきました。

●●● 初期のソフトウェア

最初期のコンピュータでは、現在のようなハードウェアとソフトウェアとの間の明確な区別はありませんでした。アルゴリズムは、たとえば紙に穴を開けて表現され、それが特定の機械の特定の目的のために使われました。紙に穴を開けてアルゴリズムを表現する方法は、織機の制御に使われて発展しました。

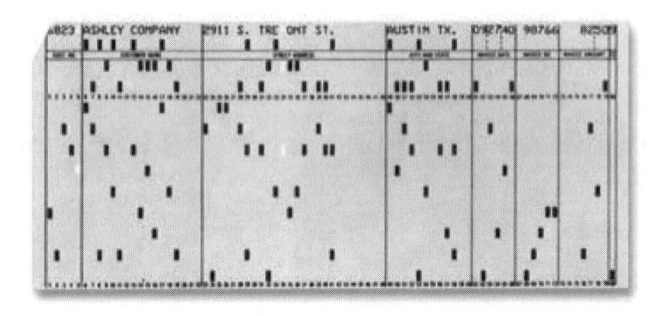

図1.9 パンチカード（写真提供：日本IBM）

●●● ノイマン型コンピュータの登場

ノイマン型コンピュータ（Von Neuman Computer）が考案されると、ハードウェアとソフトウェアが明確に区別されるようになりました。ノイマン型コンピュータは、メモリにプログラムとデータを置き、演算はCPUの中で行うという方法で役割を分離し、任意のプログラムを実行できるという点で画期的でした。この時点でプログラムという概念が確立しました。

1.4 ソフトウェアの歴史

図1.10 初めてのノイマン型コンピュータIBM順序選択式電子計算機（SSEC）（1948年）
（写真提供：日本IBM）

●●● 専用ソフトウェアの時代

　UNIXやWindowsのような汎用OSが普及する以前は、マシンのリソース（CPUやメモリなど、プログラム実行のための資源）も限られていて、ソフトウェアはハードウェアと密接に関連していました。多くのプログラムは特定のシステム専用に作られていて、マシンの能力を極限まで使うことができた反面、他のシステムで実行するためにはハードウェアの違いから影響を受ける部分を作り変えなければなりませんでした。

　現在でも、組み込み機器のような限られたリソースを使うシステムでは、ハードウェアと密接に関連している専用プログラムを使うのが一般的です。

●●● OSとパッケージソフトウェアの時代

　UNIXのように**移植性のあるOS**が普及し始めると、その機種専用にカスタマイズされたOS上で、パッケージソフトウェアを使うことが広く行われました。ここでいう**パッケージソフトウェア**とは、販売店で箱に入れられて市販されているようなソフトウェアのことではなく、一般小売店では市販されていないものの、特定のシステム向けにパッケージされたソフトウェアのことです。この種のソフトウェアには、たとえば、ワードプロセッサや科学技術の解析プログラム、CADプログラムなどがありました。

第1章　コンピュータの歴史

図1.11　UNIXが移植された16ビットコンピュータDEC PDP-11/20（1970年）
　　　（写真提供：日本ヒューレットパッカード（株））

●●● PCの時代

　PCの時代になると、不特定多数のユーザーを想定した、多機能の**アプリケーショ****ン**が広く使われるようになりました。UNIXやWindowsのような**汎用OS**や**ウィンドウシステム**が使われるようになり、同じ実行環境であれば同じソフトウェアを異なるシステムで利用できるようになりました。

　Macintoshがウィンドウシステムを普及させてからは、一般ユーザーにとってOSとウィンドウシステムの境界がなくなり、アプリケーションのインストールも容易になったため、多くのユーザーが使いたいアプリケーションを自分でインストールして利用するようになりました。

図1.12　ウィンドウシステムを搭載したMacintosh 128K（1984年）
　　　（写真提供：アップルコンピュータ（株））

ハードウェアも飛躍的に進歩し、その結果、より大きなデータを扱うより大規模で複雑なプログラムを実行できるようになりました。そのため、アプリケーションも大規模で高機能になってゆきました。

インターネットの時代

コンピュータが**ネットワーク**で繋がれ、世界規模の**WWW**（World Wide Web）が使われるようになると、ソフトウェアはマシンやOSの種類に関係なく、どのシステムでも利用できなければならなくなりました。その結果、Javaのような**プラットフォームに依存しない**プログラミング環境が登場し、HTMLやXMLのようなプラットフォームに依存しない記述言語が使われるようになりました。それがドキュメントであるのかプログラムであるのかということを意識することなく、Webブラウザに表示されるものをあるがままに利用するようになりました。

表1.2 ソフトウェアの歩み

年	できごと
1936	仮想機械チューリングマシン考案。
1945	ノイマン型計算機発表。プログラム内蔵方式の計算機。ノイマン教授（米）。
1957	プログラミング言語FORTRAN（FORmula TRANslation）誕生。
1959	CODASYLがプログラミング言語COBOL（COmmon Busines Oriented Language）開発。
1969	のちにUNIXとなるUnics誕生。
1970	プログラミング言語Pascal誕生。
1972	Bell研究所でC言語誕生。
1972	C言語で記述されたUNIXの登場。
1975	ビル・ゲイツ（米）がi8080用インタープリタ言語BASICを開発。。
1977	米空軍がコンピュータ技術を利用した生産性向上プログラムICAMの開発始める。
1983	プログラミング言語C++誕生。
1983	マイクロソフト社、Windows発表（Windows 1.0発売は1985年）。
1990	マイクロソフト社、Windows 3.0発売。
1990	IBM社がDOS/Vを発表。
1991	Linux（最初の公式バージョンversion 0.02）発表。

第1章　コンピュータの歴史

年	できごと
1991	アップル社社のQuick Time（動画、サウンド再生ソフトウェア）登場。
1992	マイクロソフト社、Windows 3.1 を発表。
1993	マイクロソフト社、「次世代」32ビットパソコンOS「Windows NT」を発表。
1995	サン・マイクロシステムズ社、Javaテクノロジーを発表。
1995	Apache（フリーのWebサーバーソフトウェア）の開発が始まる。
1995	マイクロソフト社、Windows 95 を発売。
1996	マイクロソフト社、Windows CE 発表。
1996	マイクロソフト社、Windows NT Server 4.0、Windows NT Workstation 4.0 発売。
1997	W3C HTML 4.0 仕様勧告。
1998	サン・マイクロシステムズ社、Java2 発表。
1998	マイクロソフト社、Windows 98 発売。
1998	W3C、XML（Extensible Markup Language）1.0 仕様勧告。
1999	マイクロソフト社、Windows 2000 発売。
2001	W3C、XSL 1.0（XMLにスタイル付けをする仕様）勧告。
2001	マイクロソフト社、Windows XP 発売。
2004	W3C、XML（Extensible Markup Language）1.1 仕様勧告。

注：年については資料によって異なる場合があります。

● 練習問題

1. 初期のコンピュータやマイクロコンピュータが普及し始めた頃はソフトウェアをユーザーが自分で作成していました。ソフトウェアをユーザーが自分で作成することの利点を挙げてください。
2. ソフトウェアの規模が次第に大きくなってきた理由を列挙してください。

第2章 コンピュータシステムの基礎

　コンピュータは、ソフトウェアとハードウェアで動作する複雑なシステムです。しかし、その最も基本的な原理は単純です。電圧が高い状態と低い状態の2種類の状態で値を表します。この最小のデータ単位であるビットは、とても複雑なシステムを含めて、現在のコンピュータの技術的基盤です。

2.1 情報の最小単位とCPU

2.2 論理演算と論理回路

2.3 コンピュータの構成要素

2.4 システムバス

2.5 メモリ

2.6 レジスタ

2.7 プログラムの実行

2.8 データの転送

第2章　コンピュータシステムの基礎

2.1 情報の最小単位とCPU

　現在のコンピュータシステムの基本的な操作上のデザイン（アーキテクチャ）は、ほとんどがジョン・フォン・ノイマン（John Von Neumann）が開発した**ノイマン（Neumann）システム**です。ノイマンシステムの最小の情報の単位は、0と1とで表現できる「**ビット（Bit）**」です。

●●● ビット

　コンピュータの中心部には、**CPU**（Central Processing Unit、**中央処理装置**）または **MPU**（Micro Processing Unit、**超小型処理ユニット**）と呼ばれるプロセッサがあります。通常、このプロセッサが直接扱う値は、0と1のいずれかです。これは「電圧が高い」と「電圧が低い」という2つの状態に対応しています。

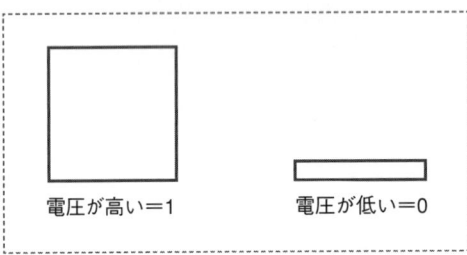

図2.1　0と1の状態

　この0と1で表せる状態は、0と1で表現される2進数に対応しています。

今日の電子回路では、0V〜0.8Vを0（Low）、2V〜5Vを1（High）とするTTLレベルと呼ぶ電圧の差で表現します。

■■■ビットパターン

　ひとつの2進数で表すことができるのは、ふたつの状態だけです。しかし、この状態をいくつか組み合わせて、数桁の数として表すと、より多くの状態を表すことができます。
　たとえば、2桁の2進数では、次の4種類の値を表すことがきます。

　　00　01　10　11

　これは10進数の整数で表せば0～3の値に対応させることができます。この2桁の2進数を**2ビット**の数といいます。
　このような2ビットの値は、0と1が並んだ2つのビットのパターンであるといえます。
　4桁の2進数の場合は、次に示すような0000～1111までの16種類の値を表すことができます。

　　0000　0001　0010　0011　0100　0101　0110　0111
　　1000　1001　1010　1011　1100　1101　1110　1111

　4ビットで表現できる数は、10進数の正の整数で表すと、0から15までです。
　この4ビットの0と1の並びは、4個のビットのパターンであり、ビットパターンの種類は$2^4=16$種類です。
　さらに**8ビット**で表現できる数は、00000001から11111111までで、10進数の正の整数では、0から255までです。

　　00000001
　　00000010
　　00000011
　　　　:
　　11111101
　　11111110
　　11111111

8ビットの0と1の並びは、8ビットのパターンであり、ビットパターンの種類は$2^8 = 256$種類です。

このように、**ビットのパターン**でさまざまな数を表すことができ、コンピュータではこのことを利用しているという点はとても重要なことです。

CPUが扱う2進数やそのほかの数値の表現方法は第3章で説明します。

● 練習問題

1. ICやLSIの駆動電圧（動作するときの電源電圧）をインターネットで調べてください。
2. 2ビットの0と1の並びで10進数の正負の値を表現すると、－2、－1、0、1の4種類の値になるものとします。同じ規則で4ビットで表現できる正負の値の範囲を示してください。

2.2 論理演算と論理回路

10進数の数値である0、1、2、……、9はそれぞれ値です。同様に、1ビットで表すことができる0と1も値です。0と1は値であるので、演算を行うことができます。

●●● ブール演算

ビットを使った単純な演算を**論理演算**（Logical Operation）といいます。論理演算には、AND、OR、XOR（eXclusive OR、排他的OR）、NOTがあります。

AND、OR、XORは2つの値から1個の結果を生成します。

AND（論理積）は、2つの値の両方が共に1のとき、結果が1になります。いずれか一方、または両方が0のときには、結果は0です。これは、2個のひと桁の2進数の掛け算に相当します。

OR（論理和）は、2つの値のいずれか一方または両方が1のとき、結果が1になります。両方が0のときには、結果は0です。これは、桁上がりを無視したときの2個のひと桁の2進数の足し算に相当します。

XOR（排他的論理和）は、2つの値のいずれか一方だけが1のとき、結果が1になります。両方が0であるか両方が1のときには、結果は0です。

NOT（否定）は値を反転します。つまり、元の値が1であれば結果は0になり、元の値が0であれば結果は1になります。

```
      0           0           1           1
AND   0     AND   1     AND   0     AND   1
      0           0           0           1

      0           0           1           1
 OR   0      OR   1      OR   0      OR   1
      0           1           1           1

      0           0           1           1
XOR   0     XOR   1     XOR   0     XOR   1
      0           1           1           0

NOT   1     NOT   0
      0           1
```

図2.2 論理演算

図2.2ではこの演算の値は1と0とで表していますが、これらをそれぞれ**真**（True）と**偽**（False）という言葉に置き換えてもかまいません。このような演算を、数学者ブール（George Boole、1815－1864）にちなんで、**ブール演算**（Boolean Operation）と呼びます。

●●● NANDとNOR

論理演算は組み合わせることができます。

AND（論理積）演算の結果にNOT（否定）演算を行ったものを、**NAND**（**否定論理積**、「ナンド」と読む）演算といいます。NAND演算は、すべての入力が1の場合だけ出力が0になり、それ以外の場合は出力が1になります。

OR（論理和）演算の結果にNOT（否定）演算を行ったものを、**NOR**（**否定論理和**、「ノア」と読む）演算といいます。NOR演算は、すべての入力が0の場合だけ出力が1になり、それ以外の場合は出力が0になります。

```
      0            0            1            1
NAND  0      NAND  1      NAND  0      NAND  1
      1            1            1            0

      0            0            1            1
NOR   0      NOR   1      NOR   0      NOR   1
      1            0            0            0
```

図2.3　NANDとNOR

NANDはAND演算の結果にNOT演算を行ったもの、NORはOR演算の結果にNOT演算を行ったものです。一方の値をNOT演算した結果にAND演算やOR演算を行った結果はNANDやNOR演算の結果とは異なります。

●●●ゲート

入力信号の条件に従って出力信号の値が変わる論理回路の基本的な構成要素を**ゲート**（Gate）と呼びます。ゲートは、ギアとカム、リレー、真空管回路、半導体回路、光学装置などから作ることができます。

基本的な論理演算に対応するゲートには、ANDゲート、ORゲート、XORゲート、NOTゲートがあります。

ANDゲートは、図2.4のような記号で表し、2個の入力が1のときに結果1を生成し、それ以外のときには0を生成します。これは、2個のひと桁の2進数の掛け算に相当します。

入力		出力
1	1	1
1	0	0
0	1	0
0	0	0

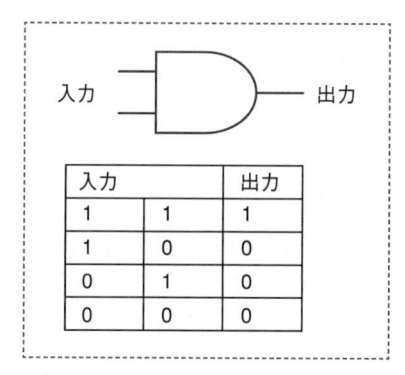

図2.4　ANDゲート

ORゲートは、図2.5のような記号で表し、2個の入力の一方または両方が1のときに結果1を生成し、両方の入力が0ときには0を生成します。

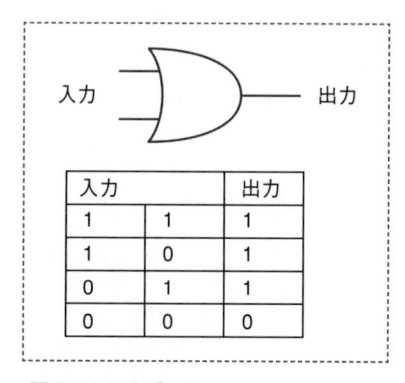

入力		出力
1	1	1
1	0	1
0	1	1
0	0	0

図2.5　ORゲート

XORゲートは、図2.6のような記号で表し、2個の入力の一方だけが1のときに結果1を生成し、両方の入力が共に1か共に0のときには0を生成します。

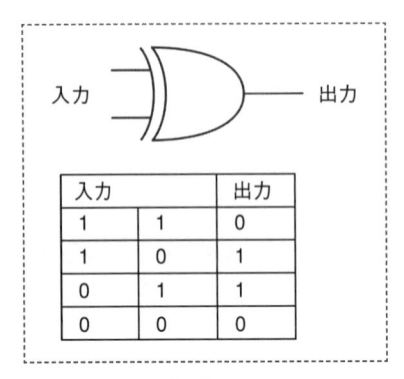

入力		出力
1	1	0
1	0	1
0	1	1
0	0	0

図2.6　XORゲート

NOTゲートは、図2.7のような記号で表し、1個の入力の結果を反転します。つまり、入力が1なら出力は0に、入力が0なら出力は1になります。これは、数に符号付きの数である−1を掛けることに似ています。

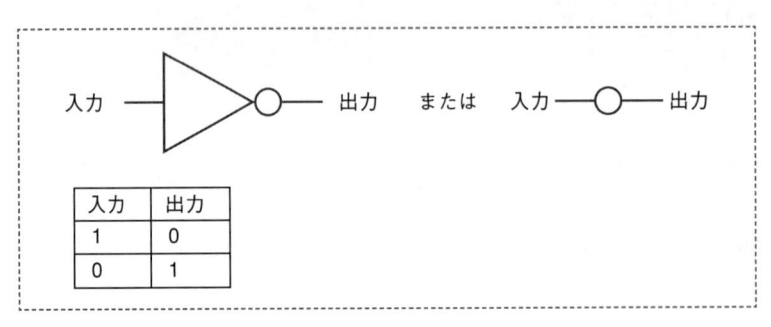

入力	出力
1	0
0	1

図2.7　NOTゲート

各ゲートの記号は、論理回路を表すときに使います。

フリップフロップ

ゲートを組み合わせて、0か1の状態を保持できるようにした回路を**フリップフロップ**（Flip-Flop）**回路**といいます。図2.8はそのひとつの例です。

このフリップフロップは、制御信号と入力信号というふたつの入力と、出力信号があります。

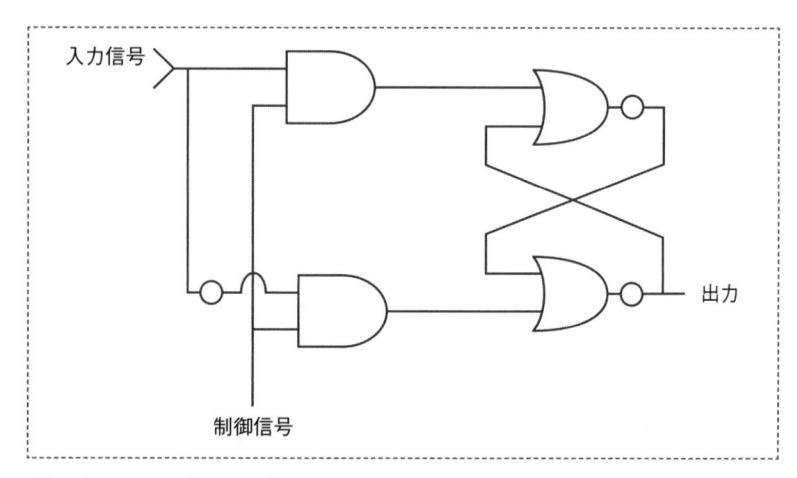

図2.8　フリップフロップ

> **Note**　図2.8のフリップフロップはひとつの例です。ほかにもフリップフロップとして機能する回路を作ることができます。

この回路で、制御信号力が1であるときに入力信号を変更すると出力も変更されます。しかし、制御信号が0であるときに入力信号を変更しても出力は元のままです。つまり、フリップフロップは、制御信号を1にしたときの最後の入力信号の値を覚えおくことができます。

図2.9①は制御信号が1で入力が1の状態です。この状態では、出力は1です。制御信号を0にしても、図2.9②のように出力は1です。この状態で入力信号を0に変えても、図2.9③のように出力はやはり1です。しかし、図2.9④のように制御信号を1にすると、入力信号が0のときに出力信号は0になります。

第2章 コンピュータシステムの基礎

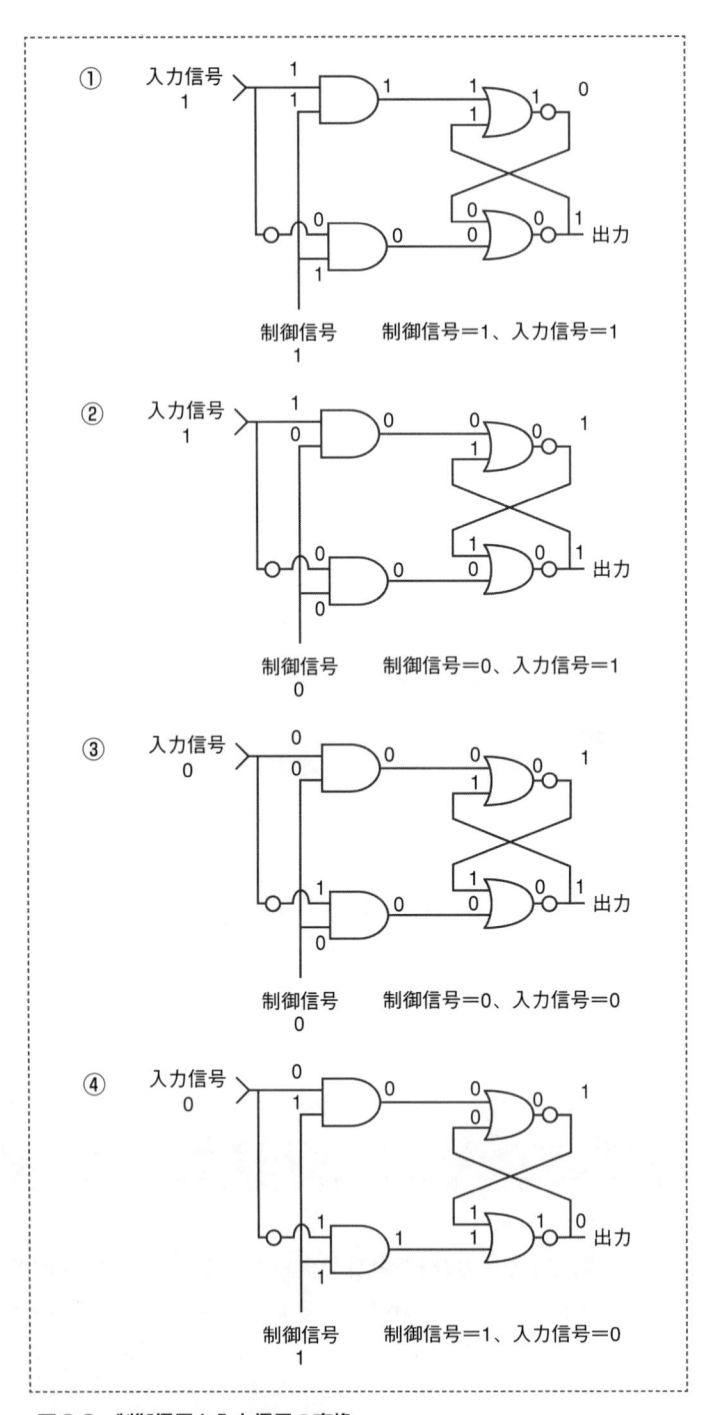

図2.9 制御信号と入力信号の変換

フリップフロップ1個で1ビットの情報を保存できるので、フリップフロップがN個あればNビットの情報を保存できます。このようにして情報を保存する方法を発展させた回路が、レジスタやメモリなどで使われます。

> メモリの一種でSRAM（Static RAM）と呼ぶメモリは、一般にフリップフロップで構成されています。

● 練習問題

1. フリップフロップとして機能する図2.8とは異なる回路をインターネットで調べて論理回路図で表現してください。
2. 図2.8のフリップフロップで、入力信号が0で制御信号が1の状態から、入力信号が1に変わったときの状態を示してください。

2.3 コンピュータの構成要素

　現在のコンピュータシステムは、そのほとんどがノイマンが開発したデザインに基づいています。
　ここでは、ノイマンのコンピュータシステムを構成する基本的な要素である、CPU、メモリ、I/Oと、それらを結ぶバスについて学びます。

●●● ノイマンシステム

　現在のコンピュータシステムの基本的な操作上のデザイン（アーキテクチャ）は、ほとんどがノイマンシステムです。
　典型的なノイマンシステムの主要な要素は次の3つです。

- 中央処理装置（Central Processing Unit、CPU）
- メモリ（Memory）
- インプット/アウトプット（Input/Outout、I/O）

　CPUは、あらゆる処理や計算が行われる、コンピュータのまさに中心部です。
　メモリは、プログラムとデータを保存する記憶装置です。
　I/O（インプット/アウトプット）は、キーボードやディスプレイ、ディスクファイル、プリンタなどのデバイス（装置）との情報の受け渡しに使います。
　これらは**バス**（Bus）と呼ぶ信号線で結ばれています（図2.10）。

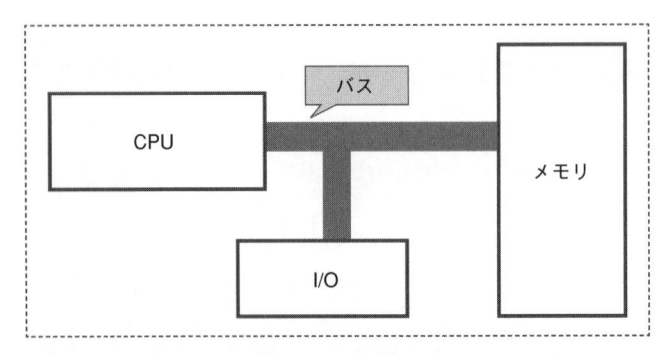

図2.10　コンピュータシステムの基本的な構成

2.3 コンピュータの構成要素

　PCでは、ノイマンシステムの中心的な構成要素であるCPUやRAM、I/Oのためのチップを搭載している基板のことを**マザーボード**（Mother Board）または**メインボード**（Main Board）といいます。

図2.11　マザーボード（写真提供：インテル（株））

●●● CPU

　あらゆる処理や計算は、コンピュータの中心部であるCPUで行われます。

> **Note**
> CPUは、MPU（Micro Processing Unit、マイクロプロセッサ）とも呼ばれます。CPUの厳密な意味は演算処理を行う半導体チップ群のことで、MPUはCPUを1個の半導体チップに集積した部品という意味で使われていました。現在ではMPUが演算のすべてを担当するのが普通なので、CPUとMPUは同じ意味の言葉として使われています。

　CPUは、レジスタ、演算/論理ユニット、制御ユニットから構成されます。

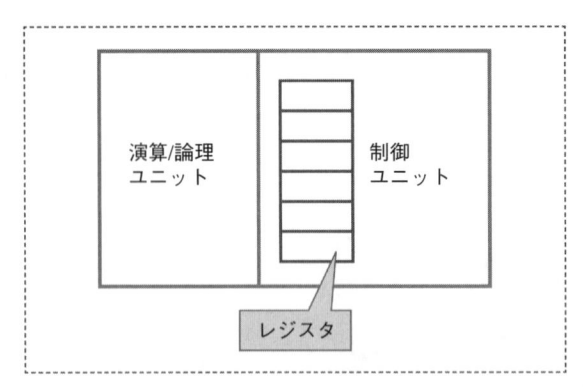

図2.12　CPUの構成

　CPUの主な仕事は、次に実行する命令をメモリからロードして実行することです。そのときに、演算のための一時的なデータの保存場所である**レジスタ**に値を入れて演算を行います。演算のあとで結果をメモリに保存するための命令があれば、レジスタの内容をメモリにコピーします。
　CPUにはレジスタは複数あります。そのうちの一部は役割が決まっている**専用レジスタ**で、残りは役割が決まっていない**汎用レジスタ**です。レジスタについては「2.6　レジスタ」で説明します。

図2.13　CPU（写真提供：インテル（株））

　CPUにはさまざまな種類があり、それぞれ設計が異なります。
　最も普及しているCPUは一般にx86ファミリーと呼ばれる一連のシリーズのCPUで、多くのPCで採用されています。これには、Pentiumをはじめとするさまざまな後継プロセッサが含まれます。
　そのほかに、68000、PowerPC、z80などの別のファミリーを形成するCPUがあります。

表2.1　さまざまなCPU

CPU	ビット数*	備考
i4004	4ビット	
i8008、i8080、Z80	8ビット	
MC6809	8ビット	
i8086、i8088、i80286	16ビット	x86ファミリー
MC68000	16ビット	68Kファミリー
i80386DX、i80486	32ビット	x86ファミリー
MC68020、MC68030	32ビット	68Kファミリー
Pentium、Pentium Pro/Ⅱ/Ⅲ/4	32ビット	x86ファミリー
PowerPC	32/64ビット	RISC

*ビット数については、「3.2　システムバス」の「プロセッサのサイズ」も参照してください。

　これらのCPUのレジスタの構成や命令（インストラクション）は、CPUによって異なります。

　一般に、同じファミリー内では、レジスタの構成や命令は似通っています。また、上位のより高機能なCPUは下位のCPUに対して互換性があります。たとえば、i80286やi80386のシステムはi8086用のプログラムをそのまま実行することができます。しかし、異なる系列のCPUとの間では互換性はありません。

●●● FPU

　一般的に、CPUは4ビット～64ビット程度の整数値を扱うように作られています。CPUは、それ自身では実数を扱うことができません。

　実数は、**浮動小数点コプロセッサ**または**浮動小数点処理ユニット**（Floating Point Processing Unit、**FPU**）と呼ぶ、実数の計算専用のデバイスで扱います。

　最近のCPUにはFPUを内蔵しているものが多くありますが、一般に、FPUはCPUとは別のレジスタを使い、実数の計算にはCPUの整数の計算の命令とは違う別の命令が使われます。

　FPUがない場合は、通常のCPUで実数演算をエミュレートします。

パイプライン

　CPUはメモリから次の命令を取り出すために時間がかかります。その時間はわずかですが、高性能のコンピュータに要求される時間としては決して無視できない時間です。そして、取り出した命令を解釈して実行し、結果を保存するためにも、それぞれ時間がかかります。そのため、次の命令を取り出すのを待ってから命令を解釈し、解釈が終わってから命令を実行するというように、各ステップで前の処理が完了するのを待っていると無駄な時間を消費します。そこで、ある命令を実行しているときに、次の命令を解釈したり、さらに次の命令を取り出したりという作業を行えば、実行にかかる時間を短縮できます。この技術を**パイプライン**（Pipeline）といいます。

　複数のパイプラインで並列に命令を処理できるようにする機構を**スーパースケーラー**（Superscalar、**スーパースカラー**ともいう）といいます。

　パイプラインが有効なのは、命令が順次実行されるときです。実行された命令に従って次に実行する命令が頻繁に変わる（プログラムに条件に応じてジャンプするところがたくさんある）ような場合には、パイプラインを有効に活用できません。

CISC と RISC

　CPUの設計は大きく分けると、CISCとRISCに分けることができます。

　CISC（Complex Instruction Set Computer）は、比較的複雑な処理であっても1個の命令で一度に行えるようにすることで高速化を図ろうという考え方に基づいています。そのため、CISCでは改良と共に複雑な命令が次々に組み込まれて、命令の名前（ニモニック）の数がとても多くなり、わかりにくくなる傾向があります。

　インテルのx86ファミリーやモトローラの68KファミリーのプロセッサはCISCのCPUです。

　RISC（Reduced Instruction Set Computer）はCISCとは反対に、単純で数少ない命令だけ（**縮小命令**、Reduced Instruction）に限定する一方で、短い時間（1クロック）で実行できる命令を増やすことで高速化を図ろうという考え方に基づいています。

　RISCプロセッサでは、メモリからCPUにデータを移動する命令（ロードとストア命令）を除く命令はすべてレジスタ間で実行されます。つまり、ほとんどの命令がCPUの内部だけで行われるので高速です。また、実行効率を上げるために複数のパイプラインを持ち、命令を並列処理するスーパースケーラー方式を採用しています。

CISC プロセッサと RISC プロセッサではこのように考え方が異なるので、CPU を効率よく動作させるためには、それぞれのプロセッサの特徴を生かすコードを使う必要があります。

マルチプロセッサマシン

ひとつのシステムに複数の CPU を搭載したマシンを、**マルチプロセッサマシン**（Multiprocessor Machine）といいます。マルチプロセッサマシンは、並列して異なるプログラム部分を同時に実行できます。

マルチプロセッサマシンの実装では、複数の CPU がそれぞれ別のメモリ領域にアクセスする **MIMD**（Multiple-Instruction stream, Multiple-Data stream）アーキテクチャと、複数の CPU がひとつのプログラムを実行し、異なるメモリにアクセスする **SIMD**（Single-Instruction stream, Multiple-Data stream）があります。

MIMD が特に有効なのは、一般的には、複数のプログラム部分が同時に実行される**マルチスレッド**（Multi Thread）プログラムを実行するときや、複数のタスクが同時に実行されている**マルチタスク**（Multi Task）のときです。一方、SIMD が特に有効なのは、さまざまなメモリ領域にアクセスする比較的大規模なプログラムを実行するときです。

> **Note**
> シングルプロセッサのマシンは SISD（Single-Instruction stream, Single-Data stream）アーキテクチャといいます。

● 練習問題

1. ノイマンシステムの主要な構成要素を3つ挙げてください。
2. 自分が主に使っているマシンの CPU の種類を調べてください。

2.4 システムバス

システムバス（System Bus）は、マシンの要素であるCPU、メモリ、I/Oなどを結ぶ信号線です。つまり、CPUとメモリの間、あるいはCPUとI/Oとの間などの情報の伝達は、システムバスで行われます。

バスは複数のラインからなる信号線です。8個のデータラインを持つバスは8ビットのバスといい、16個のデータラインを持つバスは16ビットのバスといいます。

バスの構成はCPUによって異なります。x86ファミリーのCPUでは次の3つの主要なバスがあります。

- データバス
- アドレスバス
- コントロールバス

●●●データバス

データバス（Data Bus）は、コンピュータシステムの中にあるさまざまな要素の間でデータを転送するために使うバスです。データバスのサイズは一度に転送できるデータの大きさを表し、実際のサイズはCPUの種類によって異なります。

扱えるデータの大きさがデータバスのサイズで制限されるわけではありません。たとえば、8ビットのデータバスを持つということは、単に一度に8ビット（1バイト）のデータを転送できる（プロセッサがメモリサイクルごとに1バイトのデータにアクセスできる）ことを意味します。8ビットのデータバスのシステムだからといって、8ビットのデータしか扱えないわけではありません。データバスのサイズが8ビットのシステムで16ビットのデータを扱いたいときには、8ビットずつ2回に分けてアクセスします。

●●●プロセッサのサイズ

データバスのサイズは、プロセッサのサイズとして表現されることがよくあります。たとえば、i8088はバスのサイズが8ビットなので8ビットのCPU、i8086は16ビットのCPU、i80486は32ビットのCPUと呼ぶことがあります。

16ビットのCPUは、一度に8ビットのCPUの2倍のデータを扱うことができます。そのため、ほかの条件を同じにした場合、理論上は、16ビットのCPUは8ビットのCPUの2倍の速さでデータを扱うことができます。同様に、32ビットのCPUは16ビットのCPUの倍の速さでデータを扱うことができます。

> レジスタの長さをCPUのサイズとする場合もあります。レジスタについては「2.6 レジスタ」で説明します。

●●●アドレスバス

アドレスバス（Address Bus）は、メモリの特定の位置やI/Oデバイスを識別するために使われます。

ひとつのアドレスラインで、CPUは2つのアドレスを識別することができます。アドレスラインがnであれば、CPUは、2^nのアドレスを識別することができます。そのため、アドレスバスのビット数で、アドレス可能なメモリとI/Oロケーションの最大数が決まります。たとえば、20ビットのアドレスバスは2^{20}（1 MB）の場所を識別することができます。32ビットのアドレスバスは2^{32}（4 GB）の場所を識別することができます。

アドレスバスのサイズもCPUの種類によって異なります。

●●● コントロールバス

コントロールバス（Control Bus）は、データバス上のデータの方向を制御したり、割り込みを制御するなど、システムの制御のために使います。

たとえば、コントロールバスには書き込みのためのライトラインと、読み込みのためのリードラインという2つのラインがあます。これらはデータバスを通して転送されるデータ流れの方向を指定します。

実際のコントロールバスの正確な構成はCPUによって違います。

● 練習問題

1. アドレスバスのサイズが8ビットと16ビットの場合にアクセス可能なメモリの量を計算してください。
2. データバスとアドレスバスのそれぞれの役割を説明してください。

2.5 メモリ

　メモリ（Memory）は情報を1バイト単位で保存するための、CPUの外部にある記憶領域です。

　メモリには、データとCPU命令が保存されます。そして、CPUが必要としたときに、メモリ上のデータや命令がバスを通してCPUに**ロード**（load、読み込み）されます。また、処理や演算の結果がメモリに**ストア**（store、保存）されます。

●●● メモリの構造

　データの最小単位である**ビット**は0と1のいずれかです。メモリはこのビットを保存できるもので作られます。

　ビットを保存することができるフリップフロップで構成されているメモリを**SRAM**（Static RAM）といいます。SRAMは高速ですが高価です。

　ビットの情報をコンデンサに保存しトランジスタで制御するものを**DRAM**（Dynamic RAM）といいます。DRAMでは、コンデンサに電気が蓄えられているかどうかで0と1を区別します。コンデンサは時間が経過すると放電するので、一定の間隔で再書き込みが必要です。これを**リフレッシュ**といいます。

　データは、ビットの集まりとして表現されます。そこで、一度に数ビットを保存できるように、メモリはフリップフロップやコンデンサを組み合わせて作ります。最も一般的なメモリの1単位の大きさは8ビットのサイズで、これは1バイトに相当します。

> **Note**
> 実際のメモリセルは、8ビットに加えて、データに誤りがないかどうかを示す**パリティビット**というビットを加えて、9ビットになっていることがあります。

　コンピュータの**メインメモリ**（Main Memory）は、1バイトの保存容量を持つ要素の配列であると考えることができます。メモリの各バイトは**アドレス**（Address）と呼ぶ数値で識別します。

37

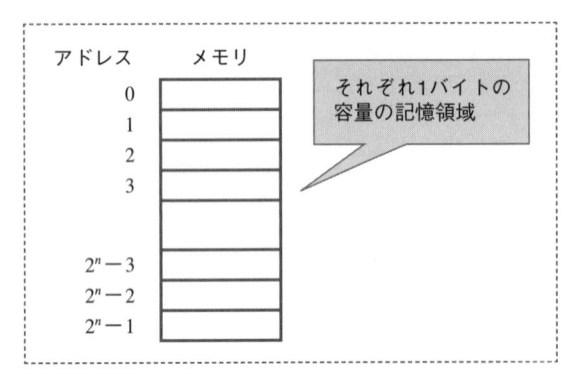

第2章　コンピュータシステムの基礎

```
アドレス    メモリ
   0      ┌──────┐
   1      ├──────┤    それぞれ1バイトの
   2      ├──────┤    容量の記憶領域
   3      ├──────┤
          │      │
  2ⁿ-3    ├──────┤
  2ⁿ-2    ├──────┤
  2ⁿ-1    └──────┘
```

図2.14　メモリ

　1バイト以上のサイズの情報をメモリに保存するときには、連続するバイトに保存します。たとえば、ワードが2バイトであるシステムの場合、ワードサイズの情報は2つのバイトに分けて連続する2つのバイトに保存します。ダブルワードサイズの情報は4つのバイトに分けて連続する4つのバイトに保存します。文字列のような連続する情報は、メモリに連続して保存します。

●●● メモリの単位

　日常生活のキロ（kilo）は1,000倍を現します。しかし、メモリは2進数で扱ったほうが都合がよいので、メモリの1キロは1,000ではなく、1,024（2^{10}）です。つまり1,024バイトが1**キロバイト**（**KB**）です。

　1,048,576（2^{20}）バイトは1メガ（mega）バイトで、これは1,024 KBに相当します。**メガバイト**は、省略して**MB**と表記することがあります。

　1,073,741,824（2^{30}）バイトはギガ（giga）バイトで、これは1,024 MBに相当します。**ギガバイト**は、省略して**GB**と表記することがあります。

> Note
>
> 日常の10進数で1,000をキロ（kilo）と呼ぶのと明確に区別するために、特に、1,024をkibi（キビ、略してKi）と呼ぶ人たちもいます。この方法を使う場合、1,024バイトのメモリは**キビバイト**（kibibyte、KiB）と呼びます。メガバイトに相当する単位はMiB、ギガバイトに相当する単位はGiBです。

RAMとROM

コンピュータの半導体素子を利用したメモリには、RAMとROMという2種類のメモリがあります。

RAM（Random Access Memory）は、読み書き可能なメモリで、主にコンピュータのメインメモリ（主記憶装置）に利用されます。また、特に情報を高速に保存したい場合や、持ち運びしたいときに、補助記憶装置として使われることがあります。すでに説明したように、RAMにはSRAMとDRAMがあります。RAMは電源を供給していないと情報が失われます。

ROM（Read Only Memory）は、いったん書き込むと通常の方法では内容の変更ができないメモリで、電源を切っても情報は失われません。ROMは、電源を入れたときに最初に読み込まれるプログラムの記憶や、キャラクタ（文字）のパターンのような変更する必要のないデータの保存などに使われます。

ROMは本来は内容を変更できないメモリですが、必要に応じて内容を消去して書き換えることができるものがあります。ROMの種類を表2.2に示します。

表2.2 代表的なROMの種類

種類	概要
マスクROM（Masked ROM）	製造時点で情報を書き込む。書き換えや変更はできない。
PROM（Programable ROM）	使用者が最初に書き込む。書き換えや変更はできない。
EPROM（Erasable PROM）	紫外線を照射することで記憶を消去でき、書き換えできる。
EEPROM（Electrocally EPROM）	電気的に記憶を消去でき、書き換えできる。

キャッシュメモリ

メインメモリはCPUやレジスタと比べると低速です。そのため、メインメモリからCPUやレジスタに値を移動したり、CPUやレジスタからメインメモリに値を移動するのには時間がかかります。その間、CPUは待たなければなりません。このような状況を改善するために、CPUやレジスタとメインメモリとの間に特に速度の速いメモリを置きます。これを**キャッシュメモリ**（Cache Memory）といいます。キャッシュメモリには使用頻度の高い情報をメインメモリからコピーして保存しておきます。CPUはキャッシュに情報があればそこから素早く情報を取り出すことができます。

キャッシュメモリには、CPUの内部に搭載されている**1次キャッシュ**と、CPUの外（1次キャッシュとメインメモリの間）に置かれる**2次キャッシュ**があります。

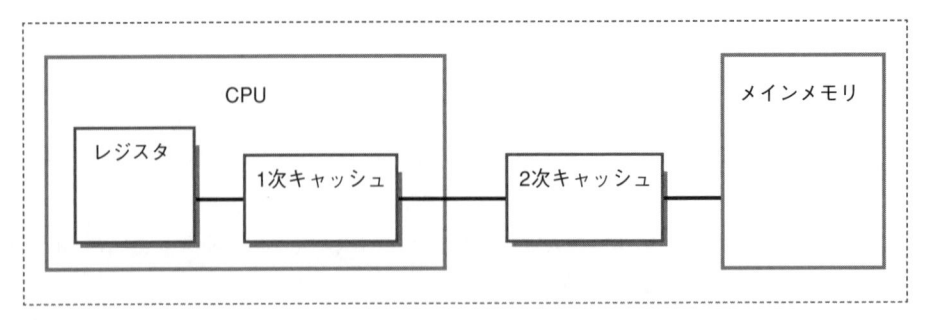

```
┌─────────────────────────────────────────────────────────────┐
│  ┌─────────────────────────────────┐                        │
│  │            CPU                  │                        │
│  │  ┌────────┐   ┌──────────┐      │   ┌──────────┐   ┌──────────┐
│  │  │ レジスタ │   │ 1次キャッシュ │──┼───│ 2次キャッシュ │───│ メインメモリ │
│  │  └────────┘   └──────────┘      │   └──────────┘   └──────────┘
│  └─────────────────────────────────┘                        │
└─────────────────────────────────────────────────────────────┘
```

図2.15　キャッシュメモリ

●●● リトルエンディアンとビッグエンディアン

メモリへの2バイト以上のデータの保存方法には、2種類あります。下位のバイトからメモリに保存する方式を**リトルエンディアン**（Little Endian）といい、上位のバイトからメモリに保存する方式を**ビッグエンディアン**(Big Endian)といいます。

```
        16進数で1234を保存する

 リトルエンディアン       ビッグエンディアン
 ┌──────┐              ┌──────┐
 │  34  │              │  12  │
 ├──────┤              ├──────┤
 │  12  │              │  34  │
 ├──────┤              ├──────┤
 │      │              │      │
 ├──────┤              ├──────┤
 │      │              │      │
 └──────┘              └──────┘
```

図2.16　リトルエンディアンとビッグエンディアン

x86ファミリーはリトルエンディアンの**CPU**です。このようなリトルエンディアンのCPUの場合、メモリから順にバイトを取り出すと、下位のバイトの値から取り出すことになります。

●●●実メモリと仮想メモリ

　一般的にいって、アドレスバスのビット数がnであるシステムでは、CPUは、最大で2^nのメモリの位置を識別できます。ただし、CPUから直接アクセス可能なメモリの量は、システムに実装されているメモリ（**実メモリ**）の総量です。つまり、アドレス空間が16 MBであっても、実際にシステムに装着されているメモリの総量が4 MBであるなら、最大で4 MBのメモリしか利用できません。

　これとは別に、実際にシステムに搭載されている物理的なメモリ量より多いメモリを利用できるようにする方法があります。メモリに保存するべき情報の一部をハードディスクなどのメモリ以外の記憶装置に移動して、より大きなスペースをメモリとして利用できるようにする方法です。このような手段を使って利用できるメモリを**仮想メモリ**といいます。通常、このメカニズムはOSが提供します。

●●●マスストレージ

　コンピュータはメインメモリ以外に、記憶装置を備えることができます。メインメモリ以外に備えるメモリは、一般に大容量のメモリです。大容量の記憶装置を**マスストレージ**（Mass Storage）といいます。代表的なマスストレージには、磁気ディスク、CD、DVD、磁気テープなどがあります。

　マスストレージは、どの種類であっても、メインメモリに比べてアクセスに時間がかかるという問題点があります。

　マスストレージの中には、記憶媒体をシステムから取り外すことができる**リムーバブルメディア**（Removable Media）があります。たとえば、CD-RW、DVD-RW、カセット式の磁気テープ、MOなどは、リムーバブルメディアです。このようなメディアは、装置に挿入されていてすぐに使うことができる状態を**オンライン**（On-line）といい、そうでない状態のときにを**オフライン**（Off-line）であるといいます。

　マスストレージで最も広範に使われているものは、**磁気ディスク**（Magnetic Disk）です。これは回転する薄いディスクの上を読み書きヘッドが移動して、データを読み書きします。ディスクには磁性体が塗られていて、同心円状にデータを磁力で書き込みます。ディスクは、フロッピーディスクのように樹脂でできている場合と、ハードディスクのように硬質の板でできている場合があります。ディスクには**セクタ**（Sector）という単位でアクセスします。セクタのサイズは、一般的には512バイトや

1,024バイトなどです。セクタはいくつか集まって**トラック**（Track）を形成します。磁気ディスクの総容量は、次の式で決定します。

セクタサイズ×トラック当たりのセクタ数×トラック数

ディスクへのアクセスの速さは、ディスクの回転数と関連しています。フロッピーディスクシステムのディスクの回転数は300回転/分程度ですが、ハードディスクは3,000〜4,000回転/分以上なので、ハードディスクのほうがはるかに高速です。

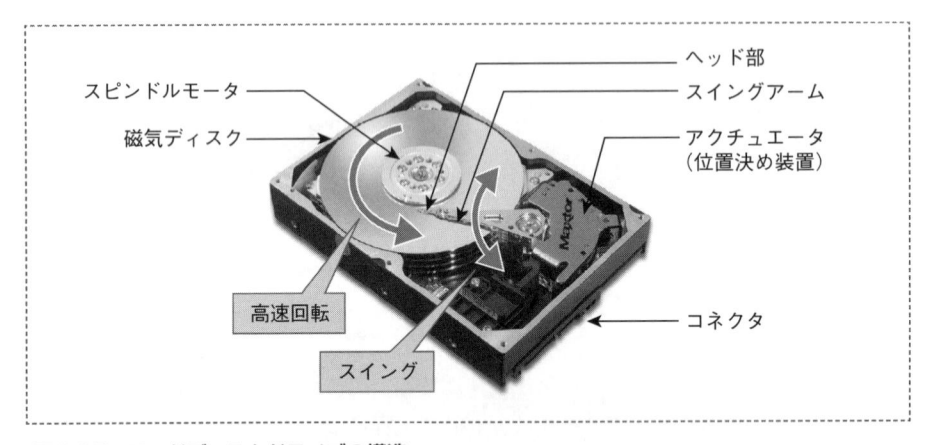

図2.17 ハードディスクドライブの構造

　CD（Compact Disk、**コンパクトディスク**）は、円盤状のメディアに書き込まれた情報をレーザー光線で読み取る記憶装置です。CDは、もともと**CD-DA**（Compact Disk-Digital Audio、**コンパクトディスクデジタルオーディオ**）という、音楽や音声の記録フォーマットを使うメディアでした。CDの容量は600〜700 MB程度です。一度だけ書き込み可能なCDとして**CD-R**が、また、書き換え可能なCDとして**CD-RW**があります。

　DVD（Digital Versatile Disk）はCDに似ていますが、記憶容量がCDよりもずっと大きく、映画をそっくり保存することができます。DVDにも一度だけ読み書き可能な**DVD-R**があり、バージョン2.0規格では容量はDVD-ROMと同じ片面4.7GBです。**DVD-RW**は、書き換え可能なDVDの規格です。

　磁気テープ（Magnetic Tape）は古くから使われてきた記憶装置です。初期の磁気テープは、音声の録音用の磁気テープと同様にオープンリールに磁気テープを巻いたもので、先頭から順次読み書きすることと、最後に追加することしかできませんでした。近代的なストリーミングテープシステムはテープをセグメントに分けたカセット

式の磁気テープで、任意の場所に読み書きできるようになっています。しかし、ほかのマスストレージと比べると、特定のデータにアクセスするのに時間がかかります。そのため、一般的には大量のデータのバックアップに使われます。

MO（Magnetic Optical disk、**光磁気ディスク**）は、レーザー光で記憶領域を磁化する方向を制御することで記憶するディスクです。記憶容量は 128 MB から 2.3 GB まであり、用途に合わせて使うことができます。比較的高速で大量のデータの読み書きができるので、バックアップをはじめとするデータの保存用によく使われます。

図2.18　MO

データの読み書き

マスストレージへのデータの読み書きは、一般的にはファイル単位で行います。ファイルの内容は、バイトであることもテキストであることもあります。また、レコードと呼ぶデータ構造である場合もあります（**参照**⇒「第8章　ファイルとデータベース」）。

いずれのマスストレージでも、メインメモリと比べると、アクセスに時間がかかります。たとえば、ハードディスクへの読み書きの場合、ディスクの回転が安定し、ヘッドがアクセスする位置に移動して読み書きするまでにかなりの時間がかかります。ディスクへのアクセスのたびにプログラムの実行が停止してしまうとプログラムの実行速度がきわめて遅くなってしまうので、一般的には、メインメモリにバッファという領域を設けて、データをいったんバッファに保存してから転送するという技術が使われます。

●●● I/O

　I/O（インプット/アウトプット）は、デバイス（装置）との情報の受け渡しに使います。デバイスとは、たとえば、キーボードやディスプレイ、ディスクドライブ、プリンタ、通信装置などです。

　I/Oの特定の場所を **I/O ロケーション**（I/O Location）といいます。これはメモリの特定の場所に似ていて、通常は番号（数値）で識別します。

　CPUはI/Oロケーションを介してデータを出力デバイスに送り、入力デバイスからデータを読み込むことができます。そのため、CPUにとって、多くのI/Oデバイスはメモリと同じように認識されます。たとえば、プリンタにデータを送りたいときには、CPUからI/Oの特定の位置にデータを転送します。また、たとえば、通信ポートからデータを受け取りたいときには、I/Oの特定の位置からCPUにデータを転送します。メモリとI/Oの主な違いは、I/Oは外部のデバイスと結び付けられるという点です。

　システムによっては、メモリとI/Oをほとんど同じように扱う方法をとるものがあります。その場合、メモリの一部をI/Oの出入り口（ポート）として使います。メモリ空間の中にI/Oがあるものを**メモリマップドI/O**（Memory-Mapped I/O）といい、モトローラのCPUはこの方法をとっています。

● 練習問題

1. 1 MBのメモリに、123バイトのデータを保存する場合、最大でいくつ保存できるか計算してください。
2. 16進数で7654という値をリトルエンディアンとビッグエンディアンでそれぞれメモリに保存したときの状態を説明してください。

2.6 レジスタ

　CPUの内部には、情報を一時的に記憶することができる特殊なメモリがあります。これをレジスタと呼びます。

　レジスタは動作がきわめて高速でメモリよりはるかに高速にアクセスできますが、利用できる数が少ない（容量が小さい）という問題があります。頻繁に使う値を、メモリではなく、動作が早いレジスタに保存するようにしてレジスタを適切に活用することで、より高速なプログラムを実現することができます。

●●●レジスタ

　レジスタ（Register）は、操作や演算のための情報を一時的に保存したり、その結果などを一時的に保存するために使われます。

　CPUの命令（インストラクション）の多くは、レジスタと関連しています。たとえば、演算する値や結果はレジスタに保存されます。

　レジスタの名前や使用可能な数などは、CPUの種類によって大幅に異なります。たとえば、x86ファミリーは以下で説明するような4個の汎用レジスタやセグメントレジスタを持っています。一方、PowerPCの場合は、32個の32ビット汎用レジスタ、32個の64ビット浮動小数点レジスタ、数本の特殊目的レジスタがあり、スタック専用のレジスタはありません。

　以下では、i8086を例にしてレジスタについて説明します。

●●●汎用レジスタ

　特定の目的のためではなく、さまざまな目的に使用できるレジスタを**汎用レジスタ**といいます。

　i8086（x86ファミリーの16ビットCPU）の場合、AX、BX、CX、DXという4個の16ビットの汎用レジスタがあります。それぞれの汎用レジスタの用途は制限されていませんが、一般的によく使われる用途があります（表2.3）。

表2.3 16ビットの汎用レジスタ（x86ファミリー）

略称	名前	主な用途
AX	Accumulator Register	データの一時記憶、各種演算。
BX	Base Address Register	特定のメモリを指定するポインタ。
CX	Count Register	繰り返し処理命令の回数を数えるカウンタ。
DX	Data Register	データの一時記憶。AXと組み合わせた乗除算。

　これらの汎用レジスタのサイズはみな16ビットです。それぞれは、半分にして2個の8ビットレジスタとしても使うこともできます。
　AXレジスタの上位8ビットをAH、下位8ビットをALと呼び、
　BXレジスタの上位8ビットをBH、下位8ビットをBLと呼び、
　CXレジスタの上位8ビットをCH、下位8ビットをCLと呼び、
　DXレジスタの上位8ビットをDH、下位8ビットをDLと呼びます。

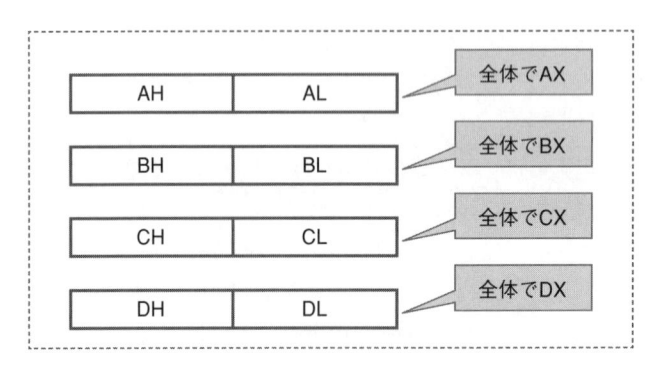

図2.19 16ビットの汎用レジスタ（x86ファミリー）

　AXレジスタの上位8ビットとAHレジスタは同じ場所なので、AHレジスタを変更するとAXレジスタの上位8ビットも変化し、その結果としてAXレジスタの値も変換します。
　また、たとえば、AHレジスタに16進数でXXの値を保存し、ALレジスタに16進数でYYの値を保存することは、AXレジスタにXXYYの値を保存するのと同じことになります。
　32ビットのレジスタを持つx86ファミリーのCPUには、さらに上位16ビットを拡張した32ビットのレジスタとして、EAX、EBX、ECX、EDXがあります。EAXレジスタの下位16ビットはAXレジスタです。同様に、EBXレジスタの下位16ビットはBXレジスタです。

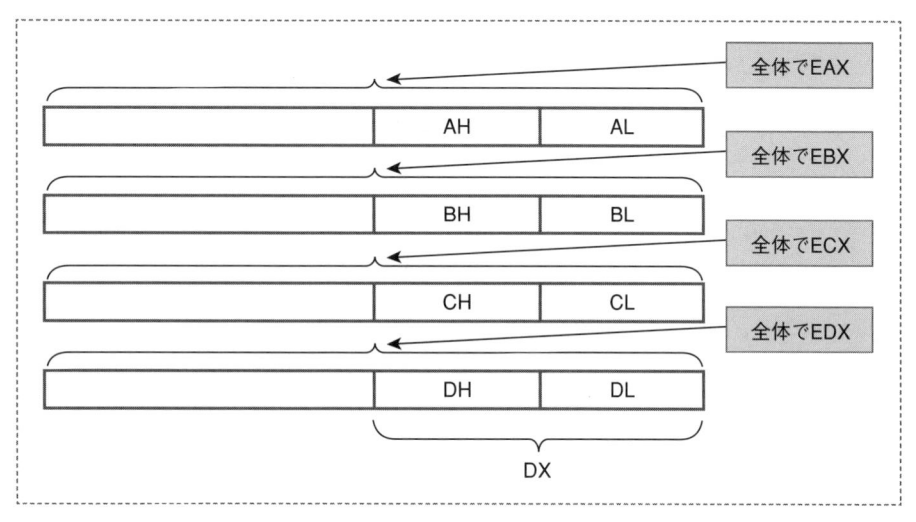

図2.20　32ビットの汎用レジスタ（x86ファミリー）

セグメントレジスタ

　アドレスをセグメントとオフセットという2つの部分に分けて扱う特別な方法があります。これを**セグメンテーション**（Segmentation）と呼びます。

　i8086ファミリーのCPUでは、メモリのアクセスに16ビットのレジスタを使います。このレジスタを使って一度にアクセス可能なメモリの範囲は65,536バイト（64KB）までです。これ以上の大きさのメモリにアクセスするためには、アドレスを**セグメントアドレス**と**オフセットアドレス**という2つの部分に分けて表現する必要があります。

　実アドレスの下位4ビットを0にした値を**セグメントベース**といいます。セグメントは実アドレスの下位4ビットを除いた値で、オフセットはセグメントベースからの相対的な距離です。

　実アドレスは、セグメントアドレスとオフセットアドレスから次の式で計算することができます。

　　実アドレス＝セグメントアドレス×16＋オフセットアドレス

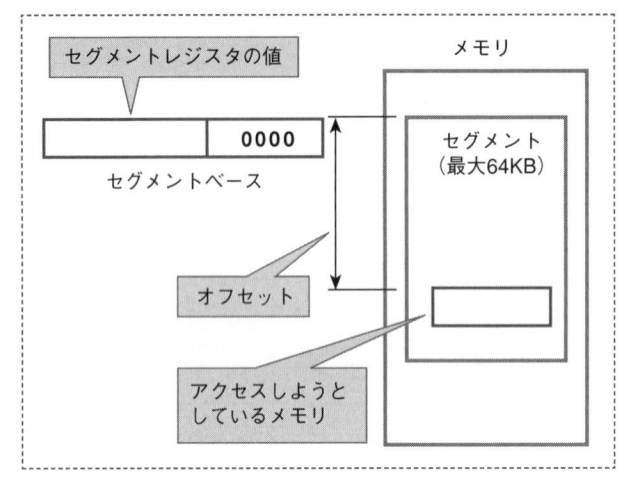

図2.21 セグメントとオフセット

たとえば、セグメントアドレスが16進数の値で14A1で、オフセットアドレスが0105である場合の実アドレスは次のようになります。

14A10 ＋ 0105 ＝ 14B15

アドレスのセグメント部分の値を保存するレジスタを**セグメントレジスタ**といいます。

i8086ファミリーのCPUの場合、CS、DS、ES、SSという4個のセグメントレジスタがあります。

表2.4 セグメントレジスタ（x86ファミリー）

略称	名前	用途
CS	Code Segment	命令コードのあるセグメントアドレスを保存。
DS	Data Segment	データのあるセグメントアドレスを保存。
ES	Extra Segment	第2のデータセグメントアドレスを保存。
SS	Stack Segment	スタックセグメントアドレスを保存。

セグメントを使う必要のない8ビット以下のCPUやセグメントを使わない設計のCPUには、セグメントレジスタはありません。また、セグメントを使わないフラットメモリモデルでプログラミングを行う場合にもセグメントレジスタを使う必要はありません。

特殊目的のレジスタ

汎用レジスタとセグメントレジスタ以外の、特定の用途のためのレジスタがあるCPUもあります。

x86ファミリーのCPUの主な**特殊目的のレジスタ**を表2.5に示します。

表2.5 特殊目的のレジスタ（x86ファミリー）

略称	名前	用途
SI	Source Index	メモリを指すポインタ。
DI	Destination Index	メモリを指すポインタ。
BP	Base Pointer	スタックセグメントで使うベースポインタ。
SP	Stack Pointer	プログラムスタックを管理するポインタ。
IP	Instruction Pointer	次に実行する命令のオフセットアドレスを保存。

たとえば、x86ファミリーでは、BPはプロシージャの中でパラメータとローカルな変数にアクセスするときによく使います。また、間接的にメモリにアクセスしたり、転送命令のような命令でSIを転送元アドレス、DIを転送先アドレスとして使うことがよくあります。

> Note: 32ビットのx86ファミリーの場合、特殊レジスタにも32ビットのレジスタがあります。たとえば、SPの32ビットバージョンはESPです。

フラグレジスタ

フラグレジスタは、プロセッサの現在の状態を表す一連のビット値を保存するレジスタです。

フラグレジスタの各ビットは、たとえば、次のような状態を表します。

・演算の結果が正か負か
・演算の結果、桁上がりがあったかどうか
・比較の結果（等しい/大きい/小さい）

フラグレジスタのそれぞれのビットには、このようなさまざまな状態がセットされ、そのビットが1の場合はセットされているといい、0の場合はリセットされているといいます。

アセンブリ言語プログラムでは、フラグレジスタの値を調べて何かすることがよくあります。たとえば、条件分岐ではフラグレジスタの値を調べて分岐させるかどうか決定します。

x86ファミリーのCPUのうちでi8086では、フラグレジスタのサイズは16ビットですが、実際には表2.6に示す9ビットだけを使います。

表2.6　フラグレジスタ（x86ファミリー）

略称	名前	解説
OF	Overflow Flag	符号付き演算で桁あふれが生じるとセットされる。
DF	Direction Flag	ストリング操作命令でポインタの増減を表す。
IF	Interrupt Flag	リセットすると外部割り込みを受け付けなくなる。
TF	Trace Flag	トレースで実行するときのフラグ。
SF	Sign Flag	演算結果が負になるとセットされる。
ZF	Zero Flag	演算結果が0になるか比較で一致するとセットされる。
AF	Auxiliary Carry Flag	補助キャリーフラグ（BCD演算で使用）。
PF	Parity Flag	演算の結果、1となるビットが偶数個のときセット、奇数個ならリセットされる。
CF	Carry Flag	演算の結果、桁上がりが生じるとセットされる。

●●● FPUのレジスタ

FPU（Floating Point Processing Unit）には、FPU専用のレジスタがあり、メインCPUのレジスタとは少し性格が異なります。

x86ファミリーのFPUレジスタは、8個までの値を保存できるスタック形式のレジスタです。スタックの最上部をST0（STまたはST(0)）と表記し、以下ST1、ST2、……、ST7（またはST(1)、ST(2)、……、ST(7)）と表記します。

スタック形式なので通常はメモリから直接これらの各レジスタにアクセスすることはできません。メモリの値をSTに順に重ねて保存（**プッシュ**、Push）してから、必要に応じてST(i)に移します。不要になった値は順に上から取り出し（**ポップ**、Pop）

して消去します。また、汎用レジスタとは違い、FPU命令では定数の値（**即値**）は使いません。常にアドレスを指定してそのアドレスの値をプッシュします。このように、FPUのレジスタはCPUのレジスタとは使い方が異なります。

このほかに、FPUには、ステータスワード（Status Word）レジスタ、コントロールワード（Control Word）レジスタ、タグワード（Tag Word）レジスタ、FPUインストラクションポインタ（IP）、FPUオペランド（データ）ポインタなどがある場合があります。

● 練習問題

1. 自分が使っているシステムのCPUのレジスタ構成を調べてください。
2. フラグレジスタの役割を説明してください。

2.7 プログラムの実行

メモリの中に保存されたプログラムは、CPUの中で実行されます。

●●● プログラムの実行順序

コンピュータは、プログラムを実行するために、まず、メモリから命令（インストラクション）を取り出して、制御ユニットにコピーします。命令がいったん制御ユニットに入ると、命令が解釈されて実行されます。

命令がメモリから取り出される順序は、ジャンプ命令でほかの場所にジャンプすることが指定されない限り、メモリに保存されている順序です。

実行される命令は**インストラクションレジスタ**（Instruction Register）と呼ぶ特殊レジスタに保存されます。次に実行する命令の場所は、**プログラムカウンタ**（Program Counter）と呼ぶ特殊レジスタに保存されます。プログラムカウンタのことを**インストラクションポインタ**（Instruction Pointer、**IP**）ともいいます。

ジャンプ命令がないときには、プログラムカウンタの値は1ずつ増やされて次の命令が実行されます。

ジャンプ命令があるときには、その命令が示すアドレスにある命令を次に実行します。このとき、プログラムカウンタは、指定されたアドレスの値に変更されます。

> Note: 実行される具体的なプログラムについては、「第5章 プログラミング」で解説します。

●●● プログラムとデータ

近代的なノイマンシステムでは、プログラムとデータはメモリ上に保存されます。実行されるプログラムレベルでは、メモリ上のプログラムとデータの区別はありません。コンピュータにとっては、プログラムもデータも2進のビットパターンであるからです。そのため、プログラムカウンタ（インストラクションポインタ）にデータの

アドレスを指定すれば、そのアドレスのデータが命令（インストラクション）であるものとして実行が継続されます。

実行時には、データがあるメモリ領域の内容を変更できます。それと同様に、実行時にプログラムが保存されているメモリ領域の内容を変更することもできます。そのため、プログラムを実行時に動的に変更することも可能です。

コンピュータ自身がプログラムとデータをまったく区別しないということは、欠点であるとはいえません。データをプログラムとして実行したい場合や、プログラムをデータとして扱いたいときがあるだけではなく、すでに実行して使わなくなったメモリ上のプログラムの領域にデータを保存したり、使用しないデータの領域にプログラムを保存することもできるからです。

ソースプログラムとCPU

C言語やVisual Basic、C#やJavaなど、**高級プログラミング言語**と呼ばれるプログラミング言語で作成されたプログラムを、CPUはそのままでは実行することはできません。高級プログラミング言語で作成されたプログラムは**コンパイル**という作業でCPUが実行できるコードに変換してから実行します。このことは「第5章　プログラミング言語」で説明します。

一般には**アセンブラ**と呼ばれ、正式には**アセンブリ言語**と呼ぶプログラミング言語で作られたプログラムは、原則として、CPUの命令と1対1に対応しているので、簡単な変換でCPUが実行できるコードになります。この変換を**アセンブル**といいます。アセンブリ言語についても「第5章　プログラミング言語」で解説します。

練習問題

1. メモリ上の任意の場所にあるバイトが、プログラムであるかデータであるか識別する簡単な方法があるかどうか考えてください。
2. プログラムの実行中に誤ってメモリ上のデータの場所にジャンプしてしまい、データをプログラムとして実行してしまったらどうなるか考察してください。

2.8 データの転送

コンピュータのデータは、CPUからメモリへ、メモリから外部記憶装置へ、あるいは、あるシステムから別のシステムへと、さまざまなかたちで送られます。

●●● シリアルとパラレル

複数の転送線を使って並行してビットを送る転送方法を**パラレル**（Parallel）**転送**といいます。一方、転送線とアースという一組の転送線を使って、ビットを連続的に送る転送方法を**シリアル**（Serial）**転送**といいます。

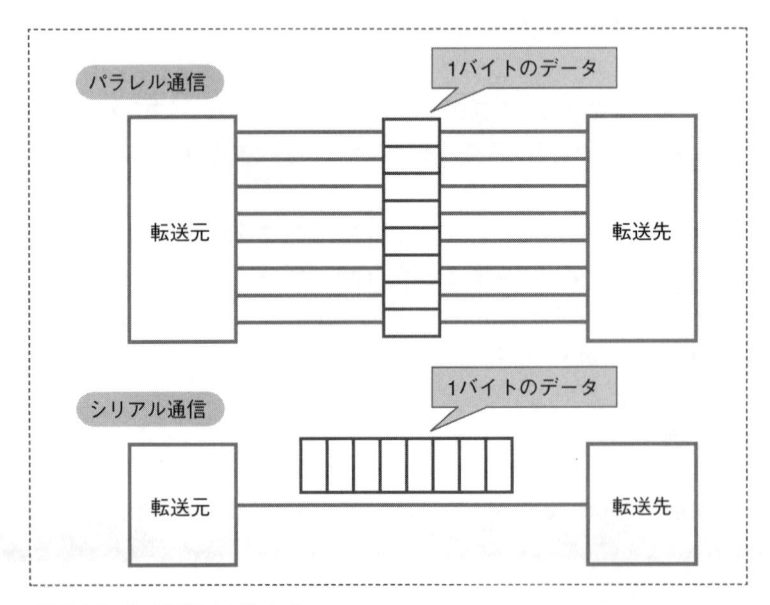

図2.22　シリアルとパラレル

パラレル転送は一度に転送できるデータの量がシリアル転送より多く、短時間に多量のデータを送りたいときに最適です。コンピュータの内部のデータ転送は原則的にパラレル転送です。パラレル転送はコンピュータのバスのほかに、プリンタやSCSI装置などにもよく使われます。

シリアル転送は2本の線で接続できるので、遠距離を接続するときに最適です。シリアル転送は周辺機器への接続や電話回線への接続、離れたところにあるコンピュータ間の転送でよく使われます。

転送速度

データの転送の速さは、普通、1秒あたりの転送ビット数（bits per second、**bps**）で表現します。転送速度が数百bpsより速い場合に一般的に使われる単位は、**Kbps**（kilo-bps）、**Mbps**（mega-bps）、**Gbps**（giga-bps）などです。

データの転送で注意を払わなければならないことは、どのような場合であっても、常に最大のデータ転送能力で転送が行われると期待することはできないということです。転送速度が遅くなる原因はいくつかあります。そのひとつは、送信側または受信側の処理が転送速度より遅いことがあるということです。また、転送の際にエラーが発生すると同じデータを再度転送することがあるために、結果として転送速度が遅くなります。

DMA

最も一般的なメモリやデバイス間のデータ転送の方法は、メインCPUのレジスタを介して行う方法です。つまり、まずメモリからデータをCPUのレジスタに転送し、次にCPUのレジスタから目的の場所にデータを転送します。

しかし、メモリと記憶装置との間のデータの転送のときには、必ずしもメインCPUのレジスタにいったんデータを保存する必要はありません。そのような場合、コントローラーがバスを通してデータを直接転送します。この機能を**DMA**（Direct Memory Access、**ダイレクトメモリアクセス**）といいます。DMAはメインCPUのレジスタを介して行うデータの転送よりはるかに高速でメインCPUを使いません。たとえば、ハードディスクのセクタからデータをメインメモリに転送したり、グラフィックス情報をメインメモリからグラフィックスデバイスのメモリに転送するような場合にDMAが使われます。

DMAを使うと、通常のCPUが使うバスに加えて、バス上を流れるデータの量が増えます。そのため、コントローラーはバスの活動を調整する必要があります。優れた設計でも、要求されるデータの転送量がバスの許容転送量を超えることがあります。

これはバスを介してデータを転送するノイマン型コンピュータ特有の問題点なので、**フォン・ノイマンボトルネック**（Von Neumann Bottleneck）と呼びます。

●●● 転送エラー

データが転送されるときには、エラーが発生する可能性があります。たとえば、データを転送するための線にノイズが影響を及ぼすことがあります。また、電源電圧の変動や、記録用の磁気面の汚れが原因でデータが変わってしまうことがあります。

データの先頭または最後に1ビットを付加して、1であるビットの合計を偶数または奇数にしてデータが正しく転送されたかどうか調べる方法があります。この付加したビットを**パリティビット**（Parity Bit）といいます。たとえば、01010101というデータがあるとします。このデータの1であるビットの合計が偶数になるように最後に0を付加して010101010というデータを送ります。データが11010101であれば、データのビットの合計が偶数になるように最後に1を付加して110101011というデータを送ります。このように転送するデータの中の1であるビットの合計が偶数になるようにして転送する方法を**偶数パリティ**といいます。

データを偶数パリティで転送すると決めておけば、データを受け取ったほうは、1であるビットの数が偶数個であるかどうか調べて、奇数個であればデータは誤っていると判断することができます。

データのビットの合計を奇数にしてもかまいません。たとえば、01010101というデータの1であるビットの合計が奇数になるように最後に1を付加して010101011というデータを送ります。このように転送するデータの中の1であるビットの合計が奇数になるようにして転送する方法を**奇数パリティ**といいます。

パリティを検査する方法は単純なので幅広く使われています。たとえば、コンピュータのメインメモリは1バイト（8ビット）を保存するために9ビット保存できるように設計されているものが数多くあります。これはパリティビットを保存するためです。また、さまざまな通信でパリティが使われます。

パリティビットを使う誤り検出の方法は、偶数個のビットにエラーがあった場合に正しいものと判断されてしまう可能性があることと、データに誤りがあるとわかっていても訂正できないという点で完全とはいえません。

誤り訂正

パリティビットを使うとエラーを検出できる可能性がありますが、パリティビットにはエラーを訂正するために必要な情報は含まれません。エラーを訂正するためには、さらに余分なビットを追加して、冗長なデータを作成します。たとえば、文字「A」のASCIIコードのビットパターンは01000001、「B」は01000010、「C」は01000011ですが、それぞれの前後にビット列01を付加して次の図に示すようにします。

```
文字      コード
A        010100000101
B        010100001001
C        010100001101
------------------------------
         011100001001
```

図2.23　誤り訂正コードの例

このように決めたときに、「011100001001」というビットパターンを受け取ったものとします。このデータが表す文字はAでもBでもCでもありませんので誤りです。そこで、このパターンに最も近いデータを探します。この場合、B（010100001001）が最も近いデータで、送られてきたデータとの差異は1つのビットだけです。そこで、これはBであるだろうと判断してビットパターン「010100001001」に訂正します。こうして、転送の際に発生した誤りを訂正することができます。

練習問題

1. 600 bpsのシリアル通信線で1分間に送ることができる最大のバイト数を計算してください。
2. アルファベットを7ビットのASCIIコードで書いたあとで、それぞれの文字を偶数パリティで送るときのパターンに変更してください。

第3章

数とデータ表現

日常生活では、ほとんどの場合、数の表現に10進数が使われます。コンピュータでは、10進数に加えて、2進数や8進数、16進数が使われます。また、バイト、ニブル、ワードなどの単位を使うこともあります。

3.1 値の表し方

3.2 符号

3.3 実数

3.4 ニブル、バイト、ワード

3.5 数の演算

3.6 さまざまなデータ

3.1 値の表し方

コンピュータは、電圧が低い状態と高い状態の2種類の状態だけを認識します。これがコンピュータで2進数が使われる理由ですが、2進数だけでは不便なので10進数や16進数、そしてときには8進数も使われます。

●●● N進数

ひと桁の最大の値が$N-1$である**整数**（Integer）を、一般に**N進数**といいます。たとえば、10進数の場合、桁の最大の値は9です。一方、8進数の桁の最大の値は7、2進数の桁の最大の値は1です。

表3.1 N進数

N	表現	桁の値の範囲
10	10進数	0～9
2	2進数	0～1
8	8進数	0～7
16	16進数	0～9、A～F

実際には、10進数とは異なる数として、2進数とか8進数、16進数という数があるわけではありません。2進数も、10進数も、16進数も、同じ値を表現しますが、表現する方法が違うだけです。そのため、正しくは「2進法で表現した数」とか「16進法で表現した数」と呼ぶべきです。しかし、慣用的に2進数とか16進数という表現が広く使われています。

●●● 10進数

実生活で最も普通に使われるのは**10進数**です。
10進数の性質について、次の10進数で考えてみましょう。

```
321
```

この10進数は、10のN乗の値とそれに掛ける値に分解することができます。

$$3 \times 10^2 + 2 \times 10^1 + 1 \times 10^0 = 321$$

2進数や8進数、16進数も、これと同じような方法で値を分解することができます。そのため、10進数のこの性質を理解しておくことは重要です。

> **Note**　プログラムや文書の中では、数が10進数であることを示すために、数値の後ろにdまたはDを付けて「24d」や「12D」のように表記することがあります。

●●● 2進数

2進表記の数、つまり**2進数**は、0と1の2種類の数を使って1桁の値を表します。

```
2進数
0
1
```

図3.1　2進数

したがって、2進数ひと桁で表現できる数は0（ゼロ）か1です。

2桁の2進数は、00、01、10、11の4種類の値を表すことができます。このとき、上位の桁が1なら数2が含まれることを表し、下位の桁が1なら数1が含まれることを表します。

3桁の2進数の範囲は、000〜111です。たとえば、100は4を表し、101は5を表します。

2進数のN桁目の値が表す値は$2^{(N-1)}$です。

第3章　数とデータ表現

表3.2　2進数の各桁が1のときの値

桁数	8	7	6	5	4	3	2	1
桁が1のときの値	128	64	32	16	8	4	2	1

　現代のコンピュータでは、32桁（32ビット）の符号なし整数や符号付き整数が整数表現としてよく使われますが、ここでは話を容易にするために、4桁の符号なし整数の2進数について、ひとつの例を考えてみましょう。

　　　1011

この2進数は、2のN乗の値とそれに掛ける値に分解することができます。

$$1 \times 2^3 + 0 \times 2^2 + 1 \times 2^1 + 1 \times 2^0 = 11$$

次の表は4桁の2進数の例です。

表3.3　2進数の例

2進数	計算	10進数
0001	2^0	1
0010	2^1	2
0011	$2^1 + 2^0$	3
0101	$2^2 + 2^0$	5
1000	2^3	8
1111	$2^3 + 2^2 + 2^1 + 2^0$	15

　ここに示した0001や1111のような4桁の2進数を、4ビットの数といいます。4ビットで表現できる数は、符号を考えない正の整数の場合、0から15までです。

　8桁の2進数は8ビットの数で、0から255までの正の値を表現できます。16桁の2進数は16ビットの数で、0から65,535までの正の数を表現できます。

　2進数の加算（足し算）では、桁の値が1より大きくなると次の桁に桁上がりします。2進数の減算（引き算）では、桁の値が足りなくなると1桁上の値を借りて引きます。

```
   1001          1001          1001          1001
+  0001       +  0111       −  0001       −  0111
───────       ───────       ───────       ───────
   1010         10000          1000          0010
```

図3.2　2進数の加算と減算

2進数には、桁を左右に移動する（シフトする）と値を倍にしたり半分にできるという特性があります。**参照**⇒「3.5　数の演算」

10進数で表した正の整数を2進表現にするための手順は次のとおりです。

1) 値を2で割って、余りを別の場所に保存します。
2) 得られた商を2で割ります。余りは以前の余りを保存したところの左側に保存します。
3) 商が0でなければ2）に戻ります。
   商が0になったら、保存した余りの列が2進表現です。

たとえば、25を2進表記にするには、図3.3に示すようにします。

```
         商　余り          2進表現
   25 ÷ 2 = 12 … 1            1
   12 ÷ 2 = 6  … 0           01
    6 ÷ 2 = 3  … 0          001
    3 ÷ 2 = 1  … 1         1001
    1 ÷ 2 = 0  … 1        11001
```

図3.3　10進数25を2進表現にする例

> **Note**
>
> 2進数であることを示すために、数値の後ろにbまたはBを付けて「01b」や「01B」のように表記することがあります。

8進数

2進数は、表そうとする数値が大きくなると、桁数が多くなります。

たとえば、10進数で15を超える値を表現するには2進数で5桁以上の桁が必要になり、10進数で32以上の値には2進数では6桁以上の桁が必要になります。

数値は、桁数が多くなればなるほど扱いにくくなります。そこで、2進の値を3桁または4桁単位でまとめた8進数や16進数がコンピュータではよく使われます。

8進表記の数、つまり**8進数**は、0、1、2、3、4、5、6、7の8種類の数を使って1桁の値を表します。

0から7までの数は、3個のビットを使って表現することができます。つまり8進数は3ビットで1桁の数を表す表記法です。

2進数	8進数
000	0
001	1
010	2
011	3
100	4
101	5
110	6
111	7

図3.4　2進数と8進数

8進数の性質を次の8進数で考えてみましょう。

2051

この8進数は、8のN乗の値とそれに掛ける値に分解することができます。

$$2 \times 8^3 + 0 \times 8^2 + 5 \times 8^1 + 1 \times 8^0$$
$$= 2 \times 512 + 0 \times 64 + 5 \times 8 + 1 = 1065$$

次の表は4桁の8進数の例です。

表3.4 8進数の例

8進数	計算	10進数
1003	$1\times8^3+3\times8^0$	515
0012	$1\times8^1+2\times8^0$	10
0321	$3\times8^2+2\times8^1+1\times8^0$	209
1112	$1\times8^3+1\times8^2+1\times8^1+2\times8^0$	586

Note: 8進数は、それが8進数であることを示すために、数値の前に0を付けて「023」と表記したり、後ろにoまたはOかqまたはQを付けて「23o」や「23Q」のように表記することがあります。

●●● 16進数

16進表記の数、つまり**16進数**は、0、1、2、3、4、5、6、7、8、9、A、B、C、D、E、Fの16種類の数を使って1桁の値を表します。ほとんどの場合、A～Fは大文字でも小文字でもかまいません。

0からFまでの数は、4個のビットを使って表現することができます。つまり16進数は4ビットで1桁の数を表す表記法です。

2進数	16進数	10進数	2進数	16進数	10進数
0000	0	0	1000	8	8
0001	1	1	1001	9	9
0010	2	2	1010	A	10
0011	3	3	1011	B	11
0100	4	4	1100	C	12
0101	5	5	1101	D	13
0110	6	6	1110	E	14
0111	7	7	1111	F	15

図3.5 2進数、16進数と10進数

16進数は、1桁で0～Fの16個の値を表現することができます。そのため、たとえば、3桁の2進数「101」は16進数なら1桁の「5」で表現でき、4桁の2進数「1111」

も16進数なら「F」の1桁ですみます。8桁の2進数「00100010」は16進数なら「22」の2桁ですみます。

2進数と16進数の値の桁数の関係を次の表に示します。

表3.5 2進数と16進数の値の桁数

2進数	16進数	ビット数
4桁	1桁	4
8桁	2桁	8
16桁	4桁	16

16進数の性質を次の16進数で考えてみましょう。

2FB1

この16進数は、16のN乗の値とそれに掛ける値に分解することができます。

$$2 \times 16^3 + 15(F) \times 16^2 + 11(B) \times 16^1 + 1 \times 16^0$$
$$= 2 \times 4096 + 15 \times 256 + 11 \times 16 + 1 = 12209$$

次の表は4桁の16進数の例です。

表3.6 16進数の例

16進数	計算	10進数
100F	$1 \times 16^3 + 15 \times 16^0$	4111
0012	$1 \times 16^1 + 2 \times 16^0$	18
036F	$3 \times 16^2 + 6 \times 16^1 + 15 \times 16^0$	879
1A1B	$1 \times 16^3 + 10 \times 16^2 + 1 \times 16^1 + 11 \times 16^0$	6683

16進数2桁を使うと、00〜FFまでの値を表すことができます。これは10進数で0〜255の値に対応し、さまざまな操作で比較的扱いやすい数量です。

> 16進数であることを示すために、数値の前に$か0xを付けて「$2F」や「0x2F」と表記したり、数値の後ろにhまたはHを付けて「2Fh」のように表記することがあります。

2進化10進数（BCD）

2進化10進数（Binary-Coded Decimal、**BCD**）は、10進法で表した数値の各桁を、0000から1001までの4桁の2進数で表したものです。

BCDでは、10進数の各桁の0から9までの数を、表3.7に示すBDC表現を使って表します。

表3.7　10進数の各数のBCD表現

10進数	BCD表現
0	0000
1	0001
2	0010
3	0011
4	0100
5	0101
6	0110
7	0111
8	1000
9	1001

10進数で256という数について考えてみます。2はBCDでは0010、5はBCDでは0101、6はBCDでは0110ですから、10進数で256はBCDでは0010 0101 0110になります。

10進数で123の場合、1はBCDでは0001、2はBCDでは0010、3はBCDでは0011なので、10進数で123はBCDでは0001 0010 0011になります。

次の表は4桁のBCDで表した数の例です。

表3.8　16進数の例

10進数	BCD
1	0000 0000 0000 0001
123	0000 0001 0010 0011
256	0000 0010 0101 0110
1024	0001 0000 0010 0100

BCDの値を2進法と同じ方法で演算すると、結果がBCDの有効範囲を超えることがあり、その場合は補正が必要です。

```
10進数で234＋567のBCD計算

    0010  0011  0100
 ＋  0101  0110  0111
 ─────────────────────
    0111  1001  1011    ← 10進数で11（9より大きい）
              ↓
    1000  0000  0001
```

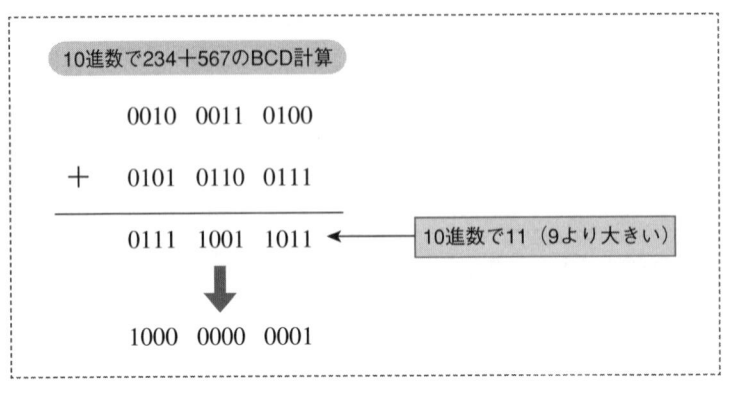

図3.6　BCDの加算の例

● 練習問題

1. 次の2進数は10進数でそれぞれいくつになるか答えてください。
   a. 1　　b. 11　　c. 110　　d. 1101
2. 次の16進数は10進数でそれぞれいくつになるか答えてください。
   a. 1　　b. 12　　c. 16　　d. 1B　　e. 12C
3. 次の10進数を2進数で表すとそれぞれどのようになるか答えてください。
   a. 1　　b. 3　　c. 11　　d. 28
4. 次の10進数を16進数で表すとそれぞれどのようになるか答えてください。
   a. 12　　b. 18　　c. 26　　d. 58

3.2 符号

数値を扱うときには正の数だけでなく負の数を扱う必要がある場合があります。正負の数を表すためには、符号を使います。

符号付き数の表現

一般的には、**符号付き**の値では、最上位ビットで符号を表します。最も普通の方法は、最上位ビットが1なら負の値、0なら正の値であるものとする方法です。

たとえば、8ビット（1バイト）のデータの場合、値は7ビット～1ビットで表し、第8ビットを正負の識別のために使います。

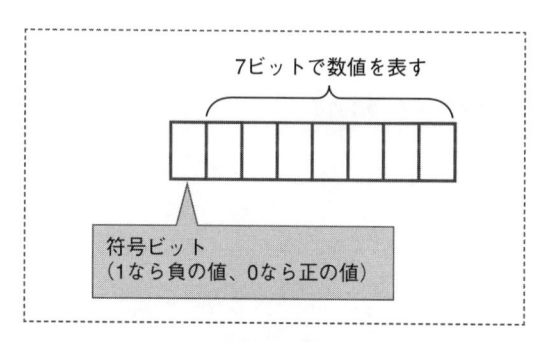

図3.7　8ビットの符号付き整数

たとえば、2進数で00001011は10進数で11です。この最上位ビットを1にした10001011は負の数です。この値は－11と解釈することもできますし、次の2の補数表現として解釈することもできます。

2の補数

2進数値に対して、そのビット数より1桁多く、最上位ビットが1、残りがすべて0であるような数値から、元の数を引いた数を**2の補数**といいます。コンピュータでは

第3章 数とデータ表現

負の数の表現に、この2の補数をよく使います。

この方法による2の補数の計算の例を図3.8に示します。

```
    100000000
  −  00000101     ← 00000101は10進数で5
  ─────────
     11111011     ← 10進数で−5
```

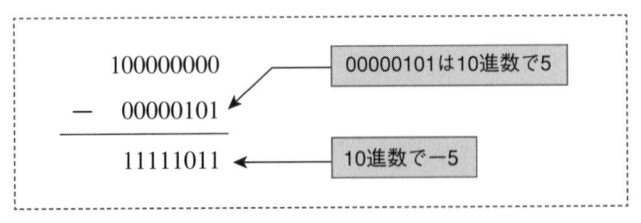

図3.8 2の補数の計算例（負の数5の計算例）

別の計算方法として、次の方法があります。

1) 2進法の数値の0と1を入れ換える（ビット反転）。
2) 1を加える。

この方法による計算の例を図3.9に示します。

```
    00000101     ← 00000101は10進数で5
       ↓         ← ビット反転
    11111010
  + 00000001
  ─────────
    11111011     ← 10進数で−5
```

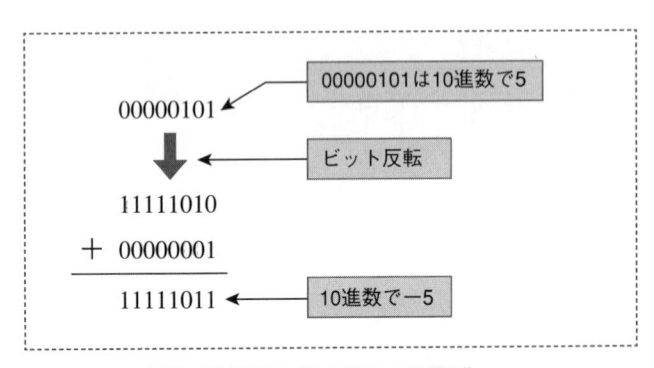

図3.9 2の補数の計算例2（負の数5の計算例）

> **Note**　ビット反転した数を、1の補数といいます。

8ビットの場合の符号なし整数と2の補数で表現した符号付き整数の例を表3.9に示します。

3.2 符号

表3.9 8ビット整数の例

16進	2進	符号なしの場合	符号付きの場合
01	00000001	1	1
02	00000010	2	2
03	00000011	3	3
04	00000100	4	4
05	00000101	5	5
06	00000110	6	6
07	00000111	7	7
:	:	:	:
7E	01111110	126	126
7F	01111111	127	127
80	10000000	128	−128
81	10000001	129	−127
:	:	:	:
FB	11111011	251	−5
FC	11111100	252	−4
FD	11111101	253	−3
FE	11111110	254	−2
FF	11111111	255	−1

　この方法の符号付き数では、16進数のFFhが10進数で−1になり、16進数の80hが10進数で−128になることに注意してください。

●●● 2の補数の演算

　2の補数を使うと、加算で減算を行うことができます。
　たとえば、「7−5」の計算を行うことを考えます。2の補数を使う8ビットの2進数で表すと、7は00000111、−5は11111011です。これを加算します。結果は100000010になるので、最上位ビット（第9ビット）を無視すると2進数で00000010、10進数で2になります。

```
    00000111   ← 10進数で7
 ＋  11111011   ← 10進数で－5
   ─────────
   100000010   ← 最上位ビットを無視すると10進数で2
```

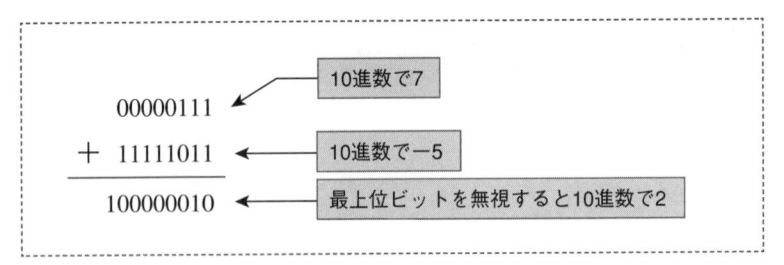

図3.10 「7－5」の2進数による計算

16進表現の負数の計算

1バイトの符号付き数で第8ビットが1である場合（符号なしの値で127より大きい場合）、次の式で符号付きの数を計算することができます。

（符号付きの数値）＝（符号なしの場合の値）－256

たとえば、FEhは

FEh － 100h ＝ 254d － 256d ＝ －2d

また、たとえば、B0hは

B0h － 100h ＝ 176d － 256d ＝ －80d

> **Note** 数値のあとのhは16進数を、dは10進数を表します。

BCDの符号

実際に使われる2進化10進数（BCD）では、符号の表現を追加することがあります。この符号付きのBCDには、アンパック形式とパック形式という2つの形式があります。

アンパック形式（**ゾーン形式**とも呼ぶ）では、4桁のゾーンビットと、4桁の数値ビットとを組み合わせて、10進数の1桁を表現します。ただし、数値の最後の桁にはゾーンビットではなく符号ビットを組み合わせます。

　　　（ゾーンビット）（桁の値）…（ゾーンビット）（桁の値）（符号ビット）（桁の値）

ゾーンビットは表現方法によって異なり、EBCDICでは1111（15）、JISコードでは0011（3）です。**符号ビット**は、正の数の場合は1100（12）、負の数の場合は1101（13）です。

表3.10にアンパックBCDの例を示します。

表3.10　アンパックBCDの例

値	アンパックBCD表現	備考（文字コード）
+567	1111 0101 1111 0110 1100 0111	EBCDIC
+123	1111 0001 1111 0010 1100 0011	EBCDIC
+123	0011 0001 0011 0010 1100 0011	JISコード
-123	1111 0001 1111 0010 1101 0011	EBCDIC
-123	0011 0001 0011 0010 1101 0011	JISコード

パック形式では、数の絶対値と符号を別々に保存します。一般的には最後の4ビットを符号ビットにします。

　　　（桁の値）……（桁の値）（符号ビット）

表3.11にパックドBCDの数の例を示します。

表3.11　パックドBCDの例

値	パックドBCD表現
+567	0101 0110 0111 1100
+123	0001 0010 0011 1100
-123	0001 0010 0011 1101

なお、インテル社の32ビットCPUのアーキテクチャIA-32で使われる「80ビッ

ト・パックドBCD整数」では、先頭から72番目までのビットで18桁の10進数を表し、末尾の80番目のビットに符号を保存します。

●●● オーバーフロー

　符号を考えない場合、4桁の2進数で表される値は、0～15までの値です。この4桁の2進数を使う場合、15を超える値を保存しようとしたり、計算の結果が15を超える場合、保存できる値より大きな数になります。これを**オーバーフロー**（Overflow）といいます。

　符号を考える場合は、4桁の2進数で表される値は、－8～7までの値です。したがって、－8より小さい値や8以上の値はオーバーフローします。

　保存する桁数を大きくすれば、それだけ大きな数を保存することができます。たとえば、2の補数で保存するものとすると、32ビットで保存できる数は2,147,483,647までとかなり大きい数まで保存できます。しかし、いくらビット数を増やしても限界があり、限界を超えるとオーバーフローすることには変わりはありません。

　オーバーフローは、計算の間違いやプログラムの異常な挙動の原因となる可能性があるという点で重要です。たとえば、日付を表すために1900年1月1日からの経過日数を16ビットの整数を使って表すシステムでは、1900年1月1日の32,768日後に突然、過去の日付になってしまうという問題が発生する可能性があります。

● 練習問題

1. 次の符号付き16進数は、10進数でそれぞれいくつになるか答えてください。
　　a. 01　　b. 3E　　c. 80　　d. A1　　e. FF
2. 文字コードをEBCDICとして、次の10進数をBCDで表現してください。
　　a. 234　　b. －567　　c. －321

3.3 実数

実数（Real Number）は、整数以外の数です。CPUは原則的には2進数で表現できる値だけを扱うので、実数をそのままの形で扱うことはできません。そのため、何らかの符号化の方法を使って符号化します。

●●● 2進数の分数表現

2進表現で小数点を使って小数点以下の数を表すことができます。小数点以下の桁の値は、小数点以下1桁めの値を1/2とし、小数点以下2桁めの値を1/4、小数点以下3桁めの値を1/8とします。

```
          1 0 1 . 1 0 1
          ↑ ↑ ↑   ↑ ↑ ↑
          │ │ │   │ │ └─ 1/8
          │ │ │   │ └─── 1/4
          │ │ │   └───── 1/2
          │ │ └───────── 1
          │ └─────────── 2
          └───────────── 4
```

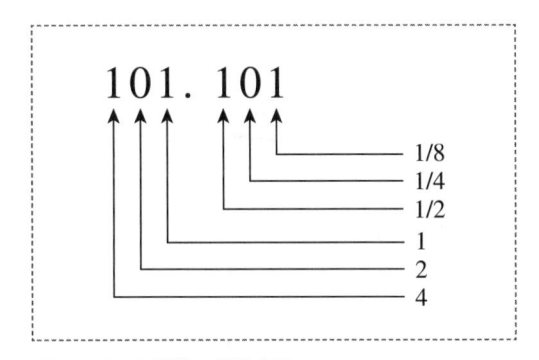

図3.11　2進数の分数表現

たとえば、2進数で1.1は10進数では1 + 1/2 = 1.5に、11.11は2 + 1 + 1/2 + 1/4 = 3 3/4 = 3.75に、101.101は5 + 1/2 + 1/8 = 5 5/8 = 5.625になります。

小数点以下3桁までの2進表現では、10進数で5.626のような数を表すことができません。10進数の5.625も5.626も、2進表現では同じ101.101です。つまり、10進表現を2進表現にすると誤差が生じることになります。

2進数の分数表現の演算は、小数点以下のない2進表現と同じと考えることができます。

```
   101.001
＋ 110.101
―――――――
  1011.110
```

図3.12　2進数の分数の加算

浮動小数点数

　コンピュータでは、通常、実数は浮動小数点数という形式で表します。**浮動小数点数**（Floating-Point Number）は、数値を、各桁の値の並びと、小数点の位置で表現する方法で表した数です。各桁の値の並びの部分を**仮数部**（Mantissa）といい、小数点の位置を表す部分を**指数部**（Exponent）といいます。

　符号を付ける場合は、最上位ビットを符号ビットとして、符号ビットが0なら正の値、1なら負の値を表します。実際のプログラミング言語では、一般的には、浮動小数点数は32ビットや64ビットで表現しますが、ここでは8ビットの浮動小数点数を考えます（図3.13）。

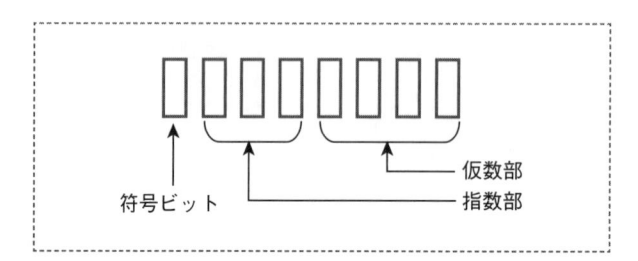

図3.13　8ビットの浮動小数点数

　たとえば、ビットパターンが00101011である浮動小数点数があるものとします。この場合、符号ビットは0、指数部は010、仮数部は1011です。仮数部から、小数点付き2進数値「0.1011」を得ます。そして、指数部の2進数010から10進数2を得て、小数点付き2進数値の小数点位置を右に2だけ移動します。こうして得られた2進数値は「10.11」です。これは、2＋1/2＋1/4＝2＋3/4＝2.75です。

　実際に使われる32ビットの国際標準形式IEEE754の浮動小数点数は次の図3.14に示すとおりです。

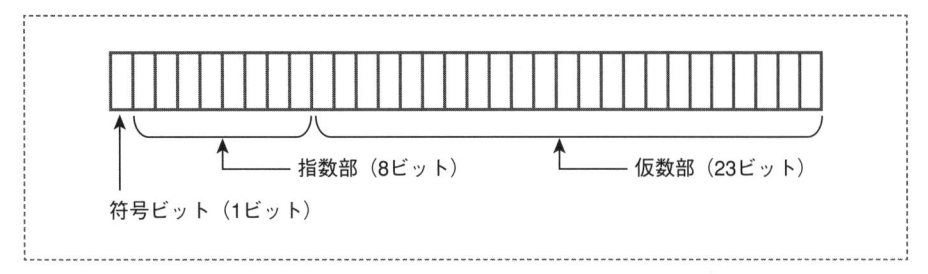

符号ビット（1ビット） 指数部（8ビット） 仮数部（23ビット）

図3.14　32ビットIEEE754浮動小数点数

　数学では、浮動小数点数は、eまたはEを使って実数部と指数部に分けて記述します。
　たとえば、次のように表記します。

　　1.2345e1　　　…実際の値は12.345
　　1.2345e2　　　…実際の値は123.45
　　1.2345e-1　　…実際の値は0.12345
　　1.2345e-2　　…実際の値は0.012345

　高級プログラミング言語では実数の表現にこの形式がよく使われます。
　この浮動小数点数形式では、きわめて大きな値（たとえば、1.23e128）でもきわめて小さな値（たとえば、1.23e-128）でも容易に表すことができます。つまり、事実上無限の値を表すことができるので、整数の場合に問題になるオーバーフローという問題は発生しません。しかし、一方で、精度には限界があります。
　たとえば、2.3125という値を図3.13に示す8ビットの浮動小数点数として保存するものとします。2進表現で10.010とすると2 + 1/4 = 2.25になり、10.011とすると2 + 1/4 + 1/8 = 2.375になり、いずれにしても0.0625の誤差が生じます。全体のビット数を増やして仮数部を長くすると精度は高くなりますが、どんなにビット数を増やしても誤差を完全になくすことはできません。
　誤差が出るもうひとつの原因は、10進数で表現しても小数点以下の桁が無限になるような数があることです。たとえば、1を3で割った結果は、0.333333……になり、小数点以下の桁が無限になるので、10進数でも2進表現でも表現することができません。つまり、1/3や1/10のような数は、どんなにビット数を増やしても、2進表現では完全には表現できません。

● 練習問題

1. 次の小数点以下の数を含む2進数は10進数ではいくつになるでしょうか？
   a. 1.01　　b. 10.101　　c. 101.1101
2. 次の指数表現の実数を普通の10進数表現で表してください。
   a. 1.23e01　　b. 1.23e-1　　c. 2.56e02

3.4 ニブル、バイト、ワード

　一定の数のビットをまとめて扱うと、大きな数を容易に扱うことができます。このような目的のために、ニブル、バイト、ワード、ダブルワードなどが使われます。

●●●ニブル

　4ビット単位の数量を**ニブル**（Nibble）といいます。これは16進数で1桁の数に相当し、0〜Fまでの値を表します。いいかえると、ニブルは16進数の1桁で表現できる数です。

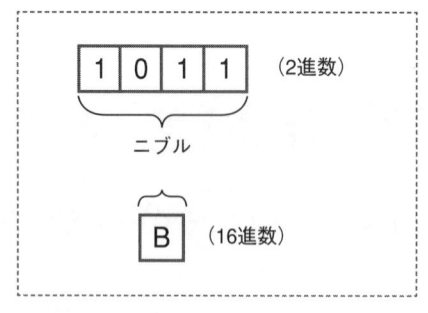

```
┌─┬─┬─┬─┐
│1│0│1│1│  （2進数）
└─┴─┴─┴─┘
 └──┬──┘
   ニブル

    ┌─┐
    │B│  （16進数）
    └─┘
```

図3.15　ニブル

バイト

8ビット単位の数量を**バイト**（Byte）といいます。これは2桁の16進数に相当します。

1バイトは2個のニブルで表現できます。つまり、2桁の16進数の上位の桁は上位4ビットのニブルであり、2桁の16進数の下位の桁は下位4ビットのニブルです。

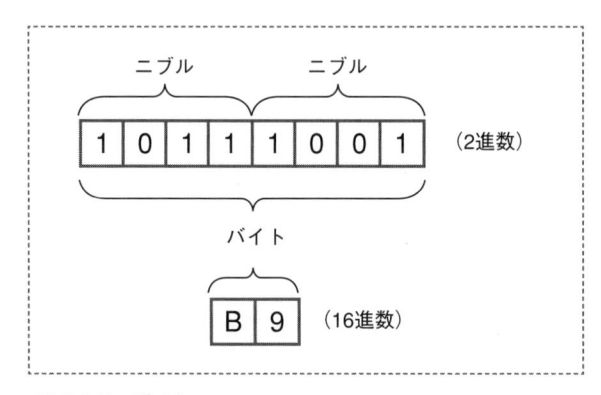

図3.16　バイト

ワード

ワード（Word）は、データの量を表す単位のひとつとして使われますが、厳密に統一された定義はありません。一般的には、次のいずれかの量をワードといいます。

- 2バイト
- データバスの幅
- OSの定める標準サイズ
- あるアドレスのデータサイズ

ワードを2バイトと定義した場合を除いて、そのほかの場合には、ワードのサイズはCPUやOSなど環境によって変わるという点に注意してください。

ダブルワード

ワード2個ぶんの数量を**ダブルワード**（Double Word）といいます。たとえば、16ビットをワードと呼ぶときには、ダブルワードは32ビットです。

> **Note** ダブルワードのことを**ロングワード**（Long Word）と呼ぶことがあります。

ダブルワードは、通常、まず2個のワードに分解して考え、さらに必要に応じてそれぞれのワードをバイトやニブル、ビットに分解して考えます。

練習問題

1. ニブルとバイトのビット数を答えてください。
2. ワードが2バイトのシステムで、ダブルワードは何ビットになるか答えてください。

3.5 数の演算

ビットに対して、AND、OR、XORなどの演算があるのと同様に、数と数とでも、AND、OR、XORなどの演算を行うことがあります。また、ビットをシフトして値を変更することもあります。

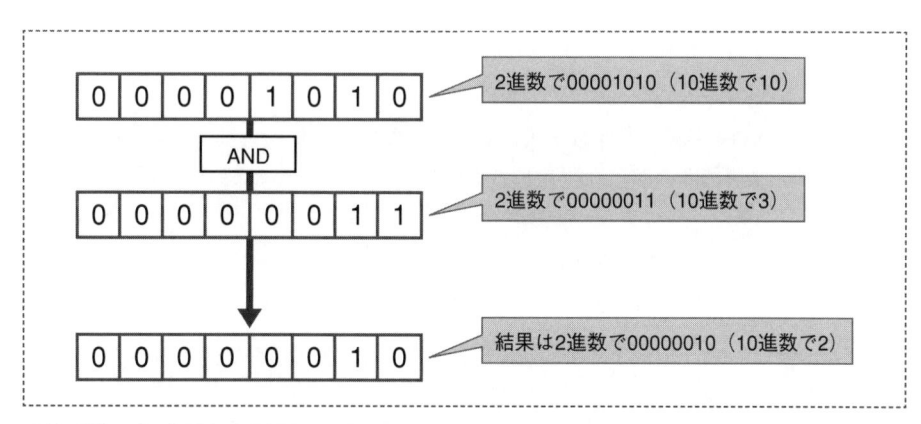

●●● ビットごとのAND

ビットごとの**AND演算**は、2つの値を2進数で表現して、どちらのビットも1である2進数を求めます。

```
 0  0  0  0  1  0  1  0    2進数で00001010（10進数で10）
          AND
 0  0  0  0  0  0  1  1    2進数で00000011（10進数で3）
           ↓
 0  0  0  0  0  0  1  0    結果は2進数で00000010（10進数で2）
```

図3.17 ビットごとのAND

2つの値をANDすることで、必ず両方に含まれているビットだけが結果として残ります。そのため、一方の値をマスクとして使い、特定のビットが1であるかどうか調べることがよくあります。

●●● ビットごとのXOR

ビットごとの**排他的OR演算**（**XOR演算**）は、2つの値を2進数で表現して、どちらか一方のビットのみが1である値を求めます。

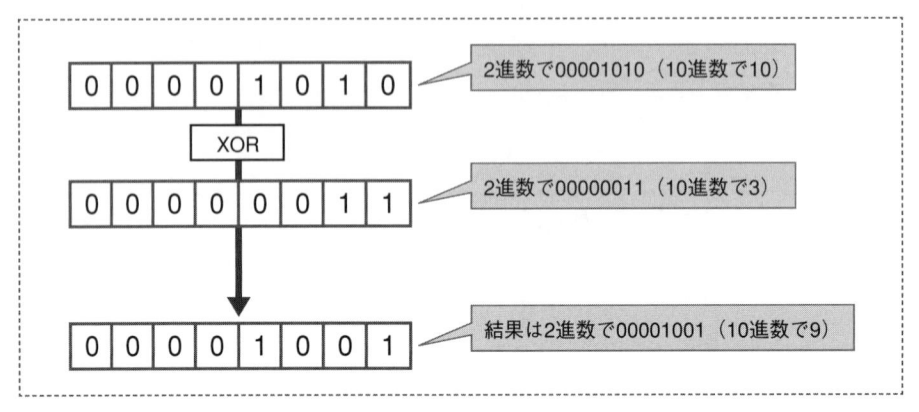

```
0 0 0 0 1 0 1 0    2進数で00001010（10進数で10）
       XOR
0 0 0 0 0 0 1 1    2進数で00000011（10進数で3）

0 0 0 0 1 0 0 1    結果は2進数で00001001（10進数で9）
```

図3.18　ビットごとの排他的OR演算

XORを使って補数を求めることができます。たとえば、次の例で2番目の演算数と結果の間の関係に注意してください。

```
        11111111
XOR     10101010
        01010101
```

また、ある値をXORしてからもう一度同じ値でXORすると、最初の値を復元することができます。この性質はプログラミングでよく使われます。

```
        11110011    ：元の値
XOR     10101010
        01011001    ：1回XORした結果

        01011001
XOR     10101010    ：同じ値でもう一度XORする
        11110011    ：復元された値
```

ビットごとのOR

ビットごとの**OR演算**は、2つの値を2進数で表現して、どちらかのビットが1または両方のビットが1である値を求めます。

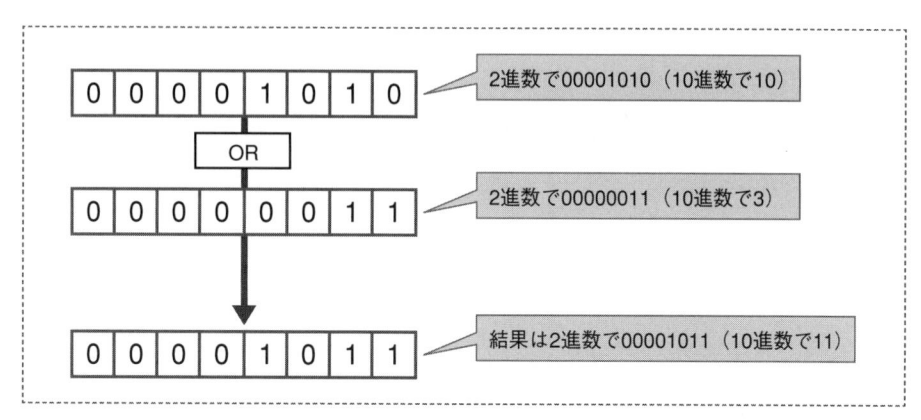

```
0 0 0 0 1 0 1 0     2進数で00001010（10進数で10）
       OR
0 0 0 0 0 0 1 1     2進数で00000011（10進数で3）
       ↓
0 0 0 0 1 0 1 1     結果は2進数で00001011（10進数で11）
```

図3.19　ビットごとのOR演算

ビットの反転（NOT）

ビットごとに値を**反転**する**NOT演算**は、ビットごとに、値が1なら0に、0なら1にします（値のすべてのビットを反転することを意味します）。

これは値の内容を1の補数で置き換えることと同じです。

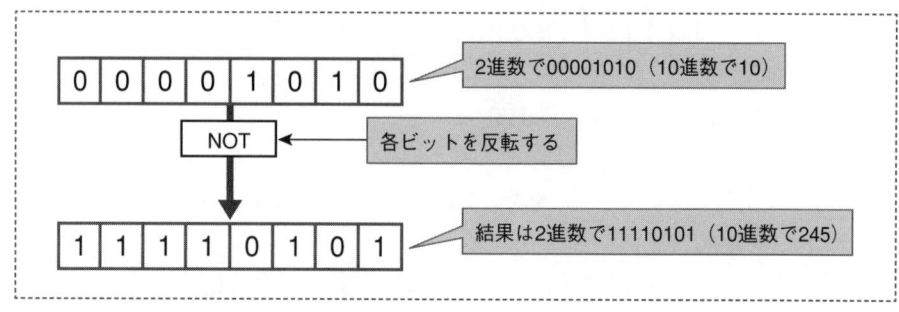

```
0 0 0 0 1 0 1 0     2進数で00001010（10進数で10）
       NOT  ← 各ビットを反転する
       ↓
1 1 1 1 0 1 0 1     結果は2進数で11110101（10進数で245）
```

図3.20　ビットの反転

●●● シフト

値を構成する各ビットを左右に**シフト**すると、値を変更することができます。

整数で符号を考えない場合、値を構成する各ビットを左にシフトすると、左に1桁移動するごとに値は2倍になります。

```
0 0 0 0 0 1 0 0    2進数で00000100（10進数で4）
        ↓ 左へ1シフトすると
0 0 0 0 1 0 0 0    2進数で00001000（10進数で8）
        ↓ さらに左へ1シフト
0 0 0 1 0 0 0 0    2進数で00010000（10進数で16）
```

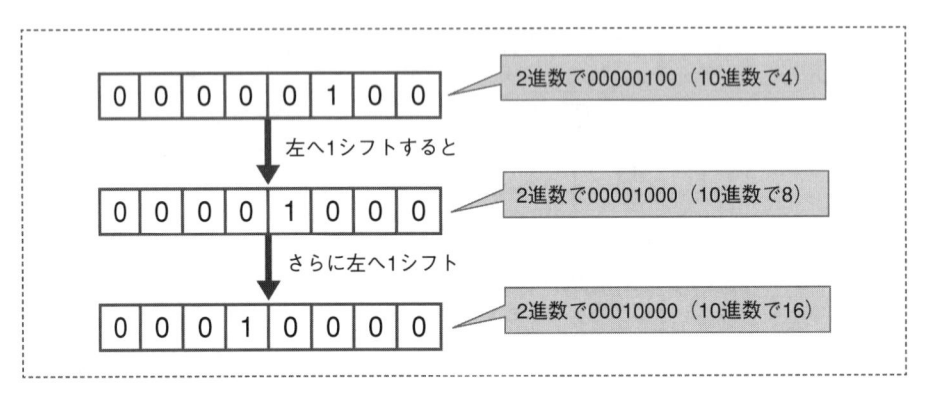

図3.21　左シフト

たとえば、値の各ビットを左へ3ビットシフトすると、値は2×2×2＝8倍になります。

```
0 0 0 0 1 0 1 0    2進数で00001010（10進数で10）
        ↓ 左へ3シフトすると
0 1 0 1 0 0 0 0    2進数で01010000（10進数で80）
```

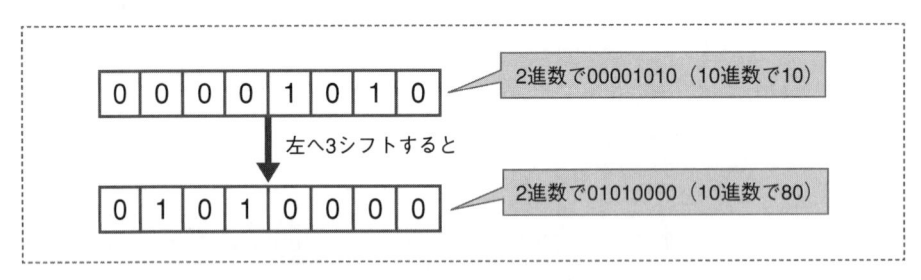

図3.22　左へ3シフトした状態

同様に、整数で符号を考えない場合、値を構成する各ビットを右にシフトすれば値は小さくなります。

右に1桁移動するごとに値は1/2になります（図3.23）。

たとえば、右へ3ビットシフトして、最下位からあふれた値を破棄すると、値は1/2×1/2×1/2＝1/8の大きさにして小数点以下を切り捨てた値になります（図3.24）。

一般的にいって、ビットをシフトして値をN倍または$1/N$倍にする操作は、CPUの

```
0 0 0 0 0 1 0 0    2進数で00000100（10進数で4）
      ↓ 右へ1シフトすると
0 0 0 0 0 0 1 0    2進数で00000010（10進数で2）
      ↓ さらに右へ1シフトすると
0 0 0 0 0 0 0 1    2進数で00000001（10進数で1）
```

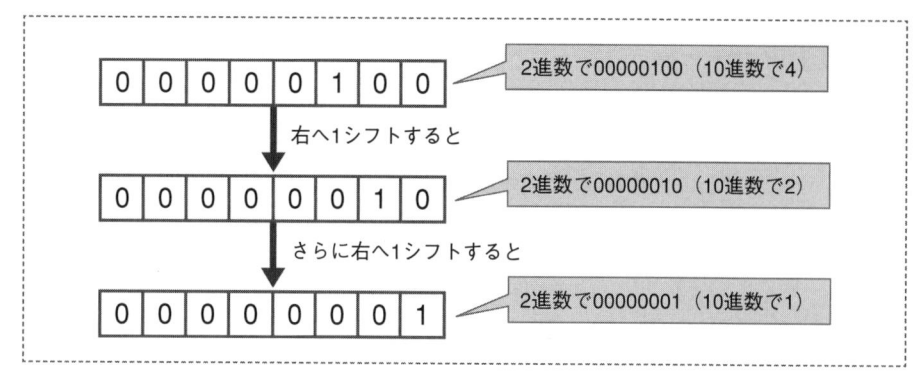

図3.23　右シフト

```
0 0 0 0 1 0 1 0    2進数で00001010（10進数で10）
      ↓ 右へ3シフトすると
0 0 0 0 0 0 0 1    2進数で00000001（10進数で1）
```

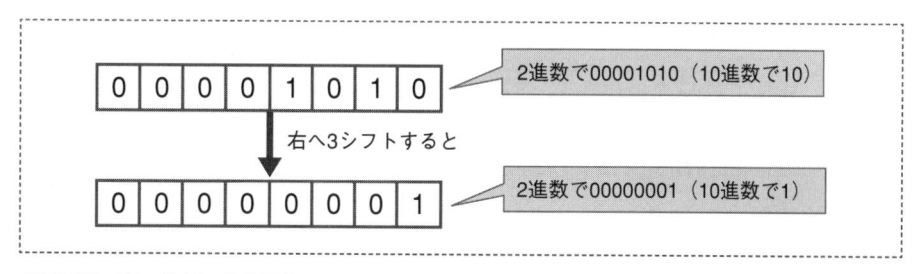

図3.24　右へ3ビットシフト

掛け算の命令や割り算の命令を使うより速く実行されます。そのため、特に、値を2倍や4倍するような計算ではシフトの命令がよく使われます。

さらに、8ビット右にシフトすることで、ワードの上位バイトから1バイトを取り出すこともよく行われます。たとえば、2356hを8ビット右にシフトすることで23hになり、上位バイトを取り出すことができます。また、1A2Bhを8ビット右にシフトすると1Ahになります。

```
                                2進数で0010001101010110（16進数で2356）
0 0 1 0 0 0 1 1 0 1 0 1 0 1 1 0
              ↓ 右へ8ビットシフトすると
0 0 0 0 0 0 0 0 0 0 1 0 0 0 1 1
                                2進数で0000000000100011（16進数で23）
```

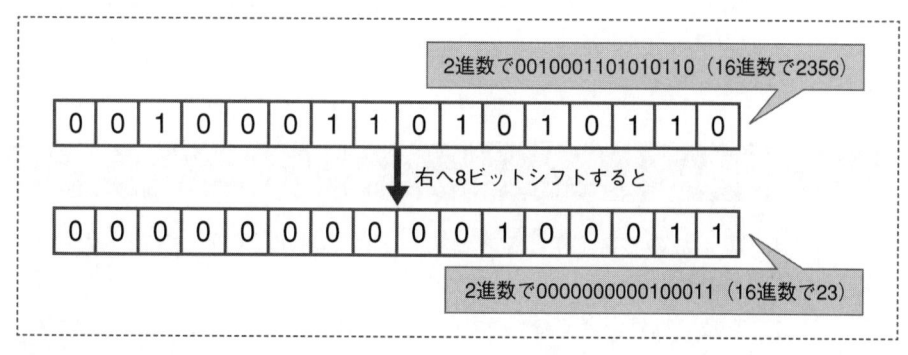

図3.25　右へ8ビットシフト

ローテート

右へビットシフトすると、最下位からビットがあふれます。あふれたビットを最上位から順に詰めることを、**ローテート**といいます。

たとえば、00001011を右に1ビットシフトすると最下位の1があふれ出るので、これを最上位に移動し、10000101にします。

```
0 0 0 0 1 0 1 1    2進数で00001011（10進数で11）
```
右へ1ローテートすると
```
1 0 0 0 0 1 0 1    2進数で10000101（10進数で133）
```

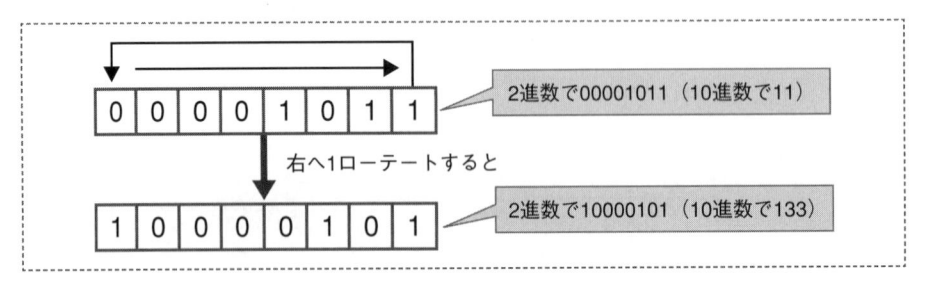

図3.26　右へ1ビットのローテート

0001010を右へ3ビットローテートすると、図3.27に示すようになります。

```
0 0 0 0 1 0 1 0    2進数で00001010（10進数で10）
```
右へ3ローテートすると
```
0 1 0 0 0 0 0 1    2進数で01000001（10進数で65）
```

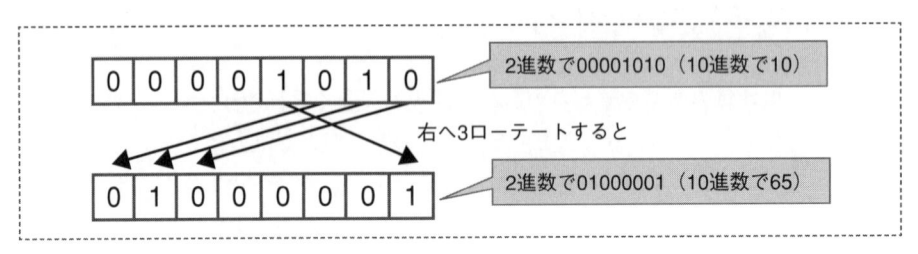

図3.27　右へ3ビットローテート

同様に、左へnビットシフトして最上位からあふれたビットを最下位に移動すると、左へのローテートになります。

練習問題

1. 10進数の整数で7と5をビットごとにAND、OR、XORしたときの値を求めてください。
2. 整数で符号を考えないものとして、10進数5を左に2および3だけシフトしたときの値を求めてください。

3.6 さまざまなデータ

コンピュータが扱うあらゆるデータは、2進数の値、つまり、ビットのパターンとして表すことができます。

●●● 文字

文字（Character）は、ビットパターンを割り当てて表現します。たとえば、文字「A」を01000001というビットのパターンで表現し、文字「B」を01000002というビットのパターンで表現すると決めることができます。

文字にビットパターンを割り当てることは、文字のコードを定義することです。文字のコードを**文字コード**（Character Code）といいます。

初期のコンピュータではいろいろな文字コードが使われていました。そのため混乱が生じることがありました。そこで、**米国規格協会**（American National Standards Institute、**ANSI**）が情報交換の文字コードの規格として**ASCII文字セット**を規定しました。

表3.12 さまざまな文字コード

文字コード	解説
ASCII	ANSIが規定した7ビットのコード。
Unicode	世界中の文字を表現できる2バイトの文字コード規格。
JIS	漢字を含む文字を表現する2バイトの文字コード規格。
シフトJIS	JISコードをシフトさせてASCIIとの混在を可能にしたコード。
EUC	日本語や中国語なども扱うことができる拡張UNIXコード。
ISO	ASCIIをもとに独自の文字集合を定義するための規格。
EBCDIC	IBMが規定した汎用コンピュータ用コード。

第3章 数とデータ表現

　現在では、通常、アルファベット文字や句読点（カンマとピリオド）などには、ASCII文字セットとして定義されている値を使います。たとえば、文字の「A」はASCII文字コードでは16進数で41と定められています。4は2進表現で0100、1は2進表現で0001ですから、文字「A」はビットパターンで表すと01000001になります。同様にして、表3.13に示す文字はすべてビットパターンで表すことができます。

表3.13　ASCII文字セット

	0	1	2	3	4	5	6	7
0			スペース	0	@	P	`	p
1			!	1	A	Q	a	q
2			"	2	B	R	c	r
3			#	3	C	S	b	s
4			$	4	D	T	d	t
5			%	5	E	U	e	u
6			&	6	F	V	f	v
7			'	7	G	W	g	w
8			(	8	H	X	h	x
9			)	9	I	Y	i	y
A			*	:	J	Z	j	z
B			+	;	K	[	k	{
C			,	<	L	¥	l	|
D			-	=	M	]	m	}
E			.	>	N	^	n	~
F			/	?	O	_	o	DEL

※00から1Fまでは「制御文字」

●●●テキスト

　文字列（String）は文字が繋がったものなので、文字を表す決まりがあれば、表現することができます。たとえば、ASCIIコードを使えば、文字列「AB」は0100000101000010というビットパターンで表現することができます。これは16進数で表現すると4142になります。

たとえば、文字列「Hello」は次の図に示すようになります。

16進数	48	65	6C	6C	6F
2進数	01001000	01100101	01101100	01101100	01101111
文字	H	e	l	l	o

図3.28　文字列「Hello」

いわゆる日本語やASCII文字セットに含まれない文字はUnicode文字で表すことができます。**Unicode**は2バイトで1文字を表す文字コードです。たとえば、「あ」は16進数で3042で表されますから、2進数では0011000001000010になります。

> **Note**
>
> 日本語を表す文字コードとして、EUC、シフトJIS、EBCDIC（「エビシディック」と読む）なども使われていますが、Unicodeに統一される方向で推移しています。

グラフィックス

絵や写真のようなイメージや、CADで描いた図面などの**グラフィックス**（Graphics）も、最終的にはビットパターンで表現されます。

グラフィックスを表現するデータ形式には、ラスタ型のイメージとベクタ型のグラフィックスの2種類に分けることができます。

ラスタ型のグラフィックス

ラスタ型は、画面を横に細かく分割した走査線の中のごく短い部分の個々の色の値で画像データを表現します。テレビの画像はラスタ型のグラフィックスの典型的な例です。

ラスタ型は、いわばイメージを点の集まりとして表現するものです。点の集まりで表現するグラフィックスのことを、**ビットマップ**（Bitmap）ともいいます。

イメージを構成する一つひとつの点は、**ピクセル**（Pixel）または**画素**と呼びます。

ビットマップには、たとえば次のようなものが含まれます。

- デジタル写真（写真イメージを保存したファイル）
- イラスト
- アイコン
- Windowsの壁紙

ゲームソフトで画面上を移動する、いわゆるゲームのキャラクタにもビットマップが使われることがあります。また、Windowsに添付されているアクセサリのひとつであるペイントで表示したり描いたりできるイメージはビットマップファイルです。

ラスタ形式のグラフィックスの例

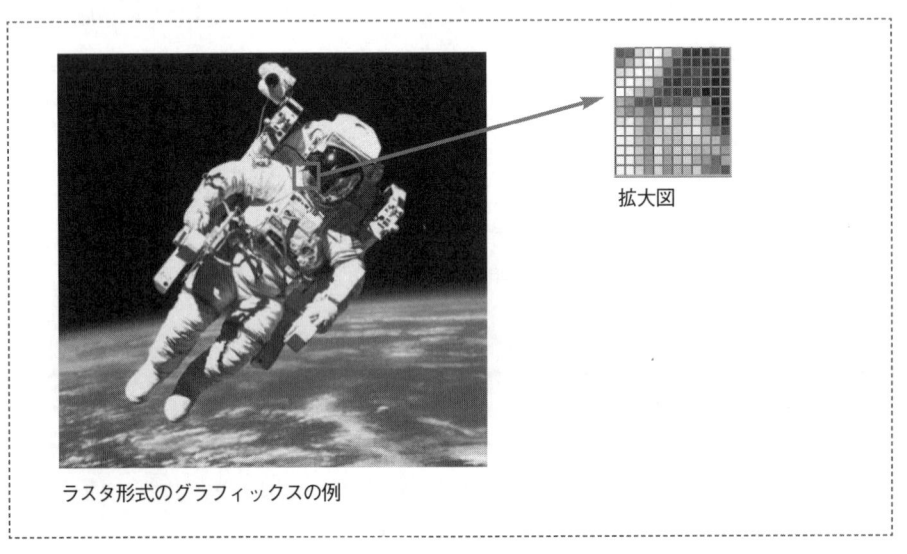

拡大図

図3.29 ビットマップの例

　ラスタ型のグラフィックスは、非常に複雑な形状や微妙なグラデーションの表現が比較的簡単です。
　一方、上に他のビットマップを重ねると、下の図形の情報が失われます。ただし、2種類のビットマップを**ラスタオペレーション**という特別な方法で重ねた場合だけは元の情報に復元できます。また、任意の大きさにサイズを拡大縮小することができません。さらに、ビットマップはデバイスのピクセルを使って表現されるので、実用上、デバイスに依存する場合が多いといえます。
　ビットマップはデータが大きくなりがちであるという点も重要です。たとえば、カラーの場合、各ピクセルは、赤、緑、青のそれぞれ3つ色の要素から成り立っています。各色に1バイトを使うとすると、ピクセルごとに3バイト必要になり、800×600ピクセルのイメージの場合、全体でデータの大きさは800×600×3＝1,440,000（バ

イト）になります。このように、ビットマップはデータ量が多くなる傾向があります。そのため、データを圧縮することがよく行われます。よく使われる圧縮方式には、JPEGやGIFと呼ばれる形式があります。

　ラスタ型のグラフィックスの図形データは点（ピクセル）の集合です。モノクロ（白黒）の絵で考えるとすると、描こうとするイメージの形を黒い点で表し、地（背景）の部分は白で表します。したがって、データは絵の描画領域のすべての点の色が白であるか黒であるかを表した一連のデータになります。そのため、データとしては、白い部分も「そこが白である」あるいは「他の色ではない」ということを表す必要があります。つまり、何も描かれていない部分であっても、地の色であることを示すデータが必要です。

　いま、白い点を0、黒い点を1として、斜めの線（/）をビットマップのデータで示すものとします。すると、次のように表すことができます。

```
00000010
00000100
00001000
00010000
00100000
01000000
```

図3.30　斜めの線のビットマップデータ

　このデータの0を白い点、1を黒い点に置き換えると、元の斜めの線の図形が表示できます。

　通常、コンピュータの内部やファイル上では、ビットマップは横方向のデータを次々に繋げていって、たとえば、次のような形式で保存します。

800000010000001000000100000010000001000000

　最初の8は、横1行のデータの数を示す情報です。この情報を付けておけば、データを8つずつ区切って図3.30の図形を復元することができます。

　ここで注意しなければならないのは、0も必要不可欠なデータであるということです。もし、0を取り去ってしまうと、上のデータは8111111になってしまい、これでは1行の桁数をデータとして保存しておいても、斜めの線を復元することはできません。

　イメージを描くアプリケーションの操作は比較的簡単です。紙に絵の具で描くのと

同様に、画面にマウスを使って図形を描くことができます。何色もの色を使うなら、ただ色を選択するだけで上に重ねて描くことができます。しかし、この種のアプリケーションで、すでにある色で描かれたものの上に何か別の線や文字を重ねると、下の部分の情報は失われてしまい、あとで復元することはできません（直後のアンドゥ（元に戻す）や、ラスタオペレーションのXORは一時的な操作なので除外します）。

さきほどの例で説明すると、たとえば、白を0、黒を1、赤を2で表すものとして、図3.30の図形データが示す斜めの線の図形に赤で横に線を引く（白黒で印刷すると「+」にする）ことを考えてみましょう。すると、データは次のようになります。

```
00000010
00000100
00001000
22222222
00100000
01000000
```

図3.31　斜めの線と横線

こうすると、横線を引いた部分のデータはすべて2（赤）になってしまい、前のデータは失われてしまいます。したがって、これだけでは前の図形が復元できないうえに、斜めの線を1本引いてから横線を引いたのか、あるいは、横に赤い線を引いてからその横線を横断しないように上下に斜めの線を2本引いたのかということも、あとから知ることはできません。つまり、最後に残るのは目に見える状態だけで、描いた図形の種類や数、そして図形の相互関係などがすべて失われます。

▶ベクタ型のグラフィックス

ベクタ型のグラフィックスは、図形を座標や式で表します。たとえば、線は始点と終点の座標で表すことができ、円は中心の座標と半径で表すことができます。

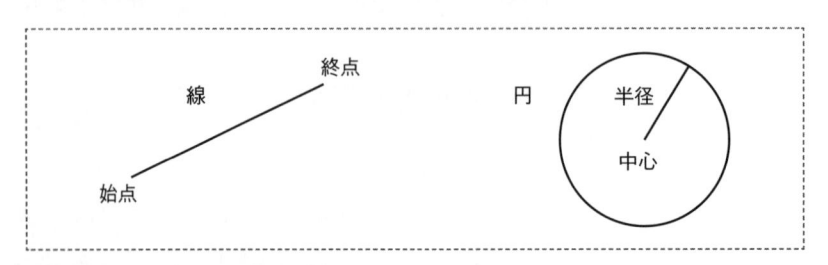

図3.32　ベクタ型のグラフィックス

ベクタ型のグラフィックスは、一般的にいって、ラスタ型で表現するよりデータのサイズが小さい場合が多く、線図や文字を表現するのに適しています。原理的にデバイスに依存しないという点も優れた点です。そのため、拡大や縮小を行っても精度（目で見た場合は美しさ）が損なわれません。したがって、任意の大きさに拡大縮小することができます。ただし、人間の視覚上の問題（たとえば錯覚）によって、そのまま拡大・縮小すると、見た目が変わることはあります。さらに、図形を階層的に重ねることができ、重ねた図形を重ねた順序とは関係なく、それぞれを独立して操作できます。

ベクタ型のグラフィックスのデータは、図形そのものを示すのではなく、個々の図形の座標値や属性を示す値です。また、描かない部分や計算によって求められる途中の部分のデータは必要ありません。

ラスタ型の説明で使った斜め線とそれを横切る横線を考えてみましょう。この絵を描くための情報をファイルに保存するとすると、たとえば、次のような形式で表すことができます。

　　　1,0,5,6,0,2,7,2　　　…図形は(1,0)-(5,6)と(0,2)-(7,2)の線。

これは図3.33のような座標系があるものとして作成したデータです。

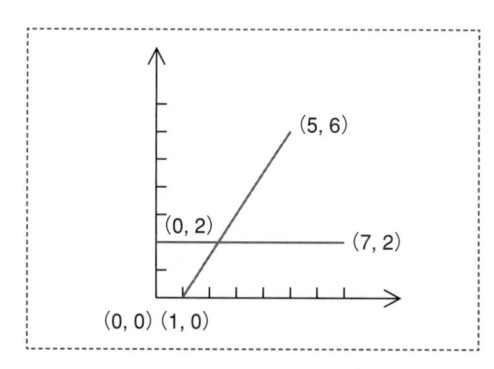

図3.33　斜め線とそれを横切る横線

この図形データに、たとえば、線の種類の情報（L＝直線）と色の情報（B＝黒、R＝赤）を付けると、次のようになります。

　　　L,B,1,0,5,6,L,R,0,2,7,2　　…Lは直線、Bは黒、Rは赤であることを示す。

このデータは、個々の線分の情報を常に示しているので、ラスタ型のデータのときのように、「横線の上下に2本の線分が引かれている」と間違って解釈されることはありません。また、必ずユーザーが描いた順にデータを保存することにするか、線を描いた順番も個々の線分データの一部として保存すれば、線の上下関係さえも情報として保存することができます。

　　　　1,L,B,1,0,5,6,2,L,R,0,2,7,2　　…Lの前の数字は線を描いた順番。

ベクタ型のグラフィックスも、実際にコンピュータの画面に表示したり、一般的なプリンタで印刷するときには、ピクセルで表現できるラスタ型のデータに変換する必要があります。この作業を**ラスタライズ**（Rasterize）といいます。

●●●サウンド

サウンド（**音**）の実態は、空気の振動です。コンピュータでサウンドを保存したり扱うときの最も一般的な表現方法は、一定の間隔で空気の振動の大きさを抽出して、それを数値で表す方法です。このことを**サンプリング**（Sampling、**標本化**）といいます。

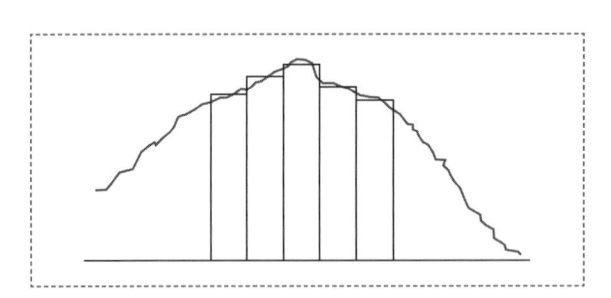

図3.34　サウンドのサンプリング

このようにサンプリングしてデータにすることを**PCM**（Pulse Code Modulation、**パルス符号変調**）といいます。また、このようなデータは波形を表しているので、**ウェーブフォームオーディオ**（Waveform Audio）ともいいます。

　1秒間に抽出するサンプル数を**サンプルレート**といいます。オーディオCDではサンプルレートは44,100サンプル/秒で、各サンプルから得られたデータは16ビットの値で表現します（ステレオ方式で記録するために32ビットを使います）。

音楽を表現するためのもうひとつのデータ形式として、MIDIデータと呼ぶ形式があります（MIDIは「ミディ」と発音します）。**MIDI**（Musical Instrument Digital Interface）はMIDIインタフェースを備えた楽器や音源、ミュージックシーケンサーなどの装置を制御するための広く普及した標準インタフェース規格ですが、データファイルの規格も規定されています。MIDIは装置を制御することが目的なので、その情報は「チャンネル2に割り当てられている楽器の中央ドの高さの音を大きさ80で鳴らす」とか「チャンネル2に割り当てられている楽器の中央ドの高さの音を止める」といった、装置を制御するための、一連のバイトデータからなるコマンドです。

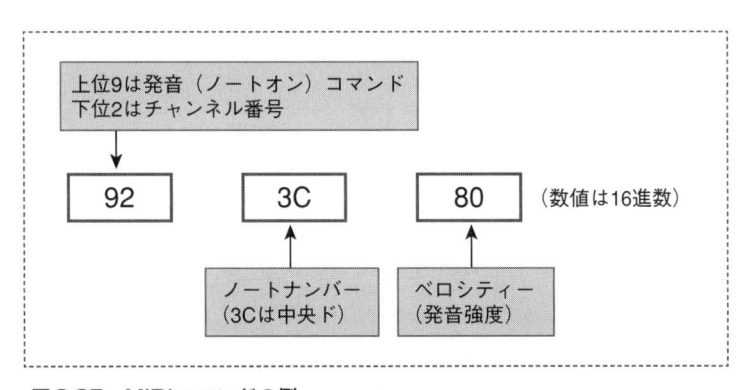

```
上位9は発音（ノートオン）コマンド
下位2はチャンネル番号
         ↓
       ┌────┐    ┌────┐    ┌────┐
       │ 92 │    │ 3C │    │ 80 │   （数値は16進数）
       └────┘    └────┘    └────┘
                    ↑          ↑
              ノートナンバー   ベロシティー
             （3Cは中央ド）   （発音強度）
```

図3.35 MIDIコマンドの例

MIDIデータはそれ自身が音そのものを表しているわけではなく、MIDIデバイスを制御するためのコマンドを表しています。実際に鳴る音は、MIDIデバイスに内蔵されている音です。したがって、同じMIDIデータを使っても、MIDIデバイスが異なると実際に鳴る音は異なります。

練習問題

1. ASCII文字セットとは異なる、アルファベットの独自の文字セットを定義してください。
2. 1ピクセルに3バイト使う、サイズが1,024×768ピクセルのイメージファイルのサイズを計算してください。

第4章

アルゴリズム

アルゴリズムとは、特定の問題を解決するための処理や計算の手順のことです。アルゴリズムを考えたりそれを評価することは、コンピュータサイエンスの重要な研究分野のひとつです。

4.1 アルゴリズム

4.2 計算可能性

4.3 正当性

4.4 計算量

4.5 さまざまなアルゴリズム

4.1 アルゴリズム

　コンピュータは、問題を解決するために自分でその問題の解決方法を考える力はありません。コンピュータができることは、行うべき仕事を指定された手順で実行することだけです。コンピュータのユーザーはコンピュータにアルゴリズムを指示しなければなりません。

●●● アルゴリズム

　アルゴリズム（Algorithm）とは、特定の問題を解決したり何かを実現するための、明確で実行可能な処理や計算の手順のことです。たとえば、料理の手順を書き記したレシピは、アルゴリズムのひとつの表現であるといえます。このレシピに従って料理を作る場合、作業の目標はおいしい料理を作ることであり、料理を作る手順（アルゴリズム）はレシピという形で表現されています。また、たとえば、楽譜もアルゴリズムのひとつの表現であるといえます。ベートーベンのピアノソナタの楽譜に従ってピアノを弾くことは、アルゴリズムに表現されている手順を実行していることになります。

　アルゴリズムは数学の分野でその研究が始まりました。数学の分野のアルゴリズムのひとつの例として、最大公約数を求めるアルゴリズムを考えてみましょう。

　2つの正の整数の最大公約数を探すためのユークリッドのアルゴリズムは、以下のとおりです。

1) 2つの正の整数のうち、大きいほうの数をMに代入し、小さいほうの数をNに代入する。
2) MをNで割って、余りをRに保存する。
3) Rが0でないなら、MにNの値を代入し、NにRの値を代入し、2) に戻る。
   Rが0であるなら、最大公約数は現在Nに代入されている値である。

　この手順に従って作業をすると、最大公約数を求めることができます。
　アルゴリズムの特性は、いったん問題を解くためのアルゴリズムが発見されたら、あとはそのアルゴリズムに従いさえすれば問題を解決できるという点にあります。問

題を解くために、そのアルゴリズムが機能する原理を理解する必要はありません。たとえば、最大公約数を求めるアルゴリズムが発見されたら、なぜそのアルゴリズムで解が得られるのかということは考える必要がなく、ただアルゴリズムに従って計算するだけでよいわけです。

コンピュータもまた、原理を理解してアルゴリズムを実行するのではなく、単に、指示された手順を実行します。

アルゴリズムとプログラム

コンピュータが何かを実行するためには、それを実行するためのアルゴリズムが発見されて、コンピュータにとって実行可能な形で表現されなければなりません。コンピュータでは、アルゴリズムは、コンピュータにとって実行可能な形式である**プログラム**（Program）として表現するのが一般的です。

ある問題を解決するためのアルゴリズムがなければ、その問題を解決するためのプログラムを作ることはできません。そのため、アルゴリズムを見つけ出すという作業は、コンピュータにとってとても重要なことです。また、アルゴリズムが正しいかどうかということや、効率的であるかどうかということも、無視できない問題です。アルゴリズムが正しく効率的であれば、そのアルゴリズムをもとにして作ったプログラムも正しく効率的であるといえます。したがって、アルゴリズムの発見やその評価は、コンピュータサイエンスの重要な領域です。

アルゴリズムの表現

アルゴリズムをプログラムで表現することは、必ずしも単純であるとは限りません。すでに示した最大公約数を求めるアルゴリズムでも、決まった手順で一連の作業を一通り実行すればよいのではなく、繰り返したり、条件に応じて作業を変える必要があります。

このような作業の流れを表現するために、**フローチャート**（Flow Chart、**流れ図**）が使われることがあります。フローチャートには、図4.1に示すような記号を使い、作業の流れを記述します。

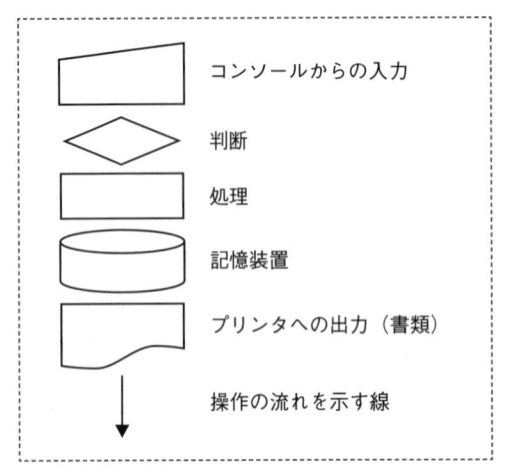

図4.1　フローチャートでよく使われる図形の例

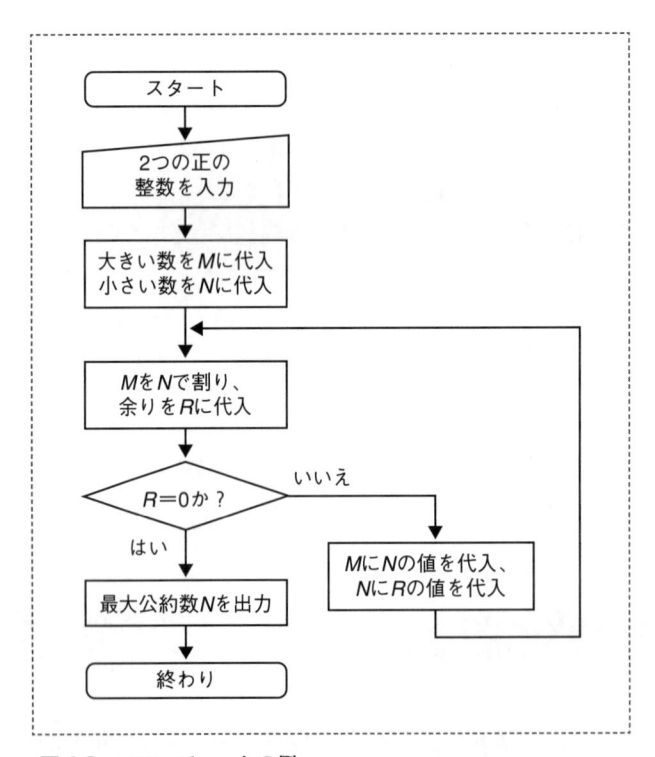

図4.2　フローチャートの例

　フローチャートには、作業の流れの概略を表現することも、詳細を表現することもあります。大規模な問題では、概略フローチャートで大まかな処理の流れを表現して、詳細フローチャートで個々の具体的な処理の流れを表現することがあります。

> **Note**
> 最近は、フローチャートを使わずに、UML（**参照⇒「第10章　ソフトウェアエンジニアリング」**）がよく使われます。しかし、手順や処理の流れを考えるときにはフローチャートは依然として重要な手段のひとつです。

●●● アルゴリズムの発見

コンピュータを使って問題を解決するためには、次のふたつの作業が必要になります。

1）アルゴリズムを発見する。
2）アルゴリズムをプログラムとして表現する。

アルゴリズムを発見するためには、その問題を解く方法を発見することが必要です。問題解決の方法を発見することは、コンピュータ特有のことではなく、日常生活全般に共通する重要なことです。一般的には、次の手順で問題を解決します。

1）解くべき問題を明らかにする。
2）問題を解く方法を計画する。
3）計画を実施する。
4）類似のほかの問題にその問題解決の方法を適用できるかどうか評価する。

プログラムの場合は、これらは次のように置き換えることができます。

1）実行するべきことを明らかにする。
2）それを実行するために必要な手順を調べてアルゴリズムを決定する。
3）アルゴリズムをプログラムとして表現する。
4）ほかの類似のことにそのプログラムを使用できるかどうか評価する。

ここで注意を払っておきたいことは、ひとつの問題に対するアルゴリズムはひとつだけとは限らないということです。同じ問題を同じ精度で解決するアルゴリズムが複数あるときには、それぞれのアルゴリズムの特徴を比較検討する必要があります。

実行制御

　作業は必ずしも順番に一度だけ実行するわけではありません。目的に応じて、同じ作業を反復して実行したり、別の作業に移ったりすることがあります。同じ作業を反復して実行することを繰り返しといい、別の作業に移ることを分岐と呼びます。
　繰り返しや分岐はとても重要な概念であり、実用的なプログラミング言語であればそれに相当する命令（ステートメント）があります。

▶ 繰り返し

　繰り返し（Loop）とは、同じコード部分を繰り返すことです。
　多くのプログラミング言語で、繰り返しには、`for`や`while`というキーワードがよく使われます。
　`while`文では一般的には次のような形式が使われます。

```
while （繰り返しの条件） do
    （繰り返す文）
```

　または次の形式が使われます。

```
while （繰り返しの条件）
    （繰り返す文）
```

　繰り返しの条件を、繰り返す文のあとに置く、次のような形式が使われることもあります。

```
do
    （繰り返す文）
while （繰り返しの条件）
```

　この形式の場合は、繰り返しの条件が最後に評価されるので、「繰り返す文」が必ず1回は実行されることに注目してください。
　`for`文では次のような形式がよく使われます。

```
for （初期化式；繰り返しを継続する条件；繰り返しごとに評価する式）
    （繰り返す文）
```

while文は一般に繰り返す条件か繰り返しを終了する条件がわかるときに使います。一方、for文は繰り返す回数があらかじめわかっているときによく使います。

▶分岐

分岐（Jump）とは、次のステートメント以外の場所にジャンプすることです。
分岐には、無条件分岐と条件分岐があります。
無条件分岐には、次のような形式がよく使われます。

goto ラベル

  ：

ラベル：

これは「goto ラベル」の行から「ラベル：」の行に無条件にジャンプすることを意味しています。一般的には、「ラベル：」の行は「goto ラベル」の行の前にあってもあとにあってもかまいません。

無条件分岐は便利なようにみえますが、多くの現代的な高級プログラミング言語では、無条件分岐は使わないことが推奨されています。無条件分岐をむやみに使うとプログラムがわかりにくくなるからです。

条件分岐は、条件式が真であるときに次にある文を実行し、条件式が偽のときには次にある文を飛ばしてさらにその次の文を実行します。

if （条件式） then
  （条件式が真のとき実行する文）

または次の形式が使われます。

if （条件式）
  （条件式が真のとき実行する文）

条件式が真のときと偽のときにそれぞれ実行する文を記述するために、if...else〜という形式が使われることもあります。

if （条件式） then
  （条件式が真のとき実行する文）
else
  （条件式が偽のとき実行する文）

第4章 アルゴリズム

または次の形式が使われます。

```
if （条件式）
    （条件式が真のとき実行する文）
else
    （条件式が偽のとき実行する文）
```

このような基本的な条件分岐のほかに、switchやcaseというキーワードを使って実行する文を選択できるプログラミング言語もあります。

繰り返しとは違う方法で一定の作業を繰り返し実行する方法として、プロシージャがそのプロシージャを呼び出す方法があります。このことを**再帰**（Recursion）といいます。

再帰する関数（プロシージャ）を、**再帰関数**といいます。再帰関数は関数の中でその関数を呼び出します。

```
int factorial(int n)
{
    if (n == 0)
        return 1;

    n *= factorial(n-1);

    return n;
}
```

自分自身を呼び出す

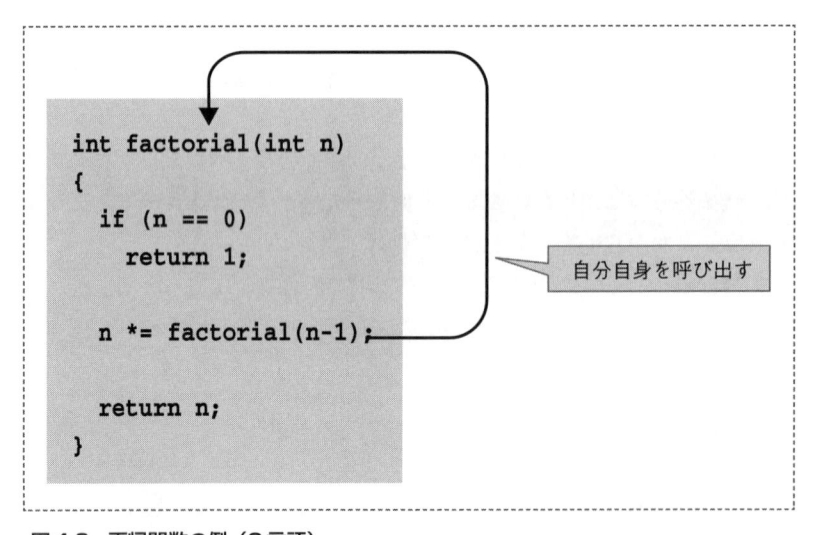

図4.3 再帰関数の例（C言語）

特定の状況のときにこの再帰を使うと合理的なプログラムを作ることができます。整数の階乗を求めるプログラムで再帰を使ってみましょう。

値Nの階乗を求めるとき、階乗の値は次のようにして求めます。

$$（Nの階乗）= N \times (N-1) \times (N-2) \times \cdots\cdots \times 2 \times 1$$

階乗を求める関数factorialを、C言語で再帰関数として作ります。

```c
/* 階乗を求める関数 */
int factorial(int n)
{
    if (n == 0)
        return 1;

    n *= factorial(n-1);   /* 自分自身を呼び出した結果をnの値に掛ける */

    return n;
}
```

この階乗を求めるプログラムのfactorial関数は、

・nが0のとき1を返します。
・nが0でなければ、n-1を引数として自分自身を呼び出し、その結果とnの値を掛けた値を返します。

C言語では関数が自分自身を呼び出すことができるので、このように階乗を求めるプログラムを簡素に作ることができます。

● 練習問題

1. アルゴリズムとプログラムの違いを簡潔に述べてください。
2. 自分が使っている（使おうとしている）プログラミング言語にある、繰り返しのためのキーワードを調べてください。

4.2 計算可能性

アルゴリズムが発見できない問題は、コンピュータでは解決できません。実際に解決できない問題が存在するほかに、計算が無限に続いていくら計算しても計算が終了しない問題もあります。

計算が可能であるかどうかということは専門的な数学上の問題であり、証明が必要です。ここではその詳細は示しませんが、解決できない問題があるかどうかについて考察しておくことは重要です。

●●● 解決可能な問題

アルゴリズムがある問題は解決できます。たとえば、レシピに従って料理を作ることも、楽譜を見ながら楽器を演奏することもできます。アルゴリズムを表現したレシピや楽譜があるからです。

数を加算したり乗算すること、最大公約数を求めること、数の階乗を計算することなど、これまでみてきた問題は、すべて**計算可能**（computable）で、プログラムとして作ることもできます。多くの問題は計算可能であり、解決の方法がわかっています。

> Note: この場合の計算可能とは、算術計算ができるという意味ではなく、数学的に解が得られるという意味です。

かつて、数学者の中には解決できない問題はないという信念を持っている人たちもいました。著名な数学者ダビット・ヒルベルト（David Hilbert、1862 － 1943）は数学的に明確な問題はすべて解決されると信じていました。

計算できない問題

解決できない問題が存在するという認識は、1930年代に、クルト・ゲーデル（Kurt Gödel）の**不完全性定理**（Incompleteness Theorems）で明らかにされました。その後多くの数学者が、アルゴリズムが存在しない問題を発見しました。アルゴリズムが存在しない問題は計算することができません。ここで重要なことは、アルゴリズムが見つからないのではなく、アルゴリズムが存在しない問題があることが証明され、そのような問題は計算できないという点です。

計算できない（uncomputable）問題には、たとえば、任意のプログラムが停止するかどうか決定する問題（**停止問題**）や、別々に作られた2つのプログラムがまったく同じである（同じデータを入力したとき同じ結果を出力する）ことを調べる問題（**同値問題**）があります。

計算を実行できても、計算が終了しない問題もあります。解が有限でない問題は計算が終了ません。たとえば、円周率は**無理数**であり、かつ、**超越数**であることから、小数点以下の桁が無限に続くことが証明されています。そのため、円周率を最後まで計算するという作業は完了しません。コンピュータサイエンスで計算が可能であるということは、有限の時間で計算が完了することです。計算することはできても有限の時間で計算が完了しない場合は、**部分計算が可能**（partial computable）であるといいます。

実際に使われているシステムの中には、永久に終了しないことを想定しているシステムがあります。たとえば、Webサーバーや航空管制システムなどは、1日24時間、永遠に稼動し続けられることが理想です。このようなシステムは終了しないシステムですが、個々の作業は有限で完了します。たとえば、Webサーバーはクライアントからの要求に応じて適切なWebページを送り返すと、ひとつの作業を完了します。航空管制システムは、ある航空機が管制空域に入ってきたときから管制空域を出るまでを追跡します。つまり、このようなシステムは、終了しない作業を行っているのではなく、完結する作業を繰り返し実行しているに過ぎません。

困難な問題

計算はできることがわかっているものの、それを素早く解決する方法がわかっていない問題があります。このような問題は、素早く解決するアルゴリズムが見つけられていないだけでなく、素早く解決するアルゴリズムがないことが証明されていない問題です。

そのひとつは、**積み込み問題**（Bin-Picking Problem）といいます。これはN個の重さの異なる荷物があり、重さWを運ぶことができるX台のトラックで十分であるかどうか決定する問題です。荷物の重さが異なるので、W以下の重さの荷物の組み合わせはたくさんあります。このたくさんのケースを全部調べれば答えが出ますが、明らかに調べる必要のないケースもあります。たとえば、2個でWを越えるような荷物の組み合わせは調べる必要はありません。そうしたケースを除外して、素早く答えを見つけるアルゴリズムは見つかっていません。

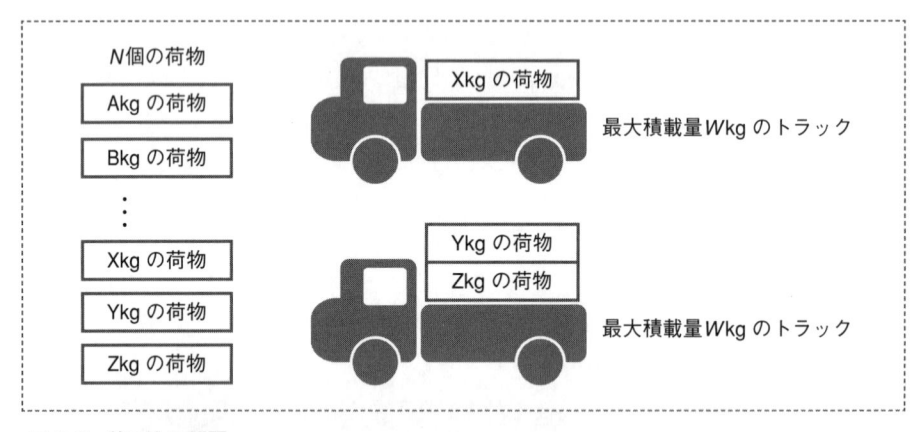

図4.4　積み込み問題

また、**巡回セールスマン問題**（Travilling Salespersons Problem）という問題もこの分野で有名な問題です。これは、N個の都市を巡回する最短距離を求める問題です。N個の都市を結ぶ経路すべてを調べれば解が得られるということはわかっています。しかし、都市の数Nが増えると、計算量が膨大になります。そして、あきらかに調べる必要のない、距離が長い経路もあります。そのような経路は省いて、素早く答えを見つけるアルゴリズムは見つかっていません。

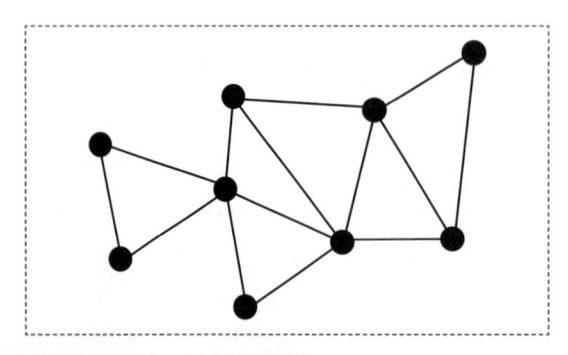

図4.5　巡回セールスマン問題

似た問題で、ひとつの都市に1回だけ経由する経路があるかどうかを決定するという問題もあり、これは**ハミルトンの閉路問題**（Hamiltonian Cycle Problem）と呼ばれています。

これらの問題は以前から研究されてきて、現在でも解決が困難な問題です。

> **Note**
> このような問題に対する近似解を求める新しい方法として、ニューロコンピュータや遺伝的アルゴリズム（参照⇒「第11章　AIとニューロコンピュータ」）があります。

● 練習問題

1. 計算できない問題の例を考えてください。
2. 計算はできるものの、計算が終了しない問題の例を考えてください。

4.3 正当性

発見したアルゴリズムは、それが正しいかどうか評価しなければなりません。これを**正当性**（Correctness）の評価といいます。

●●● 前提条件

アルゴリズムは、それが正しいかどうか評価するために、ある特定の条件を設定する必要があります。この特定の条件を、**前提条件**（Precondition）といいます。この条件が、プログラムの実行の初めに満足させられているという仮定から始めます。

たとえば、名前のソートのアルゴリズムを調べるときには、データは並べ替えの可能な有限個の名前のリストでなければなりません。これは当然のことのようにみえますが、注意を払わなければならない場合があります。その代表的な例が、日本語の漢字による名前の並べ替えです。漢字の名前を並べ替えるときには、漢字の文字コードで並べ替えても期待した結果になりません。正しい並べ替えのためには、ふりがなが必要になります。ふりがながなければ、日本語の漢字による名前の並べ替えは正しく行うことができません。

●●● アルゴリズムの検証

発見したアルゴリズムが前提条件のもとで**正しい**かどうか調べるためには、いくつかの方法があります。

ひとつの方法は、数学的にアルゴリズムが正しいことを証明する方法です。この方法は証明ができれば確実で、そのアルゴリズムは正しいといえますが、正しいことを数学的に証明することが難しいことがよくあります。

別の方法として、あるアルゴリズムを実装したプログラムが正しく機能するかどうか、異なる条件でテストする方法があります。具体的には、さまざまなデータを作ってプログラムを実行してその結果を評価します。この場合、あらゆるデータの組み合わせでテストすることは困難であることが多いという問題があります。しか

し、この方法で検証したアルゴリズムは、正しいと信じられるアルゴリズムであるといえます。

参照⇒ソフトウェアのテストについては「第10章　ソフトウェアエンジニアリング」

正しいと信じられるアルゴリズムと、**正しい**アルゴリズムは違います。正しいアルゴリズムは正しいことが証明されていますから、それに基づいたプログラムの結果も正しいと考えることができます。しかし、正しいと信じられるアルゴリズムに基づいたプログラムの結果は、ほとんどの場合に正しいことが期待できますが、常に正しいと考えることはできません。

● 練習問題

1. 最大公約数を求めるアルゴリズムが正しいと信じられるかどうか、いくつかのデータを使って確かめてください。
2. 階乗を求めるアルゴリズムを正しいアルゴリズムであるといえるようにする前提条件を考えてください。

4.4 計算量

ある問題を解決するために必要な資源の量を計算量といいます。

ひとつの問題を解決するアルゴリズムが複数あるときには、計算量の少ないアルゴリズムのほうが優れているということができます。

ステップ数

コンピュータの中でプログラムという形で実行されるアルゴリズムは、その手順が一つひとつ順に実行されます。手順ひとつを1ステップとすると、ひとつの結果を出すまでの手順がN個あれば、Nステップ実行されます。

繰り返しを行うプログラムであれば、繰り返しの数だけステップを繰り返します。たとえば、NステップをN回繰り返すプログラムを実行するためには、N^2のステップを実行する必要があります。

ソートの計算量

計算を完了するまでに必要なステップ数を**計算量**（Computational Complexity）といいます。

ここで、数を並べ替えるプログラムで計算量について考えてみましょう。

データを並べ替えることを**ソート**（Sort、**整列**）といいます。ソートのための最も原始的な方法は、データを2ずつ取り出しては、2個の値を比較して、小さいほう（または大きいほう）が前になるように値を交換することを繰り返す方法です。この方法を**単純交換ソート**といいます。単純交換ソートでは、ソートする要素がN個である場合に、要素を$N-1$回だけ比較して交換することを、$N-1$回だけ繰り返す必要があります。つまり、比較と交換は$(N-1)\times(N-1)$回になります。

単純交換ソートでは、交換が行われた最も後ろ以降の値は確定しています。そのため、次の回にはそれ以降の比較交換は必要ありません。したがって、不要な比較交換を除くと、$(N-1)+(N-2)+(N-3)+\cdots\cdots+3+2+1$回の比較交換ですみます。つ

まり、計算量は$(N-1)+(N-2)+(N-3)+\cdots+3+2+1$回です。この方法を**バブルソート**（Bubblesort）といいます。

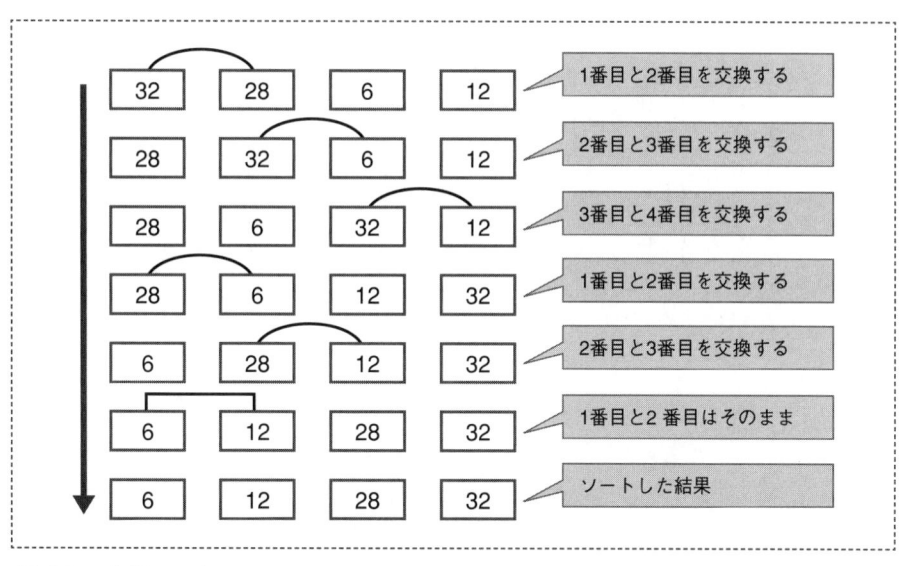

```
         ┌──────┬──────┬──────┬──────┐
         │  32  │  28  │   6  │  12  │  1番目と2番目を交換する
         ├──────┼──────┼──────┼──────┤
         │  28  │  32  │   6  │  12  │  2番目と3番目を交換する
         ├──────┼──────┼──────┼──────┤
         │  28  │   6  │  32  │  12  │  3番目と4番目を交換する
         ├──────┼──────┼──────┼──────┤
         │  28  │   6  │  12  │  32  │  1番目と2番目を交換する
         ├──────┼──────┼──────┼──────┤
         │   6  │  28  │  12  │  32  │  2番目と3番目を交換する
         ├──────┼──────┼──────┼──────┤
         │   6  │  12  │  28  │  32  │  1番目と2番目はそのまま
         ├──────┼──────┼──────┼──────┤
         │   6  │  12  │  28  │  32  │  ソートした結果
         └──────┴──────┴──────┴──────┘
```

図4.6　バブルソート

アルゴリズムが比較的単純であるにもかかわらず、高速なソートの方法として、**クイックソート**（Quicksort）という方法があります。

クイックソートのアルゴリズムは次のとおりです。

1) ソートする範囲の中から適当な値（基準値、ピボット）を1個選ぶ。
2) ソートする要素を調べて、基準値より小さなデータと大きなデータに分割する。つまり、基準値より小さなデータを配列の左側（配列インデックスの小さいほう）に、基準値より大きなデータを配列の右側（配列インデックスの大きなほう）に集める。
3) 分割した対象に対して、再帰を使ってさらにクイックソートのアルゴリズムを適用する。

これですべての分割が終ると、ソートは終了しています。

第4章 アルゴリズム

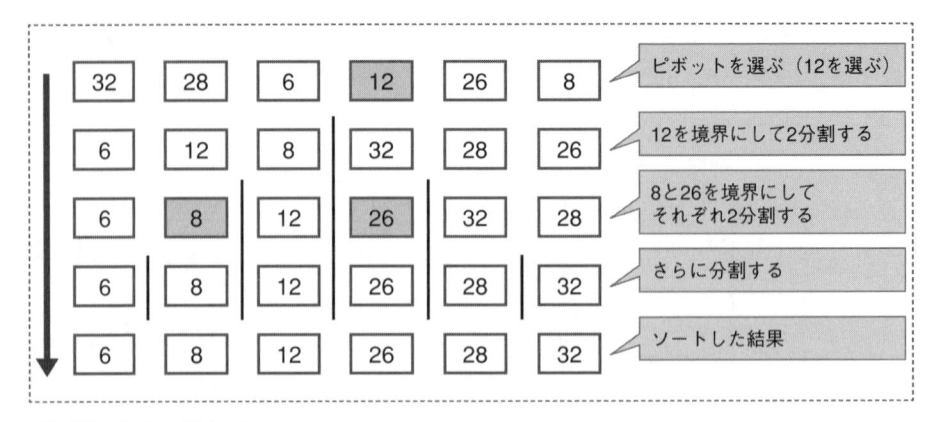

図4.7 クイックソート

クイックソートにかかる計算時間は、元のデータの並び方によって異なります。クイックソートの計算時間は、条件がよければ早いですが、最悪の場合には大変遅くなります。そのため、平均計算量と最悪の場合の最大計算量を考える必要があります。
このほかにも、代表的なソート方法として次のようなソート方法があります。

・配列の中から大きい順に値を選択してゆく**選択ソート**
・ソート済みの配列に要素を挿入してゆく方法でソートする**挿入ソート**
・離れた要素に対して挿入ソートを行う**シェルソート**
・完全2分木（ヒープ）を作成してソートする**ヒープソート**
・データを2つに分け、それぞれをソートして、ソート済みの配列同士をマージ（併合）する**マージソート**

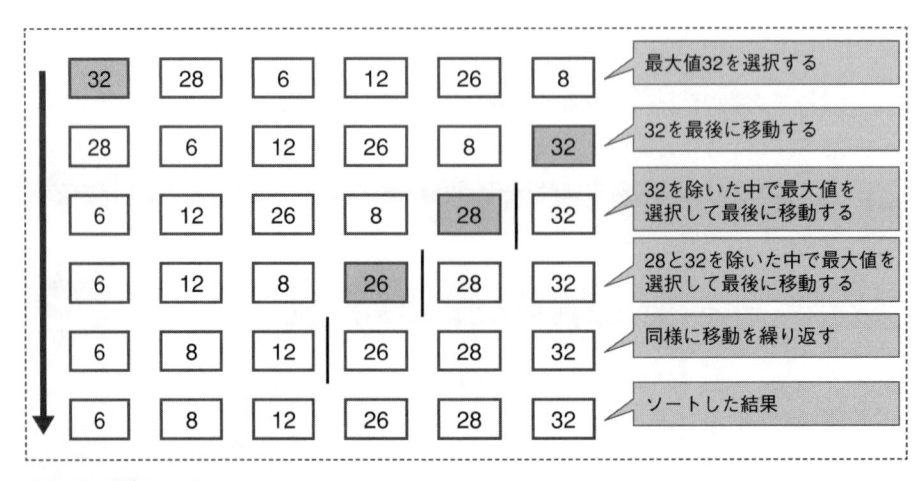

図4.8 選択ソート

4.4 計算量

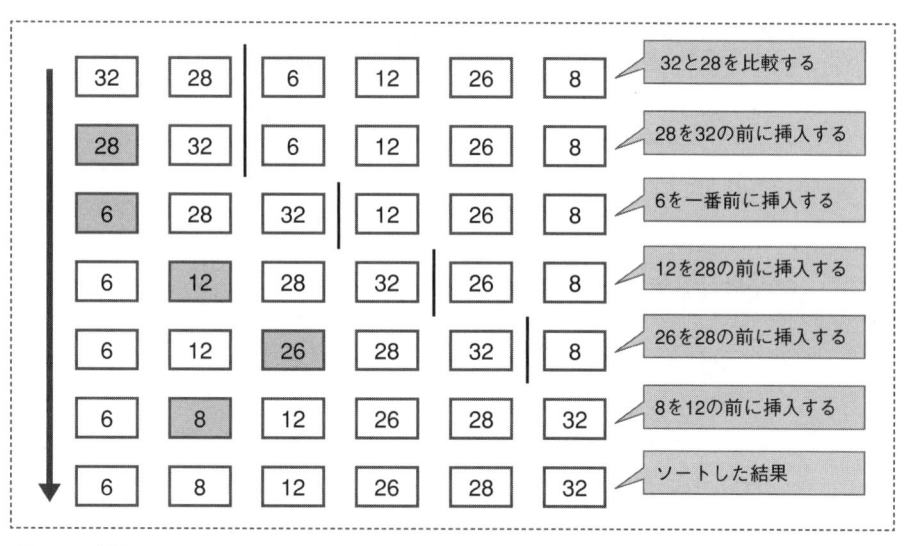

32	28	6	12	26	8	← 32と28を比較する
28	32	6	12	26	8	← 28を32の前に挿入する
6	28	32	12	26	8	← 6を一番前に挿入する
6	12	28	32	26	8	← 12を28の前に挿入する
6	12	26	28	32	8	← 26を28の前に挿入する
6	8	12	26	28	32	← 8を12の前に挿入する
6	8	12	26	28	32	← ソートした結果

図4.9 挿入ソート

　これらさまざまなソート方法は、いずれも計算量が異なります。

　計算量を表すときには、**O(*x*)** という表現が使われることがあります。Oは**オーダー**もしくは**ビッグオー**と呼びます。これは、データの数が*n*倍になると、計算量がO(*x*)倍になることを表します。たとえば、O(*n* log₂ *n*)はデータ量が*n*倍になると、計算量が$n \times \log(n)$の定数倍になることを表します。

　ソートアルゴリズムは、計算量がO(n^2)である低速アルゴリズムと、計算量がO(*n* log₂ *n*)である高速アルゴリズムに分類できます。ソートするデータ数を100にした場合には、それぞれのアルゴリズムの計算量は次のようになります。

　　高速アルゴリズム：$100 \times \log_2 100 \fallingdotseq 644$
　　低速アルゴリズム：$100 \times 100 = 10{,}000$

表4.1 ソートの計算量

ソートの方法	時間計算量
選択ソート	O(n^2)
バブルソート	O(n^2)
挿入ソート	O(*n*)〜O(n^2)
シェルソート	O(*n*2/3)
クイックソート	O(*n* log₂ *n*)〜O(n^2)

ソートの方法	時間計算量
ヒープソート	$O(n \log_2 n)$
マージソート	$O(n \log_2 n)$

計算時間量と空間計算量

　コンピュータでプログラムを1ステップ実行するためにかかる時間はわずかですが、時間がかかることに変わりはありません。ステップの数が増えれば、時間もそれだけ多くかかります。つまり、ステップの数（計算量）と実行時間の間には相関関係があります。ですから、計算量と計算時間は共に同じものを表しているといえます。一般的には、計算量とはこの**時間計算量**を指します。

　これに対して、プログラムを実行するために必要な記憶装置（メモリ）の量を、**空間計算量**といいます。一般的には、時間計算量が短いほど空間計算量は多くなる傾向があります。代表的なソートの空間計算量を表4.2に示します。

表4.2　ソートの空間計算量

ソートの方法	空間計算量
バブルソート	1
挿入ソート	1
クイックソート	$\log(n)$
マージソート	n

システムと計算時間

　現代のPCをはじめとする多くのコンピュータシステムは、相当に高性能なので、プログラムの実行にかかる時間を考える必要があることはあまりありません。つまり、計算量を意識せずにプログラムを作ることができます。

　しかし、まれに計算量を考慮する必要がある場合があります。たとえば、膨大なデータの変換、圧縮や展開、データのチェックなど、データ量が特に多いときには計算量が少なくなるアルゴリズムを採用しなければならない場合があります。また、高性能なCPUを使えない組み込みシステムなどでも、計算量を考慮してプログラムを

作らなければならない場合があります。このように、計算量を考慮するかどうかは、対象とする問題とシステムの性能によって決まります。

　一般に、同じ問題に対して複数のアルゴリズムが存在する場合、時間計算量が少ないアルゴリズムのほうが優れていると考えられがちです。しかし、システムのメモリ量が限られている場合は、計算に時間がかかっても空間計算量が少ないほうが好ましいことがあります。また、使用できるプログラミング環境によっては、時間計算量や空間計算量にかかわらず、単純なアルゴリズムが好ましい場合があります。たとえば、アセンブリ言語でプログラミングとデバッグを行わなければならない環境では、複雑なアルゴリズムは生産性の点で劣ることがあります。

● 練習問題

1. 整数の配列をソートするプログラムをいくつかのソート方法で作成して、実際にかかる時間を計測してください。
2. さまざまなパターンのデータを作成してクイックソートでソートし、実際にかかる時間を比較してください。

4.5 さまざまなアルゴリズム

ここではアルゴリズムというものを理解するために、代表的なアルゴリズムのいくつかをみてみます。

●●● 探索

探索（Search）**アルゴリズム**とは、複数の要素の中から特定の値を探し出すアルゴリズムです。探索のアルゴリズムには、線形探索と2分探索があります。

線形探索（Linear Search）は、**逐次探索**または**順次探索**（Sequential Search）ともいい、要素を順番に調べてゆくアルゴリズムです。要素が配列に入れられている場合、インデックスを増やしながら各要素を調べます。

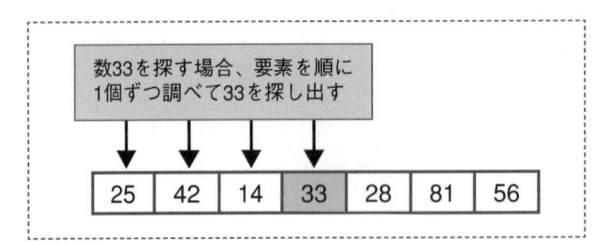

```
数33を探す場合、要素を順に
1個ずつ調べて33を探し出す

 25 | 42 | 14 | 33 | 28 | 81 | 56
```

図4.10　線形探索

この探索方法は探索に最大の時間がかかる可能性があります。つまり、探索する値が最後にある場合には、要素数Nに比例する時間がかかります。しかし、事前に要素を並べ替えるなどの準備はいりません。

2分探索（Binary Search）では、要素をあらかじめ昇順（小さい順）または降順（大きい順）に並べておきます（ここでは、昇順に並べた場合で説明します）。値を並べ替えたら、最初にその中間の値が、探している値より大きいかどうか調べます。中間の値が探している値より大きければ中間より小さな値のグループを、中間の値が探している値より小さければ中間より大きな値のグループを、次の検索の範囲として同じように範囲の中間の値と探している値を比較します。これを繰り返して検索の範囲を狭めてゆき、最終的に探している値に到達します。

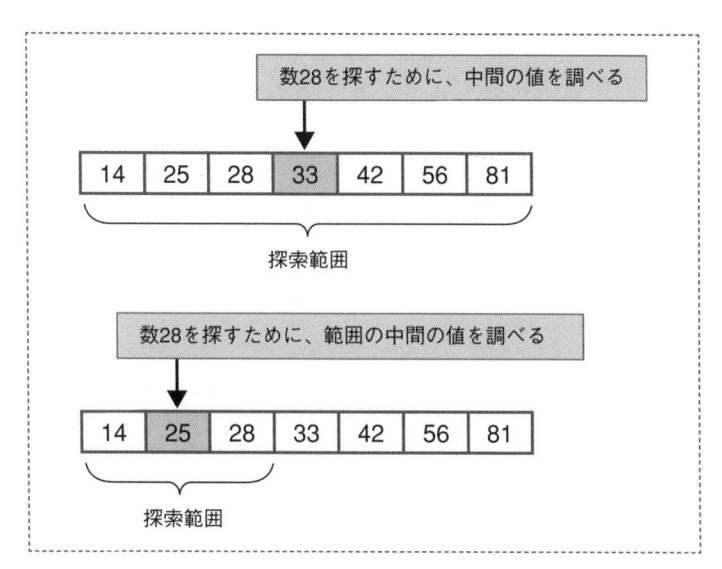

```
            ┌─────────────────────────────┐
            │数28を探すために、中間の値を調べる│
            └──────────────┬──────────────┘
                           ↓
         ┌──┬──┬──┬──┬──┬──┬──┐
         │14│25│28│33│42│56│81│
         └──┴──┴──┴──┴──┴──┴──┘
         └─────────┬─────────┘
                探索範囲

            ┌─────────────────────────────────┐
            │数28を探すために、範囲の中間の値を調べる│
            └──────────────┬──────────────────┘
                           ↓
         ┌──┬──┬──┬──┬──┬──┬──┐
         │14│25│28│33│42│56│81│
         └──┴──┴──┴──┴──┴──┴──┘
         └────┬────┘
            探索範囲
```

図4.11　2分探索

2分探索では、平均の探索の時間は $\log_2 N$、最大の探索の時間は $\log_2 N + 1$ かかることが知られています。

●●●暗号

最も単純な**暗号化**（Encryption）の方法は、文字を一定の規則に従って別の文字に置き換える方法です。

アルファベットの場合、N番目の文字を$N+K$番目の文字に置き換えることで、暗号化を行うことができます。たとえば、$K=1$の場合、AはBに、dはeに置き換えます。このような方法を**シーザー暗号**（Caesar Chiper）といいます。

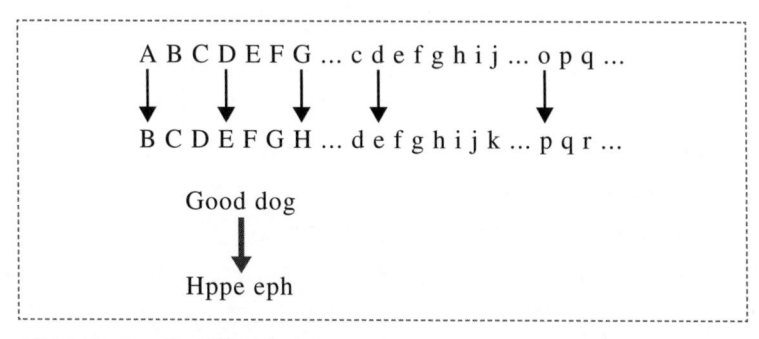

```
     A B C D E F G ... c d e f g h i j ... o p q ...
     ↓ ↓ ↓ ↓ ↓ ↓ ↓     ↓ ↓ ↓ ↓ ↓ ↓ ↓ ↓     ↓ ↓ ↓
     B C D E F G H ... d e f g h i j k ... p q r ...

                    Good dog
                       ↓
                    Hppe eph
```

図4.12　シーザー暗号（K=1）

シーザー暗号はアルファベットを一定の量だけシフトする暗号化の方法ですが、まったく別の変換表を使って文字を置き換えることもできます。たとえば、「ABCDEFG……OPQ」に対して「HNZYJNQ……KML」という文字に置き換えるという変換表を作れば、「GOOD DOG」は「QKKY YKQ」という暗号文になります。

さらには、置換の変換表の代わりに文字列を使うこともできます。たとえば、「GOOD DOG」に対して「ABC」を繰り返した「ABCABC……」という文字列の各文字に対応する数だけ文字をシフトすると、暗号文は「HQREBGPI」になります。

```
G O O D   D O G    平文
↓ ↓ ↓ ↓   ↓ ↓ ↓
A B C A B C A B    鍵
↓ ↓ ↓ ↓   ↓ ↓ ↓
H Q R E   B G P I  暗号文
```

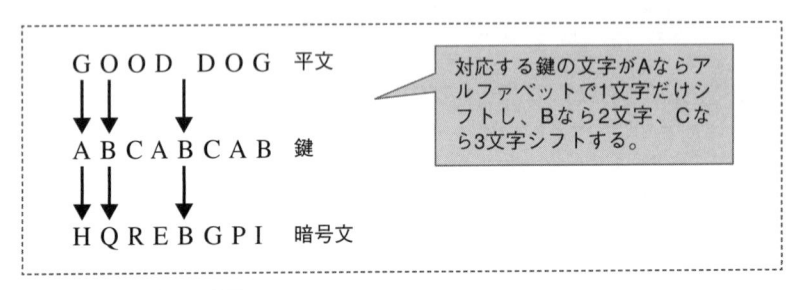

対応する鍵の文字がAならアルファベットで1文字だけシフトし、Bなら2文字、Cなら3文字シフトする。

図4.13　ビジネル暗号

このような暗号化の方法を**ビジネル暗号**（Viginere Chipher）といい、この場合の文字列「ABC」を**鍵**（Key）といいます。

置換による暗号化とその応用は幅広く使われてきた方法であり、暗号化を考えるときの基本です。

●●●圧縮

圧縮（Compression）の方法はいろいろあります。方法ごとに、圧縮効果が高くなる場合とそうでない場合があります。

最も単純な圧縮の方法は、**ランレングスエンコーディング**（Run-Length Encoding）と呼ばれる方法です。これは同じ値のデータが連続する場合に、その値を繰り返さずに、繰り返しの回数と値ひとつで表現します。簡単な例で示すと、たとえば、「DOOOOG」というデータがある場合、Oを4回繰り返さずに、「4O」に置き換えて、データを「D4OG」という形で表します。この圧縮方法は、同じデータが連続してたくさん現れれば現れるほど圧縮の効果が高くなります。

前のデータと次のデータの違いだけを保存することで、データのサイズを小さくする方法もあります。この方法は、前のデータと次のデータが似ているほど圧縮効率が

高くなります。たとえば、映画は1秒間に多数のフレームを順に表示することで動きを表現しますが、シーンが変わらない場合、前のフレームと次のフレームの違いがわずかであることがあります。このようなときにこの方法を使うと、データのサイズを大幅に削減することができます。

データのサイズを小さくするための方法として、データが出現する頻度に従ってコード化する方法もあります。この方法は、たとえば、英語の文章の中では、e、t、a、iのような文字が頻繁に出現するのに対して、z、q、xなどはあまり出現しないという性質を使います。頻繁に出現する文字には少ないビットを割り当て、めったに出現しない文字には多くのビットを割り当てます。この方法を利用する圧縮方法に**ハフマン符号化**（Huffman Encoding）という方法があります。これは、1952年にダビット・ハフマン（David A. Huffman）が考案した圧縮のアルゴリズムです。ハフマン符号化は、ファイルや画像の圧縮など、さまざまなところで使われています。

さらに、データの中で繰り返しているパターンを発見して、その情報を利用することで圧縮する方法もあります。これはLempelとZivが発案した方式なので、**Lempel-Ziv符号化**（Lempel-Ziv Encoding）といいます。たとえば、「Goods' dog food is good.」という英文があるとします。この英文の中では「ood」が繰り返し使われているので、「Goods' dog f<11,3> is g<8,3>.」のようにコード化します。この中の<11,3>は、その位置より11文字前から、3バイトの文字（「ood」）に置き換えるという意味です。この方法は同じパターンが繰り返し現れるようなデータのときに効果的です。

練習問題

1. 多数の数の配列から特定の数を検索するプログラムを線形探索か2分探索のいずれかで作成してください。
2. シーザー暗号で、$K=3$として「Hello, dogs」を暗号化してください。
3. Lempel-Ziv符号化を使って「The rain in Spain falls mainly on the plain」を符号化してください。

第5章 プログラミング言語

プログラムは、プログラミング言語と呼ぶ、特別な言語を使って作成します。プログラミング言語にはさまざまな種類があり、目的や用途に応じて選択します。

5.1 プログラムと言語

5.2 アセンブリ言語

5.3 高級プログラミング言語

5.4 プログラムと構造

5.5 オブジェクト指向プログラミング

5.6 主なプログラミング言語

5.7 記述言語

第5章　プログラミング言語

5.1 プログラムと言語

コンピュータで実行される**アルゴリズム**は、プログラムとして表現します。**プログラム**は、プログラミング言語を使って記述します。

●●● 実行可能なコード

　コンピュータのCPUが実行可能なプログラムは、**マシン語**（Machine Language）のプログラムです。このプログラムの命令は数桁の2進数で表されます。

　たとえば、PCで最も多く使われているx86ファミリーのCPUで、AHレジスタと呼ぶ場所に値2を保存するという命令コードは次のとおりです。

```
10110100 00000010
```

　これは2進数の数値で表現したコンピュータの命令です。

　2進数は16進数で表しても値としては同じ値です。そのため、この命令は、よりわかりやすいように16進数で表現することもできます。16進数で表現すると次のようになります。

```
B4 02
```

　これが**実行可能プログラムコード**の実態です。

　コンピュータが実際に扱うこの値のことを**マシンコード**ともいいます。16進数で表現したこのコードは、2進数の値の表現を変えただけなので、コンピュータのCPUにとっては解釈して実行しやすい命令です。しかし、数値で表現されているため、プログラマにとってはわかりにくいものです。

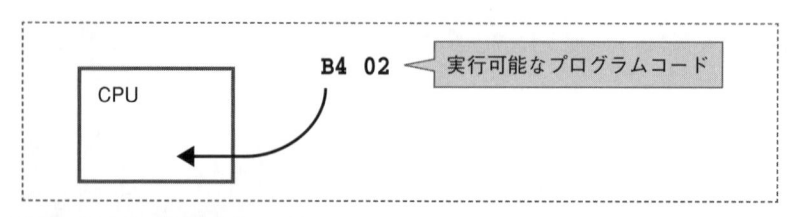

図5.1　CPUが実行するコード

●●● プログラミング言語

マシンコードは数値で表現されます。このマシンコードを直接使ってプログラムを作成することは不可能ではありません。しかし、人間にとって意味のない数値の羅列でプログラムを作るというのは、現実的ではありません。

プログラムを効率よく開発するためには、人間にとってよりわかりやすい、プログラミングのための言語を使います。これを**プログラミング言語**（Programming Language）といいます。

プログラミング言語で表現すると、「B4 02」はよりわかりやすい「mov ah, x」という形式で表現できます（**参照**⇒「5.2 アセンブリ言語」で説明します）。また、より高級なプログラミング言語を使えば、「x = a + b」のような式を書くこともできます。

●●● プログラミング言語の構成

伝統的なプログラミング言語は、以下の3種類のステートメントで構成されます。

- 宣言ステートメント（Declarative Statement）
- 命令ステートメント（Imperative Statement）
- コメント（Comment）

宣言ステートメントは、値を保存するための名前付きのスペースである変数（Variable）を宣言したり、データ型（Data Type）を宣言するための文です。データ型はデータの種類に応じて値を適切に扱うために重要です。たとえば、日付と金額は種類の異なるデータなので、異なるデータ型として扱います（**参照**⇒データ型については「7.1 データ型と構造」で説明します）。

命令ステートメントは実行する命令文です。命令ステートメントでは、変数への値の代入、計算、プロシージャの呼び出し、プログラムの実行制御などを行います。

コメントはプログラムをわかりやすくするための注釈で、プログラムの実行には影響を与えません。

プログラムの書き方の詳細はプログラミング言語によって異なりますが、伝統的なプログラミング言語は上記の要素から成り立っているという点では同じです。また、キーワードも同じか似ています。そのため、ひとつの伝統的なプログラミング言語をマスターすると、ほかのプログラミング言語も比較的容易に習得できます。

第5章　プログラミング言語

言語のレベル

　プログラミング言語は、プログラムを効率よく開発するための道具です。そのため、何らかの方法で最終的に実行可能なプログラムコードに変換できさえすれば、どのような形式であってもかまいません。しかし、人間にとって扱いやすいように、普通は、自然言語の単語を使ったり、自然言語に近い形で定義された人工言語が使われます。

　マシンコードに1対1で対応する、人間にとってマシンコードよりもわかりやすい表現を**ニモニック**（Mnemonic）といいます。このニモニックを使うプログラミング言語は、**低級言語**または**低水準言語**（Low Level Language）に分類されます。代表的な低級言語はアセンブリ言語です。

　マシンコードとは関連なく、自然言語に近い形で記述できるようにした人工言語は、**高級言語**または**高水準言語**（High Level Language）に分類されます（**高級プログラミング言語**ともいいます）。高級言語には、たとえば、C、C++、Visual Basic、Delphi、C#、Javaなどがあります。

　高級言語の中には、**オブジェクト指向プログラミング**（Object Oriented Programming、**OOP**）言語があります。これは、高級言語よりもさらにプログラムの生産性や再利用性を優先したプログラミング言語です。高級言語の中でオブジェクト指向プログラミング言語に属するものは、C++、C#、Javaなどです。**参照**⇒「5.5 オブジェクト指向プログラミング」

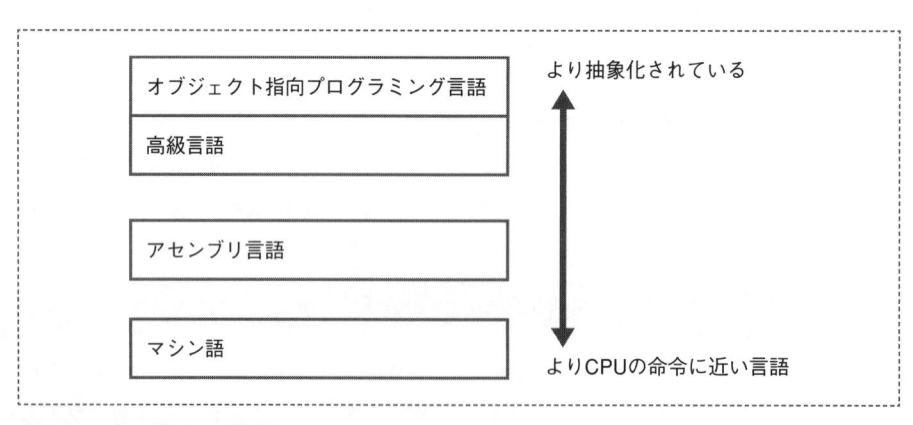

```
┌─────────────────────────────┐
│  オブジェクト指向プログラミング言語    │    より抽象化されている
│  高級言語                        │         ↑
│                                  │         │
│  アセンブリ言語                    │         │
│                                  │         ↓
│  マシン語                         │    よりCPUの命令に近い言語
└─────────────────────────────┘
```

図5.2　プログラミング言語

　プログラミング言語は**世代**（Generation）に分類されることもあります。最も初期から使われているマシン語を**第1世代のプログラミング言語**といいます。アセンブリ

言語を**第2世代のプログラミング言語**といいます。FORTRAN、Pascal、C、COBOLなどの高級言語は**第3世代のプログラミング言語**に属します。それ以降の、生産性のより高いプログラミング言語を**第4世代の言語**（4th Generation Language、**4GL**）といいます。

プログラミング言語の文化

言葉が変われば文化が異なるように、プログラミング言語でも言語が変わると異なることがあります。たとえば、機能を持った呼び出し可能なプログラム部分を、C言語のプログラマは関数と呼びます。しかし、C++のプログラマはメンバー関数と呼び、JavaやC#のプログラマはメソッドと呼びます。また、同じものをプロシージャまたは手続きと呼ぶコミュニティーもあります。

アセンブリ言語のプログラマはプログラムとして手続きを書きます。それに対して、C言語のプログラマの主な作業は関数を書くことです。JavaやC#のようなオブジェクト指向プログラミング言語のプログラマは、クラスを定義することが重要な作業になります。

クロスプラットフォーム

典型的なアプリケーションプログラムは、OSの機能を利用して実行されます。たとえば、結果を表示したりファイルにデータを保存することは、OSの機能を利用して実現します。OSが異なると、機能の利用の仕方も異なるために、プログラムをOSに合わせて変えなければなりません。これは異なるOSでも利用できるプログラムを作るためには障害になります。

OSの違いを吸収するソフトウェア層を作ってOSとアプリケーションの間に挟めば、同じプログラムを異なる種類の複数のシステムで利用できるようになります。種類の異なる複数のシステムで使えることを、**クロスプラットフォーム**（Cross-Platform）といいます。代表的なクロスプラットフォームプログラミング言語はJavaです。Javaでは**仮想マシン**（Virtual Machine）という実行環境がOSの違いを吸収します。

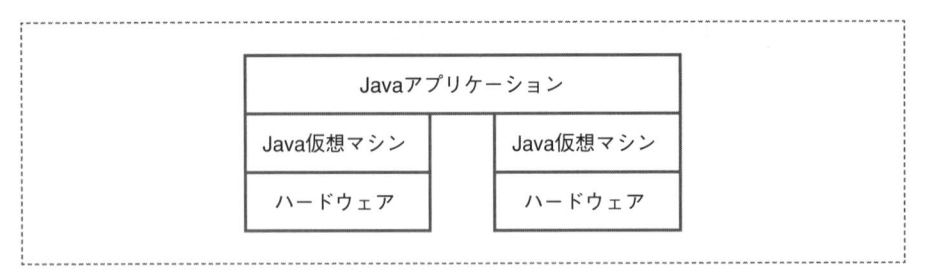

```
┌─────────────────────────────────────────┐
│        ┌───────────────────────┐        │
│        │  Javaアプリケーション  │        │
│        ├───────────┬───────────┤        │
│        │Java仮想マシン│Java仮想マシン│      │
│        ├───────────┼───────────┤        │
│        │ ハードウェア │ ハードウェア │      │
│        └───────────┴───────────┘        │
└─────────────────────────────────────────┘
```

図5.3　仮想マシン

● 練習問題

1. プログラミング言語の名前をできるだけ数多く列挙してください。
2. 高水準のプログラミング言語のほうが低水準のプログラミング言語より生産性が高い理由を説明してください。

5.2 アセンブリ言語

アセンブリ言語（Assembly Language）は、人間にとってマシン語よりわかりやすいプログラミング言語のひとつです。アセンブリ言語は、コンピュータのCPUが実行可能なマシンコードと1対1で対応するプログラミング言語です。

●●● アセンブリ言語のニモニック

ここで、この章のはじめのほうで示した実行可能なプログラムコード「B4 02」を、よりわかりやすく表現することを考えてみましょう。

「B4 02」の最初のB4はAHレジスタに値を移動するという命令コードです。そこで、B4というコードを「mov ah, x」という表現に置き換えてみます。この場合、「mov」は、移動する（movE）という英語を短縮した表現です。B4というコードを「mov ah, x」という表現に置き換えると決め、移動する値をその次に記述すると決めておけば、B4 02を次のように表現しても意味は変わりません。

```
mov ah,02
```

これは「B4 02」をそのまま別の表現に置き換えたものですが、「B4 02」よりもずっと理解しやすくなりました。

このように、16進数の命令コードとよりわかりやすい表現との間に一定の規則を定めておけば、16進数のコードをよりわかりやすい表現に置き換えることができます。アセンブリ言語とは、マシンコードのわかりやすい表現、つまりニモニックであり、ニモニックで記述したプログラムこそが、アセンブリ言語プログラムの姿であるといえます。

> **Note**
> x86ファミリーのCPUの移動命令はmovですが、CPUによっては同じ機能の命令の名前がmoveであるものもあります。このように、CPUによって命令の表現には多少の違いがあるものの、基本的な考え方は同じです。

命令セット

CPUには一連の命令があります。たとえば、movはx86ファミリーのCPUの移動命令です。

CPUの一連の命令を**命令セット**（Instruction Set、**インストラクションセット**）といいます。

アセンブリ言語プログラムで最も頻繁に使われる命令は、**データ転送命令**です。データ転送は、レジスタとレジスタ間、メモリとレジスタ間などで、頻繁に行われます。また、レジスタの内容を一時的にスタックと呼ぶメモリ領域に保存しておいてあとで復元するための、ポップとプッシュ命令もよく使われます。

表5.1　x86ファミリーのCPUのデータ転送命令の例

命令	機能	例
mov	移動	mov ah, 3（AHレジスタに3を移動する）
pop	ポップ	pop ax（スタックからAXレジスタの内容を復元する）
push	プッシュ	push ax（AXレジスタの内容をスタックに保存する）
xchg	交換	xchg ah, al（AHとALレジスタの内容を交換する）

演算や論理操作の命令には、加減乗除、論理シフト、論理演算などがあります。

表5.2　x86ファミリーのCPUの演算/論理操作命令の例

命令	機能	例
add	加算	add dl, 20h（DLレジスタの値に16進数で20を加算する）
and	AND	and al, 3（ALレジスタの値に3をAND演算する）
div	除算	div dl（AXの値をDLレジスタの値で割る）
mul	乗算	mul dl（ALとDLレジスタの値を掛ける）
not	NOT	not al（ALレジスタの各ビットを反転する）
or	OR	or al, 3（ALレジスタの値に3をOR演算する）
sal	算術左シフト	sal dl,1（DLレジスタの内容を左に1だけシフトする）
sar	算術右シフト	sar dl,3（DLレジスタの内容を右に3だけシフトする）
shl	論理左シフト	shl dl,1（DLレジスタの内容を左に1だけシフトする）
shr	論理右シフト	shr dl,1（DLレジスタの内容を右に1シフトして左端を0で埋める）
sub	減算	sub dl, 20h（DLレジスタの値から16進数で20を引き算する）
xor	XOR	xor al, 3（ALレジスタの値に3をXOR演算する）

アセンブリ言語プログラムでは、実行制御の命令は**無条件ジャンプ**と**条件ジャンプ**が中心になります。また、**割り込み**（Interrupt）と呼ぶ機能を使ってOSやBIOSの機能を利用することで入出力やディスクの操作などを行うことがあります。

表5.3　x86ファミリーのCPUの制御命令とその他の命令の例

命令	機能	例
int	割り込み	int 21h（ソフトウェア割り込み21を実行する）
jae	条件ジャンプ	jae lbl（キャリーフラグが0ならlblへジャンプする）
jmp	ジャンプ	jmp lbl（lblへ無条件でジャンプする）
jns	条件ジャンプ	jns lbl（サインフラグが0ならlblへジャンプする）

CPUには種類ごとにそれぞれこのような命令セットがあり、アセンブリ言語のプログラマはこの命令セットを使ってプログラムを作ります。

●●●単純なアセンブリ言語プログラム

ここで、単純なアセンブリ言語プログラムをいくつかみてみます。

最初に最も単純なアセンブリ言語プログラムをみてみましょう。リスト5.1は、文字を1文字表示するDOS（またはWindowsのコマンドプロンプトで実行する）プログラムの例です。

表示する文字は「1」という文字です。これはC言語プログラムならば`printf("1");`というプログラムコードに相当します。

リスト5.1　文字を出力するプログラム

```
; dispchar.asm
    mov    ah,02       ; 1文字出力を指定
    mov    dl,31h      ; 文字出力を指定
    int    21h         ; 文字列を出力する

    mov    ax,4C00h    ; プログラム終了を指定
    int    21h         ; プログラムを終了する
```

このプログラムをアセンブルして実行すると、数字の1が表示されます。
　このプログラムの最初の行「; dispchar.asm」は、このプログラムの名前を表しています。この行の最初の;（セミコロン）は、これ以降がコメント（注釈）であることを表しています。コメントは、たとえば次のように、行の途中から書いてもかまいません。

　　　　mov　　ah,02　　　; AHレジスタに2を移動する

　2行目「mov　　ah,02」は、AHという名前の場所（レジスタ、第3章で説明）に、値2を移動することを指示する命令です。
　この2行目のコード「mov　　ah,02」は、すでに説明したように、マシンコードでは「10110100　00000010」に対応し、この同じコードを16進数で表現すると「B4　02」になります。しかし、このようなマシンコードを覚えて使いこなすのは困難であるため、よりわかりやすい表現である「mov　　ah,02」を使います。
　「mov　　ah,02」の「mov」は、**命令**です。これは、**インストラクション**（Instruction）、または**オペコード**（Opcode）と呼ぶこともあります。
　「mov　　ah,02」の「ah」や「02」を**オペランド**（Operand）といいます。この場合は、最初のオペランド（AH）を**ディスティネーション**（Destination＝目的地、届け先、あて先の意味）**オペランド**といい、2番目のオペランドを**ソース**（Source＝源泉、元、出所の意味）**オペランド**といいます。
　3行目の「mov　　dl,31h」は、DLという名前の場所（レジスタ）に、16進数の値31を移動することを指示する命令です。この場合、ディスティネーションオペランドの値はdl、ソースオペランドの値は31hです。
　31hは「1」という文字のASCII文字コードの値です。いいかえると、「1」という文字を表示したいときは、DLレジスタに「1」の文字コードである31hをセットします。この文字コードの値を変更すると、別の文字を表示することができます。このとき使うASCII文字セットの値は付録Aに掲載してあります。
　4行目の「int　　21h」は、**システムコール**（System Call）と呼ばれるものです。システムコールはOSの機能を利用するために使います。この場合、AHの値が2の状態で「int　　21h」を実行します。すると、OSの機能を利用してDLに入っている文字1文字がディスプレイに表示されます。ここではAHの値が2の状態で「int　　21h」を実行すると、DLに入っている文字コードの文字が表示されるのであると理解しておいてください。
　5行目と6行目はプログラムの終了処理です。

```
           mov      ah,4C00h       ; プログラム終了を指定
           int      21h            ;  プログラムを終了する
```

　ここでは、プログラムを終了するために、AXレジスタに4C00hをセットしています。これで、AHレジスタには4Chがセットされ、ALレジスタに0がセットされます。

　最後に「int　　21h」を実行しています。これでプログラムの終了処理が行われます。

●●●アセンブリ言語のプログラム

　アセンブリ言語のプログラムは、ニモニックと呼ぶ、英語に近い、比較的わかりやすい文字で表現されることがわかりました。次に、アセンブリ言語プログラムで実際に行っていることに注目してみましょう。

　リスト5.1の文字を出力するプログラムで行っていることに注目してみましょう。このプログラムでは、値を移動する（mov）ということと、OSに組み込まれている機能を利用する（int 21）という2種類の作業を行っています。

　移動する値は、直接指定した値やメモリアドレスなどです。そして、移動先はレジスタです。リスト5.1でこのように値を移動したのは、OSに組み込まれている機能（文字を表示する、プログラムを終了する）を利用するための準備としての作業でした。

　たとえば、AHレジスタの値が2の状態で「int　　21」を実行するとDLレジスタに保存されている文字が表示されます。そこで、文字列を表示するときには、あらかじめ、AHに値2を移動し、DLには表示する文字の文字コードをセットします。そして「int　　21」を実行します。

　プログラムを終了するときには、AXレジスタに値4C00hを移動したあとで「int 21」を実行します。

　このようにアセンブリ言語プログラムでは、レジスタやメモリへの値の移動を頻繁に行います。実際、ここで示した以外の演算や操作でも、レジスタやメモリに値を移動してから演算や操作を行うことがよくあります。

　次に、1に5を加えてその結果を表示するプログラムを、考えてみましょう。C言語をはじめとする高級言語ならば、「x = 1 + 5;」のように変数を使うでしょう。しかし、アセンブリ言語プログラムではレジスタと呼ぶ特別な場所に直接値を入れて

操作します。リスト5.2は1に5を加算（add）するためにDLレジスタを使い、さらに結果として得られた6を文字コードにするために30hを加算するためにもDLレジスタを使っている例です。

リスト5.2　「1＋5」の結果を表示するプログラム
▶▶▶

```
; OnePlusFive.asm

        mov     dl,1        ; DLに1を移動する
        add     dl,5        ; DLの値に5を加える
        add     dl,30h      ; DLの値を数の文字コードにする
        mov     ah,02       ; DLの文字を出力する準備
        int     21h         ; DLの文字を出力する

        mov     ax,4C00h    ; 以下、プログラムの終了処理
        int     21h
```
◀◀◀

　アセンブリ言語プログラムでもいわゆる変数を使うことはできますが、可能であれば変数を使わずに、メモリやCPUの特定の場所に値を直接保存したり移動するのが普通です。また、OSやハードウェアが提供する機能も、CPUを介して直接利用します。そのため、アセンブリ言語プログラムを理解するためには、レジスタやメモリ、入出力のための装置など、コンピュータの構成や構造を知る必要があります。

●●●アセンブラとアセンブリ言語

　アセンブリ言語プログラムはアセンブラというソフトウェアを使ってマシンコードに変換されます。

　リスト5.1として示したアセンブリ言語プログラムのことを、アセンブラと呼ぶことがよくあります。しかし、厳密には**アセンブラ**（Assembler）とは、リスト5.1に示したようなソースプログラムファイルを実行可能なマシンコードに変換するプログラムのことです。アセンブリ言語で書かれたプログラムのことは、正確にはアセンブリ言語プログラムと呼ぶ必要があります。しかし、慣用的にアセンブラがアセンブリ言語プログラムと同じ意味で使われています。

```
┌─────────────────────────────────┐
│   アセンブリ言語ソースプログラム    │
│              ↓                  │
│          アセンブラ              │
│              ↓                  │
│        実行可能ファイル           │
└─────────────────────────────────┘
```

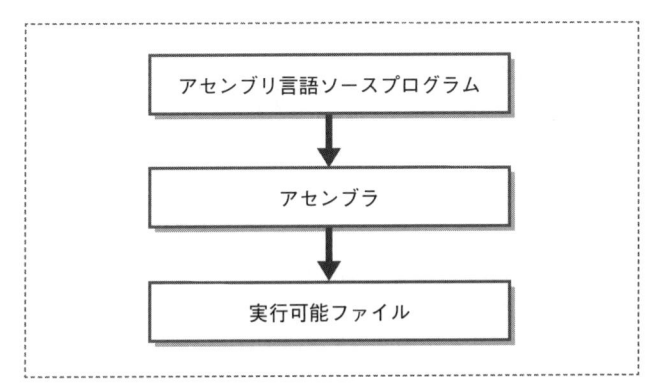

図5.4　アセンブラの役割

　アセンブラの主な仕事は、「mov ah,02」のようなニモニックで書かれた命令を、「B4 02」のようなマシンが直接実行できるマシンコードに変換することです。そのほか、必要に応じてたとえば次のようなことを行います。

・ジャンプや呼び出し先のアドレスを計算する。
・文字列をあらかじめ定められた別の文字列に置き換える。
・コードを繰り返すように展開する。
・ほかのソースコードを読み込む。

練習問題

1. 自分が使っているシステムのCPUのアセンブリ言語のニモニックを調べてください。
2. アセンブラとアセンブリ言語の違いを簡潔に述べてください。

5.3 高級プログラミング言語

　　アセンブリ言語は、マシンコードと1対1に対応する言語です。そのため、CPUの命令に対応する、比較的単純な命令語しか使うことができません。CPUの命令に制約されず、人間にとってさらに使いやすいプログラム用の言語として、高級プログラミング言語と呼ばれる言語が開発されて使われています。

●●● 高級言語

　　高級言語（**高級プログラミング言語**）は1ステップが複数のアセンブリ言語にコンパイルされます。高級言語では、たとえば、「v = x + y」のような式を記述することができます。これはアセンブリ言語で記述すると、次のような数ステップの作業です。

1) レジスタにxの値を移動する。
2) レジスタの値にyの値を加算する。
3) レジスタの結果をvに移動する。

　　このように、高級言語の1ステップ（1行のプログラム）は、アセンブリ言語では数ステップの作業になります。いいかえると、アセンブリ言語プログラムでは数ステップの作業として記述しなければならないものが、高級言語では1行で記述できるといえます。高級言語が生産性が高い理由はここにあります。

●●● コンパイラ

　　アセンブリ言語のソースプログラムをアセンブラを使って実行可能なコードに変換するのと同様に、高級言語は**コンパイラ**（Compiler）と呼ぶプログラムを使って実行可能なコードに変換します。
　　一般的には、コンパイラは高級言語で書かれた**ソースプログラム**（Source Program）

をコンパイルして、**オブジェクトファイル**（Object File）と呼ぶファイルを生成します。生成されたファイルは、実行時に使う機能を含む**ライブラリ**（Library）とリンクして、**実行可能ファイル**を作成します。

```
高級言語のソースプログラム
         ↓
      コンパイラ
         ↓
    オブジェクトファイル
         ↓
       リンカ
         ↓
     実行可能ファイル
```

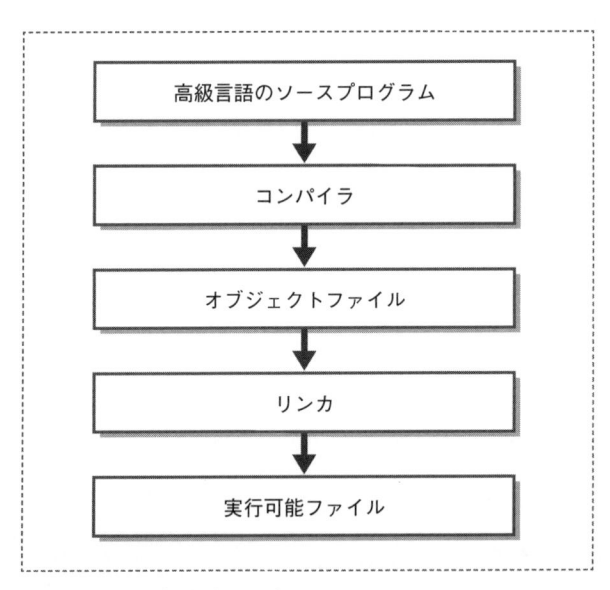

図5.5　コンパイラとリンカ

●●●言語の実装

設計したプログラミング言語に対して、それを使えるようにコンパイラや必要なライブラリを開発することを、**言語の実装**（Language Implementation）といいます。

コンパイラは、高級言語で書かれたプログラムであるソースプログラムを実行可能なコードのファイルに変換するプログラムです。このような変換を行うプログラムを**変換系**（Translator）といいます。伝統的なプログラミング言語のコンパイラの基本的な動作は表5.4に示すとおりです。

表5.4　コンパイラの動作

	作業	内容
1.	読み込み	ソースコードを読み込む。
2.	字句解析	プログラム行を基本的な要素に分解する。
3.	構文解析	文の構成を調べる。

	作業	内容
4.	中間語作成	実行するべき命令の列を作成する。
5.	最適化	中間語の効率を改善する。
6.	目的コードの生成	実行可能なマシンコードを生成する。

　プログラミング言語を使ううえにおいて最低限必要な機能も、コンパイラの一部として作成する必要があります。たとえば、C言語の場合、入力するための関数getcやgets、出力するための関数printfなどは、C言語を使ううえにおいて、実際上最低限必要な機能のための関数です。このような関数はライブラリとしてコンパイラと共に提供します。プログラムの実行時に使うこのような関数をまとめたものを、**実行時ライブラリ**（Runtime Library）といいます。

●●●開発ツール

　PCが普及し始めたころのプログラム開発は、テキストエディタを使ってソースコードプログラムを編集し、アセンブラやコンパイラを使って実行可能なプログラムファイルを生成していました。デバッグには単独で機能するデバッガを使いました。

　その後、プログラム開発に必要なものはまとめられて、**ソフトウェア開発キット**（Software Development Kit）、**ソフトウェア開発ツール**（Software Development Tool）または**ソフトウェア開発パッケージ**（Software Development Packages）として提供されるようになりました。

　さらに、現在では、プログラムをデザイン、編集、ビルド、デバッグする機能から、プログラミングに必要なドキュメントの参照機能までが統合された**IDE**（Integrated Development Environment、**統合開発環境**）が使われています。このようなソフトウェアは、開発のためのさまざまなツールを備えているうえに、その環境内でプログラムのデバッグもできるようになっているので、**IDDE**（Integrated Development Debug Environment、**統合開発デバッグ環境**）と呼ぶこともあります。

●●●インタープリタ

　高級言語で書かれたソースプログラムコードを1ステップずつ実行可能なコードに変換しながら実行するプログラムを**インタープリタ**（Interpreter）といいます。たとえば、初期のBASICというプログラミング言語では、プログラムを実行すると、プログラマが記述したソースコードが1行ずつ**中間コード**に変換されて、変換されたコードが1ステップずつ実行されます。

　プログラムコードと実行可能なコードの中間に位置する中間コードプログラムを実行するインタープリタもあります。その代表的なものにJavaがあります。Javaのプログラムは、通常、コンパイラを使ってソースコードから**バイトコード**を生成します。このバイトコード形式のプログラムを、WebブラウザやシステムのJava仮想マシン上のインタープリタによって実行します。

● 練習問題

1. アセンブリ言語だけを使ってOS全体や高機能なアプリケーションを作成することが事実上不可能である理由を説明してください。
2. 使用しているIDEでできることを列挙してください。現在使っているIDEがない場合は、インターネットでフリーのIDEをダウンロードしてください。

5.4 プログラムと構造

初期のプログラムは、原則として最初から順に実行し、必要に応じてほかの場所にジャンプするだけでした。やがてプロシージャまたはサブルーチンと呼ばれる概念が使われるようになりました。

●●● プロシージャ

多くの高級言語（高級プログラミング言語）で、独立して機能するコードブロックに名前を付けて呼び出せるようにすることができます。これを、**プロシージャ**（Procedure）または**サブルーチン**（Subroutine）と呼びます。C言語の場合は、このようなプロシージャを**関数**（Function）と呼びます。

次の例は、addという名前の、2つの数を加算して返すという機能を持つC言語の関数の例です。

```
int add(int x, int y)
{
   int r;
   r = x + y;
   return r
}
```

関数（プロシージャ）の名前

独立して機能する
コードブロック

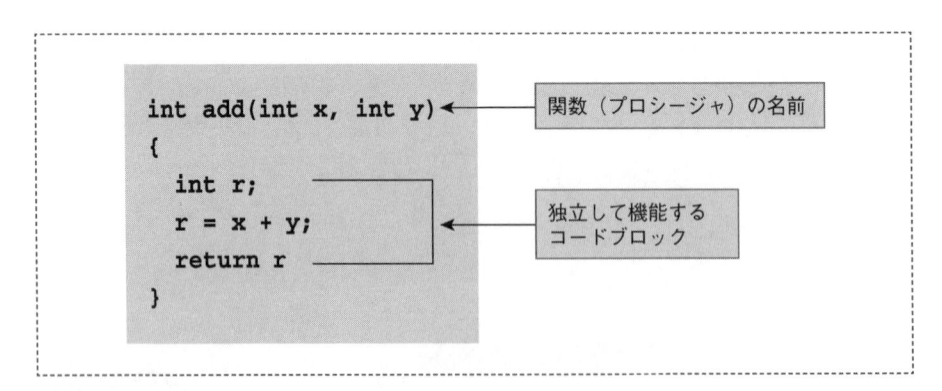

図5.6　add関数

多くの高級言語のプログラムは、**メインプログラム**と呼ばれる主なプログラムコード部分から順にプログラムコードが実行されます。メインプログラムの中では、式を計算したり、状況に応じて次に実行するプログラムコードを選んだりしながら、ほかのプロシージャを呼び出します。

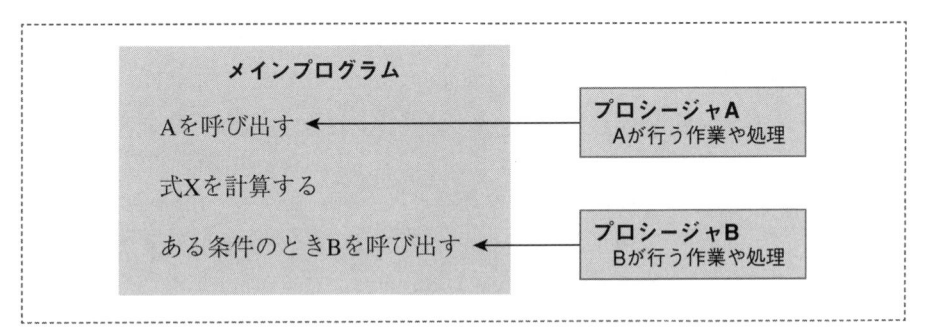

```
          メインプログラム
       Aを呼び出す  ←――――  プロシージャA
                              Aが行う作業や処理
       式Xを計算する

       ある条件のときBを呼び出す ←―― プロシージャB
                                      Bが行う作業や処理
```

図5.7　プロシージャ呼び出しとプログラム

　呼び出されたプロシージャの中でも、一定の順序で、さらに別のプロシージャを呼び出したり、必要な計算（演算）を行うことができます。このようにして、プロシージャを呼び出すことでプログラムを構成することができます。

構造化プログラミング

　プロシージャが利用されるようになると、プログラムの機能や処理を明示的にそれぞれの独立した部分に分割して、分割した部分を組み合わせてひとつのプログラム構造を構成するプログラミングの手法が広まりました。これを**構造化プログラミング**（Structured Programming）と呼びます。サブルーチンの概念が効果的に使われず、goto文のようなジャンプを使っていた時代から、サブルーチンを効果的に利用するようになった時代にかけて、この言葉は特に頻繁に使われました。

　現在では、一部のスクリプトやマクロ言語を除いて、あえて構造化プログラミングといわなくても使われる一般的な手法になっています。しかし、厳密にいえば、設計段階から構造化の概念を取り入れて、よく設計された場合に限って、構造化プログラミングの効果は充分に発揮されます。

　構造化プログラミングは、オブジェクト指向プログラミングへと発展してゆきます。

モジュラープログラミング

　プログラムの中のある機能をひとつの単位にまとめたものを**モジュール**（Module）または**プログラムモジュール**といいます。モジュールは、プログラムの部品とみなすこともできます。

モジュールを組み合わせて全体を構築していくプログラミングの手法を**モジュラープログラミング**（Modular Programming）といいます。たとえば、データを一定の形式で表示したり編集できるようにするモジュールと、データをグラフとして印刷するモジュールを組み合わせてひとつのアプリケーションを作成します。

モジュラープログラミングを行うと、複雑なアプリケーションでも分割して開発できるという利点と、いったん作成したモジュールを再利用できるという利点があります。

イベント駆動型プログラミング

ウィンドウシステムが普及するまでは、「コンピュータが〜したら、それに対してユーザーが（入力や選択などの）適切な動作をする」という前提でプログラミングしました。この従来の方法は、**手順型**あるいは**手続き型**（Procedural）**プログラミング**といいます。

ウィンドウシステムでは、システムで発生したイベントがプログラムを動かすという仕組みに従ってプログラムを作成します。システムで発生した**イベント**（Event）とは、マウスのクリック、キーボードのキーの押し下げ、ウィンドウが表示されたことや移動されたこと、ほかのプログラムが終了したこと、など、システムで発生するあらゆることです。このイベントがプログラムを動かすという仕組みに従ったプログラミングの方法を、**イベント駆動型**（Event-Driven）**プログラミング**といいます。この方法では、システムで発生したできごと（イベント）に対して処理を記述します。つまり、「ユーザーやウィンドウシステムが〜したら、それに対してアプリケーションが適切な動作をする」という考え方でプログラムを作成します。

● 練習問題

1. 独立させられるコードブロックをプロシージャとして作成してプロシージャを呼び出す方法の利点を説明してください。
2. ウィンドウシステムで発生するイベントをできるだけたくさん列挙してください。

5.5 オブジェクト指向プログラミング

オブジェクト指向プログラミング（Object Oriented Programming、**OOP**）は、関連あるデータとコードをひとまとめにして、ひとつのオブジェクトとして扱うプログラミング手法です。

オブジェクト指向プログラミングでは、継承やポリモーフィズム、カプセル化などが重要なキーワードです。

●●●オブジェクト

プログラムのさまざまな要素は、それぞれひとつの**オブジェクト**（Object）とみなすことができます。たとえば、実行中のプログラムやウィンドウなどを、それぞれひとつのオブジェクトとみなすことができます。

オブジェクトにはさまざまな**プロパティ**（Property、**属性**）があって、そのオブジェクトを特徴付けています。たとえば、ウィンドウというオブジェクトには、キャプション（ウィンドウのタイトル）、ウィンドウの背景色、位置やサイズなどのプロパティがあります。そして、プロパティの値を変更するとウィンドウの外観に影響が及びます。

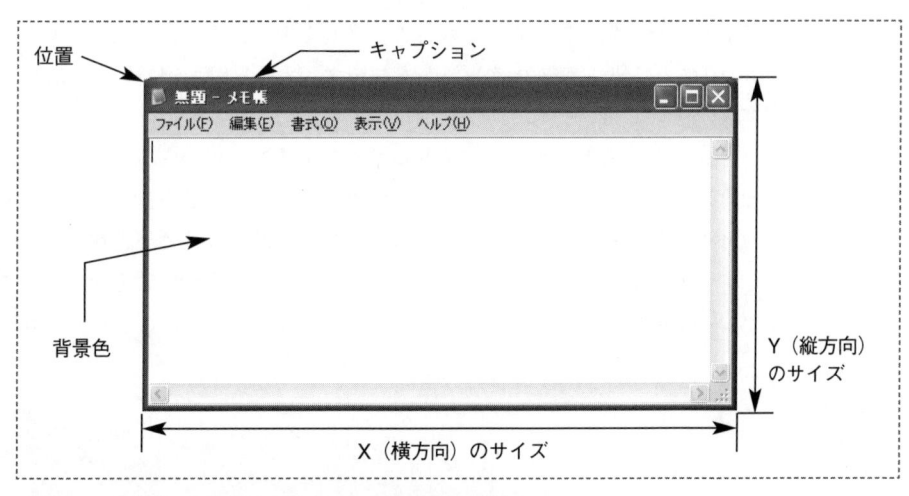

図5.8 オブジェクトとしてのウィンドウとプロパティ

ダイアログボックスウィンドウの中に表示されるボタン（コマンドボタンまたはプッシュボタンともいう）もオブジェクトです。ボタンには、ボタンの文字列（キャプション）、ボタンの位置と大きさ、ボタンの背景色などのプロパティがあります。

ドキュメントオブジェクトの場合は、その内容であるテキストやファイル名、ファイルサイズ、更新日時などのプロパティがあります。

このように、オブジェクトとは、ひとつのまとまったものとして扱うことができ、プロパティがあるものです。

●●● オブジェクトの操作

オブジェクトには自分自身を操作するための手段を備えているものがあります。オブジェクトを操作するプロシージャを**メソッド**（Method）といいます。

たとえば、ウィンドウオブジェクトに対して、それを作成するためのメソッドを呼び出すとウィンドウが作成されます。そして、ウィンドウを表示するためのメソッドを呼び出すとウィンドウを表示することができます。

ウィンドウのプロパティを変更しても、オブジェクトを操作することができます。たとえば、ウィンドウオブジェクトの背景色のプロパティに新しい色を設定すると、背景色を変更することができます。

このように、オブジェクトのプロパティやメソッドを使うと、複雑なプログラミングが容易になります。

オブジェクト指向の方法でない場合は、ウィンドウのタイトルを変更するときには、タイトルとして表示されているもとの文字列を消し、次に位置を指定して新しいウィンドウのタイトルを表示する必要があります。ウィンドウの位置を変更するときには、現在表示されているウィンドウをいったん消して、次に位置とサイズを指定して新しいウィンドウを描き、さらにタイトルやそのウィンドウの内容を再表示する必要があります。背景色を変更するときには、変更する領域の座標を計算してその領域をすべて塗りつぶしたあとで、ウィンドウの内容を再描画する必要があります。

このようなことを考えると、メソッドやプロパティを利用するオブジェクト指向のアプローチのほうが、プログラミングがはるかに容易であることがわかります。

●●● クラスとインスタンス

人間には名前や年齢があって、立ったり座ったりします。自動車というオブジェクトには必ずエンジンがあって、それ自身移動できます。このように、特定の種類のオブジェクトは、一定のプロパティと動作を行うメソッドを持ちます。そこで、同じ種類のオブジェクトを表現するための雛形を定義すると、あとでオブジェクトを作成したり操作するときに便利です。この目的のために、オブジェクト指向プログラミングでは**クラス**（Class）を定義します。クラスを定義するときには、プロパティをクラスの変数として定義し、動作をメソッドとして記述します。

次の例は仮想のプログラミング言語でクラスを定義した例です。

```
class man {

  int Age;                    /* プロパティ */

  int getAge() {return Age;}; /* メソッド */

}
```

この場合、manがクラス名です。Ageは年齢を表す整数型のプロパティで、関数（メソッド）getAgeは年齢を表す整数値を返します。

クラスはオブジェクトを作成するときの雛型です。ひとつのクラスからは複数のオブジェクトを作成することができます。作成した個々のオブジェクトを**インスタンス**（Instance）といいます。

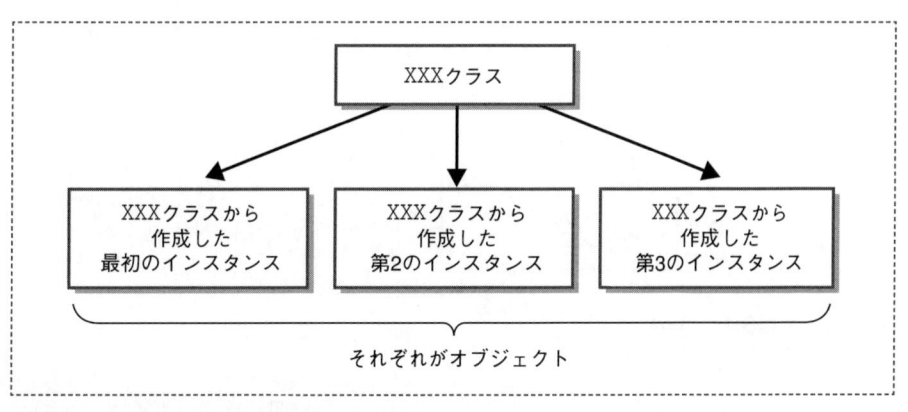

図5.9　クラスとインスタンス

たとえば、manというクラスから、Aという人を表すオブジェクト（1つのインスタンス）、Bというオブジェクト（別のインスタンス）、Cというオブジェクト（3個目のインスタンス）を作ることができます。

カプセル化

データとデータを操作するためのコードをひとつにまとめることを**カプセル化**（Encapsulation）といいます。オブジェクトのデータはオブジェクトのメソッドを使って操作するようにして、特に必要がなければオブジェクトの内部を知らなくてもそのオブジェクトを使うことができるようにクラスを設計します。つまり、外部からの操作に必要なものだけを公開し、オブジェクトの内部詳細は隠します。

継承

オブジェクト指向プログラミングでは、通常、**継承**（Inheritance）という概念を使って、以前に定義したクラスから別のクラスを**派生**（Derive）させることができます。つまり、最初に基本的なクラスを作成すると、そのクラスを元にして別の機能を備えた新たなクラスを定義できます。たとえば、最初に基本的なウィンドウクラスを作成して、そのクラスを元にしてバックグラウンドでサウンドを鳴らすウィンドウの新たなクラスを定義することができます。

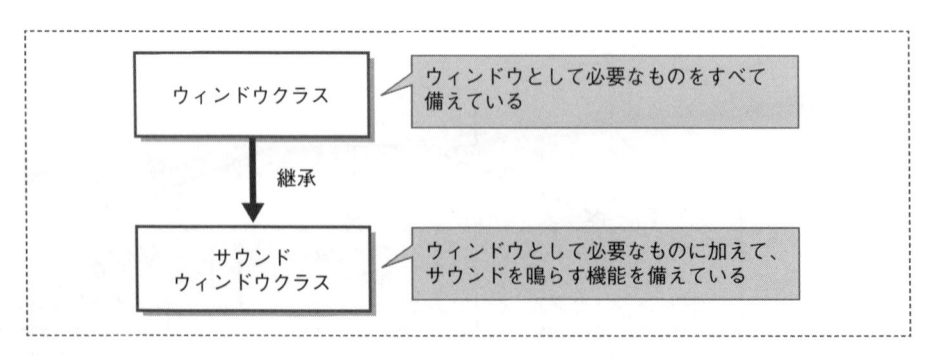

図5.10　継承

作成した（子）ウィンドウクラスは、元の（親）ウィンドウクラスのプロパティとメソッドを引き継ぎます。このことを継承といいます。たとえば、親ウィンドウクラ

スに背景色を指定するためのプロパティがあれば、特別な制限を行わない限り、子ウィンドウクラスにも背景色のプロパティが継承されます。

　ほかのクラスを派生するときに使う元のクラスを、**スーパークラス**、**基本クラス**、**ベースクラス**、**基底クラス**、**親クラス**などと呼びます。あるクラスを元にしてそこから派生したクラスを、**サブクラス**、**派生クラス**、**子クラス**、（ベースクラスを）**継承したクラス**などといいます。

●●●ポリモーフィズム

　ポリモーフィズム（Polymorphism）は、**多態性**ともいい、同じ名前で複数のものを定義できる性質です。ポリモーフィズムによって、同じ名前のプロシージャを作成することができます。そして、特定のオブジェクトのメソッドを呼び出すと、そのオブジェクトの種類や引数から適切なプロシージャが呼び出されるようになります。

　たとえば、異なる図形を描いて管理するいくつかのクラスがあるものとします。各図形は、同じ Draw() というメソッドを持っていて、このメソッドを呼び出すと、円のオブジェクトは円を描き、四角形のオブジェクトは四角形を描きます。ポリモーフィズムが実現されていれば、プログラムからこれらのメソッドを呼び出すときに、図形の種類に応じて呼び出す関数を変える必要はありません。obj.Draw() という形式で呼び出すだけで、obj の型（この場合は円か長方形）に応じて適切なメソッドが呼び出され、目的の図形が描かれます。このようなことを可能にするのがポリモーフィズムです。

●練習問題

1. ウィンドウシステムのウィンドウのプロパティとして考えられるものを列挙してください。
2. 文字列を表示できるコマンドボタン（プッシュボタン）クラスがあってそのソースコードを利用できるものとします。クリックすると音が鳴るコマンドボタンを作るためにする必要があることをまとめてください。

5.6 主なプログラミング言語

プログラムの開発に現在よく使われている主なプログラミング言語には、以下に示すような言語があります。

●●● C言語

C言語（Programming Language C）は広く普及しているプログラミング言語のひとつです。現在、いろいろな分野で広く使われているプログラミング言語の中では歴史が比較的長く、標準化が進み、さまざまなシステムでコンパイルして実行できるプログラミング言語です。

C言語は、基本的にハードウェアに依存しない移植性の高い言語です。

C言語の特徴は次のとおりです。

・システムコールやウィンドウシステムのようなプラットフォーム固有の機能に依存する部分を除いて、プログラムの移植が比較的容易です。
・システムのリソース（メモリやCPUなど）を直接利用する、OSやデバイスドライバのような低レベルのプログラムの記述に適しています。
・コンパクトで高速なプログラムを記述したり作成したりすることが可能です。
・C言語で記述したモジュールは、他のプログラム言語とのリンクの標準的な方法として使われることが多く、さまざまなプログラム言語のプログラムとのリンクが比較的容易です。

C言語の最も基本的なプログラムの例をリスト5.3に示します。

リスト5.3　C言語の最も基本的なプログラムの例
▶▶▶
```
/*
 * hello.c
 */

#include <stdio.h>
```

```
int main (int argc, char *argv[])
{
  printf("hello, C world!\n");

  return 0;
}
```

◀◀◀

多くのライブラリのデータ型、構造体、関数はC言語の形式で定義されています。たとえば、Windowsの機能を提供しているライブラリや、UNIXの機能を提供しているライブラリはC言語の関数として提供されています。そのため、C言語の知識があると、どのようなプログラミング言語を使うとしても、ライブラリ関数を利用する際に役立ちます。

●●● C++

C++（「Cプラスプラス」と読む）は、オブジェクト指向プログラミング言語のひとつです。

C++はC言語を元にして作成され、当初はプリプロセッサ（前処理プログラム）で前処理してからC言語のコンパイラでコンパイルしていた言語であるため、オブジェクト指向でないC言語の語法でもプログラミングできます。

C++言語では、クラスを定義して利用します。クラスにはデータと操作や処理を行うためのコード（プログラム）が含まれます。オブジェクトはクラスから作成します。

C++の特徴は次のとおりです。

・比較的複雑で大規模なプログラムに適しています。
・C++のプログラムの中にC言語のソースプログラムを記述したり、C言語で記述したモジュールと容易にリンクすることができます。
・実行可能コードのサイズは、C言語に比べるとC++言語のプログラムのほうが大きく、実行時のパフォーマンスも劣る傾向があります。しかし、インタープリタ言語に比べるとかなり高速です。

C++の最も基本的なプログラムの例をリスト5.4に示します。

第5章　プログラミング言語

リスト5.4　C++の最も基本的なプログラムの例

```cpp
#include <iostream>
#include <string>

using namespace std;

class helloClass {
public:
    void print() {
        cout << "Hello C++" << endl;
    };

};

int main(int argc, char* argv[])
{

    helloClass *ph;
    ph = new helloClass();

    ph->print();

    return 0;
}
```

Visual Basic

　Visual Basicは、マイクロソフト社が開発したプログラミング言語**BASIC**を、WindowsのGUIプログラミングに適するように拡張したプログラミング言語でありIDE（統合開発環境）です。このプログラミング言語は、Windowsアプリケーションの開発によく使われてきました。

　その後、.NET Framework上で動作するアプリケーションやコンポーネントを開発するためにさらに拡張され、**Visual Basic .NET**になりました。

　Visual Basic .NETで開発したプログラムは、C#やC++のプログラムなどと共通のランタイムである**CLR**（Common Language Runtime、**共通言語ランタイム**）を使い、.NET Framework上で実行されます。そのため、C#やC++などCLRがサポート

するプログラムともリンクできます。

Visual Basic .NETの最も基本的なプログラムの例をリスト5.5に示します。

リスト5.5　Visual Basic .NETの最も基本的なプログラムの例
▶▶▶

```
Public Class Form1
    Inherits System.Windows.Forms.Form

#Region " Windows フォーム デザイナで生成されたコード "

    Public Sub New()
        MyBase.New()
        InitializeComponent()
    End Sub

    ' Form は dispose をオーバーライドしてコンポーネント一覧を消去します。
    Protected Overloads Overrides Sub Dispose(ByVal disposing As Boolean)
        If disposing Then
            If Not (components Is Nothing) Then
                components.Dispose()
            End If
        End If
        MyBase.Dispose(disposing)
    End Sub

    ' Windows フォーム デザイナで必要です。
    Private components As System.ComponentModel.IContainer

    Friend WithEvents Label1 As System.Windows.Forms.Label
    Friend WithEvents Button1 As System.Windows.Forms.Button
    <System.Diagnostics.DebuggerStepThrough()> Private Sub
      InitializeComponent()
        Me.Label1 = New System.Windows.Forms.Label()
        Me.Button1 = New System.Windows.Forms.Button()
        Me.SuspendLayout()
        '
        'Label1
        '
        Me.Label1.Location = New System.Drawing.Point(24, 72)
        Me.Label1.Name = "Label1"
        Me.Label1.Size = New System.Drawing.Size(104, 16)
```

```
            Me.Label1.TabIndex = 0
            Me.Label1.Text = "Label1"
            '
            'Button1
            '
            Me.Button1.Location = New System.Drawing.Point(24, 24)
            Me.Button1.Name = "Button1"
            Me.Button1.Size = New System.Drawing.Size(72, 24)
            Me.Button1.TabIndex = 1
            Me.Button1.Text = "Button1"
            '
            'Form1
            '
            Me.AutoScaleBaseSize = New System.Drawing.Size(5, 12)
            Me.ClientSize = New System.Drawing.Size(292, 266)
            Me.Controls.AddRange(New System.Windows.Forms.Control()
               {Me.Button1, Me.Label1})
            Me.Name = "Form1"
            Me.Text = "Form1"
            Me.ResumeLayout(False)

        End Sub

#End Region

    Private Sub Button1_Click(ByVal sender As System.Object, ByVal e As
       System.EventArgs) Handles Button1.Click
        Label1.Text = "Hello, Visual Basic!"
    End Sub

End Class
```

> Visual Basicを略して「VB」といい、Visual Basic .NETを略して「VB.NET」ということがあります。

Java

Javaは、サン・マイクロシステムズ社が開発したオブジェクト指向プログラミング言語です。

Javaを使って作成したプログラムは**Java仮想マシン**（Java Virtual Machine、**JVM**）と呼ぶソフトウェアで実行されるプログラムです。Javaはプラットフォームに依存しないので、JVMがインストールされていればどのシステムでも同じプログラムが動作します。そのため、ひとつのプログラムファイルを作成して配布すると、Windows XP/2000/NTやWindows 98をはじめ、MacintoshやUNIXなど、すべてのプラットフォームのJava仮想マシンで実行できます。

Javaのプログラムには、Webブラウザ上でHTMLドキュメントに埋め込まれて実行される**アプレット**と、プログラムを直接実行する**アプリケーション**があります。

Javaの最も基本的なプログラムの例をリスト5.6に示します。

リスト5.6　Javaの最も基本的なプログラムの例

```java
public class Main {

    public Main() {
    }

    public static void main(String[] args) {
        System.out.println("hello, Java!");
    }

}
```

C#

C#は、.NET Framework上で動作するプログラムを開発するために新しく開発されたオブジェクト指向プログラミング言語です。

C#はマイクロソフト社が開発し、**ECMA**（European Computer Manufacturer's Association、**欧州コンピュータ製造業者協会**）の標準仕様（ECMA-334）となったプログラミング言語です。

C#自体には、制御構文やデータ型など、プログラミング言語として必須の要素だけが定義されています。クラスライブラリは言語に含まれません。C#のプログラミングではクラスライブラリは一般的には.NET Framework クラスライブラリが使われます。

C#のマイクロソフト社の標準開発環境は、Visual Studioですが、ほかにボーランド社のBorland Developer Studioのような C#開発環境もあります。

プログラミングの手順はVisual Basic .NETによく似ています。Visual Studioやそのほかの IDE（統合開発環境）を使うことで、Visual Basicによく似たフォームベースのグラフィカルなプログラミングが可能です。

C#の最も基本的なプログラムの例をリスト5.7に示します。

リスト5.7　C#の最も基本的なプログラムの例

```csharp
// C#の最も単純なプログラムの例 - hello.cs
using System;

class Hello {

    static void Main() {
        Console.WriteLine("こんにちワン、C#");
    }

}
```

●●● Delphi言語

Delphi（「デルファイ」と読む）は、第3世代のプログラミング言語に属していた**Pascal**という言語から発展して、オブジェクト指向の技術を取り入れたプログラミング言語です。以前は**Object Pascal**と呼ばれていました。

製品としてのDelphは、Borland Developer Studioに含まれ、フォームをデザインすることでグラフィカルユーザーインタフェースを備えたアプリケーションやコンポーネントを開発できるツールです。

Delphi言語の最も基本的なプログラムの例をリスト5.8に示します。

リスト5.8　Delphi言語の最も基本的なプログラムの例

```
program Hello;

{$APPTYPE CONSOLE}

uses
  SysUtils;

begin
  Writeln('Hello, Delphi!');
end.
```

FORTRAN

FORTRAN（FORmula TRANslator）は、1950年代にIBMのジョン・バッカス（John Backus）によって考案され、科学技術計算に使われてきたプログラミング言語です。

FORTRANは、高級プログラミング言語の中でも歴史のある言語で、ほとんどの汎用システムで利用可能です。

FORTRANの最も基本的なプログラムの例をリスト5.9に示します。

リスト5.9　FORTRANの最も基本的なプログラムの例

```
program main
write(*,*) 'Hello FORTRAN'
end
```

COBOL

COBOL（COmmon Business-Oriented Language）は、1959年に共通事務処理用に開発され、主にビジネスアプリケーションで使われてきたプログラミング言語です。

FORTRANと同様に、COBOLも歴史のある言語であり、多くの汎用システムで利用可能です。

COBOLの最も基本的なプログラムの例をリスト5.10に示します。

リスト5.10　COBOLの最も基本的なプログラムの例

```
IDENTIFICATION DIVISION.
PROGRAM-ID.      HELLO-WORLD.

ENVIRONMENT DIVISION.

DATA DIVISION.

PROCEDURE DIVISION.
DISPLAY "Hello, COBOL".
STOP RUN.
```

スクリプト言語

スクリプト言語（Script Language）は、基本的には操作や処理の手順を記述する（scripting）ための言語で、**スクリプティング言語**（Scriptting Language）ともいいます。プログラミング言語の一種ですが、一般に本格的なプログラミング言語よりシンプルであり、習得が容易で、比較的単純な一連の命令を記述するときによく使います。スクリプト言語は、一般的には、インタープリタで実行します。

Windows上やWebでよく使われる代表的なスクリプト言語には、JavaScript、Perl、PHP、Python、Rexx、Scheme、Tcl、VBScriptなどがあります。

練習問題

1. プログラミング言語をどれか選んで、そのプログラミング言語のキーワードを列挙してください。
2. このセクションで説明しているプログラミング言語のいずれかで「Hello, Computer Science」と表示するプログラムを作成してください。開発ツールを持っていない場合は、インターネットで無償のツールをダウンロードすることができます。

5.7 記述言語

現代のコンピュータ利用では、プログラミング言語以外に、HTMLやXMLのような、ドキュメントを記述するための言語が頻繁に使われます。

記述言語

コンピュータシステムが一般に使われるようになった当初は、情報はそれぞれのプログラムが定めた独自の形式で表していました。しかし、ネットワークが普及して情報を共有する機会が増えると、情報を標準化された方法で表す必要性が高まってきました。そして、そのために標準化された**記述言語**（Markup Language）が使われるようになってきました。その代表的なものが、HTMLとXMLです。

HTML

HTML（Hypertext Markup Language、**ハイパーテキストマークアップ言語**）は、主にWebページをデザインするときに使う言語です。この言語は、ページの表示方法をWebブラウザに指示するためのタグ付きのテキスト文書を作成するために使います。

リスト5.11　HTMLドキュメントの例
▶▶▶

```
<html>
  <meta name="description" content="Musique - Music & Music.">
  <meta name="keywords" content="Music, 音楽, 楽譜">
<head>
<title>Musique - 音楽と楽譜 (Music & Music) </title>
</head>
<body>
<h1>Musique - 音楽と楽譜 (Music & Music) </h1>
<p><A HREF="raisondt.html">音楽と楽譜の微妙な関係</A></p>
```

```
<p><A HREF="music/musics.html">お楽しみ音楽と楽譜</A></p>
<p>
Please email us your comments
<a href="mailto:someone@nantoka.com">here</a></p>
<font size=-1><i>The entire contents of this site &copy; 2006 by
S.Hyuga.</i></font>
</body>
</html>
```

◀◀◀

図5.11　HTMLドキュメントの例をWebブラウザで表示した例

　HTMLドキュメントでは、文書の書式を指定できるだけでなく、イメージを挿入したり、サウンドやビデオのファイルへのリンクを設定することもできます。また、スクリプト言語を使ってプログラムを記述することができます。HTMLドキュメントで、情報をリンクしたり、ドキュメントの中にプログラムを記述できるという点は、それまでの情報の使い方とは一線を画した画期的なことです。
　HTMLドキュメントの可能性は広く、CD-ROMのようなメディアの内容解説やヘルプファイルなど、さまざまな種類のドキュメントに使われています。

XML

XML（Extensible Markup Language、**拡張可能マークアップ言語**）は、インターネット標準のデータフォーマットです。

XMLは多様な情報を適切な形式で記述できるように設計された言語です。そのため、データやWebページだけでなく、さまざまな種類のドキュメント（文書や情報）を記述するときにも使うことができます。

XMLは、国際的なテキスト記述言語の規格である**SGML**（Standard Generalized Markup Language, ISO 8879:1986(E) as amended and corrected）の一部分を取り出したもの（サブセット）として定義された言語です。SGMLは、応用範囲の広い、きわめて厳格な記述言語の仕様ですが、利用や実装が難しいという難点があります。そこで、WWW上で利用するために必要なことを取り出して簡素な仕様として再定義されたものがXMLです。

簡素な仕様として定義されたとはいえ、XMLドキュメントは、多様で複雑な構造の情報を、オブジェクト指向の方法を使ってツリー構造で記述できるように考えられています。また、XMLドキュメントを扱うさまざまなプログラムに対する指示やコメントなどの情報も、XMLドキュメントの中に記述することができます。そのため、XMLドキュメントは通常のテキストドキュメントやHTMLドキュメントの書式よりも複雑で難しそうにみえることがあります。しかし、XMLドキュメントの基本的な構造はとても単純です。ここでは、単純なXMLドキュメントを例に、XMLドキュメントで最も重要で基本的なことがらを説明します。

最初に、最も単純なXMLドキュメントをみてみましょう。リスト5.12は、完全とはいえませんが、最小限の要素を含む、最も単純なXMLドキュメントの例です。

リスト5.12　単純なXMLドキュメントの例

```
<?xml version="1.0" encoding="UTF-8" ?>
<段落>こんにちは</段落>
```

最初の行は、これがXMLバージョン1.0の仕様に従ったXMLドキュメントであることと、このドキュメントで使っている文字コードがUTF-8という形式のUnicode（ユニコード）であるということを示しています。XMLドキュメントには先頭にこのようなXMLドキュメントであることを示す情報を記述します。この情報を**XML宣言**といいます。

2行目の「<段落>こんにちは</段落>」は、テキスト「こんにちは」が<段落>と</段落>とで囲まれたものと考えます（図5.12）。

```
                    要素（エレメント）
        ┌─────────┬─────────┬─────────┐
        │ <段落>   │ こんにちは │ </段落>  │
        └─────────┴─────────┴─────────┘
           ↑          ↑          ↑
        開始タグ  テキスト（要素の内容）  終了タグ
```

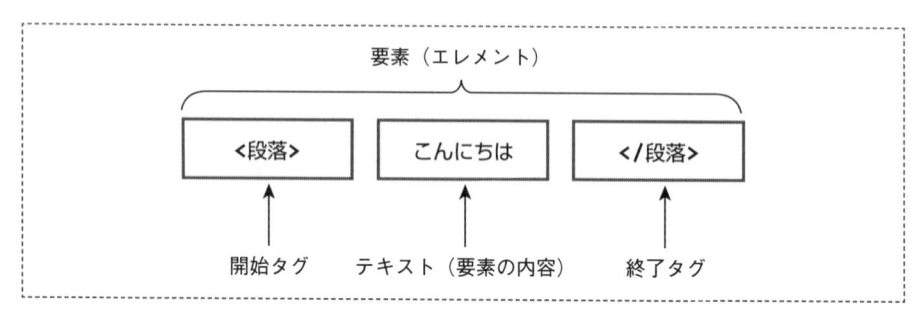

図5.12　単純なタグ付きテキスト

<段落>や</段落>を**タグ**（Tag）といいます。<と>で文字列を囲んだタグ（この場合は<段落>）は、内容の前に書いて要素の始まりを示すので、**開始タグ**といいます。要素の最後に付ける</段落>は**終了タグ**と呼びます。開始タグの最初の文字は必ず<ですが、終了タグの最初の部分は、<のすぐあとに/（スラッシュ）を続けて、</にします。この場合の終了タグは、「</」のあとに「段落>」を続けた</段落>です。

> **Note**
> 一定の条件のときに終了タグを省略することや、テキストのないタグを記述すること、タグに属性と呼ぶ付加情報を追加することも可能です。

XMLの仕様では、XMLドキュメントはUnicodeで記述することになっています。そのため、タグには日本語の文字を含むさまざまな国のいろいろな文字を使うことができます。リスト5.12では、タグの名前を「段落」にしました。しかし、<段落>の代わりに<Paragraph>や<p>にしてもかまいません。たとえば、<段落>の代わりに<p>を使ってリスト5.13のようなXMLドキュメントを記述することもできます。

リスト5.13　<p>タグを使ったXMLドキュメントの例
▶▶▶

```xml
<?xml version="1.0" encoding="UTF-8" ?>
<p>こんにちは</p>
```

◀◀◀

また、リスト5.14のように、開始タグや終了タグの前後で改行することもできます。

リスト5.14　改行を含むXMLドキュメントの例
▶▶▶

```
<?xml version="1.0"?>
<p>
こんにちは
</p>
```

◀◀◀

XMLドキュメントに付けられたタグの意味は、そのドキュメントを扱うアプリケーションによって決まります。たとえば、HTMLドキュメントでは<p>や<P>は段落の始まりを示します。しかし、XMLドキュメントでは<p>や<P>を別の目的で使うことも可能です。また、XMLでは、<段落>というタグに、HTMLのタグ<P>と同じ役割を持たせることも可能です。

●●● XMLドキュメントの構造

最初の例は、「こんにちは」というテキスト要素を1個だけ含む単純なXMLドキュメントでした。次にもう少し複雑なXMLドキュメントをみてみましょう。

リスト5.15は連絡先を表すXMLドキュメントの例です。

リスト5.15　連絡先XMLドキュメントの例
▶▶▶

```
<?xml version="1.0" encoding="UTF-8"?>
<連絡先>
<CODE>002525</CODE>
<氏名>二戸　丹子</氏名>
<TEL>2525-0110</TEL>
<FAX>2525-0111</FAX>
</連絡先>
```

◀◀◀

このXMLドキュメントでは、<連絡先>以降のデータを、<連絡先>と</連絡先>という2つのタグの間に記述しました。つまり、<CODE>、<氏名>、<TEL>、<FAX>などは、すべて<連絡先>の子になるように記述しています。

この状態をわかりやすくするために、次のリストのように<CODE>、<氏名>、<TEL>、<FAX>を、<連絡先>タグより右にずらして書くこともできます。

リスト5.16　連絡先XMLドキュメントの書き方を変えた例

```xml
<?xml version="1.0" encoding="UTF-8"?>
<連絡先>
    <CODE>002525</CODE>
    <氏名>二戸 丹子</氏名>
    <TEL>2525-0110</TEL>
    <FAX>2525-0111</FAX>
</連絡先>
```

このXMLドキュメントの最も基本的な要素は＜連絡先＞であり、＜連絡先＞はほかのすべてのタグの親（parent）です。つまり、このドキュメントは、図5.13のようなツリー構造であると考えることができます。

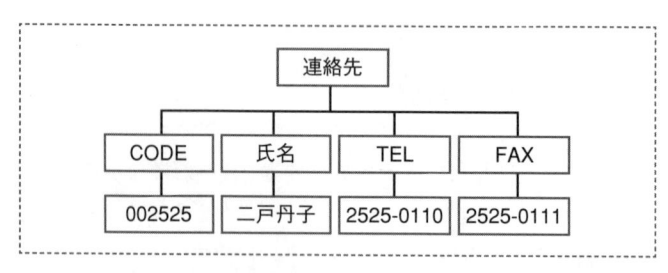

図5.13　連絡先データの構造

＜連絡先＞以外のほかのタグは＜連絡先＞の子（child）であるといいます。＜連絡先＞以外のタグは、＜連絡先＞という大きなオブジェクトに含まれていると考えることもできます。

ツリー構造で表現したときに、要素の内容テキストは、それ自身、要素の子要素のひとつであるという点に注目してください。

複数の連絡先をひとつのXMLドキュメントに記述することもできます。リスト5.17は2人の連絡先を記述したXMLドキュメントの例です。

リスト5.17　同じレベルの複数の子要素を持つXMLドキュメントの例

```xml
<?xml version="1.0" encoding="UTF-8"?>
<連絡先リスト>
  <連絡先>
    <CODE>002525</CODE>
    <氏名>二戸 丹子</氏名>
```

```
        <TEL>2525-0110</TEL>
        <FAX>2525-0111</FAX>
    </連絡先>
    <連絡先>
        <CODE>004111</CODE>
        <氏名>世衣 犬太</氏名>
        <TEL>1111-0110</TEL>
        <FAX>1111-0111</FAX>
    </連絡先>
</連絡先リスト>
```

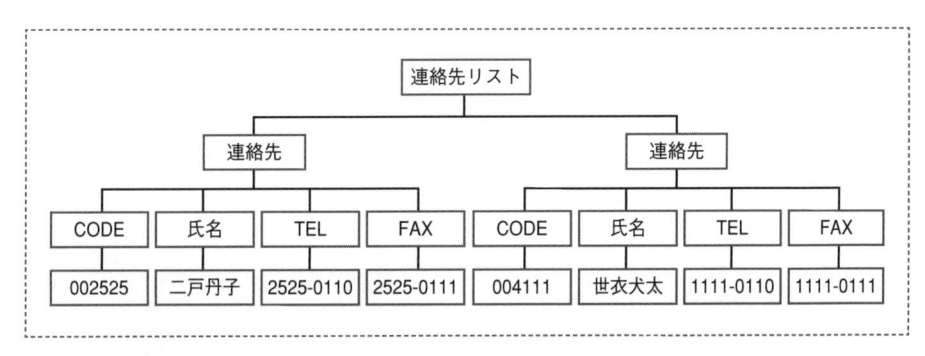

図5.14 連絡先リストデータの構造

　XMLドキュメントは、ただひとつのルート要素から枝葉が伸びた形式のツリー(木)構造で表現できるように記述したドキュメントでなければなりません。この場合、<連絡先>が2個になったので、2個の<連絡先>を包み込む新たなタグを作る必要があります。そこで、<連絡先>の親として<連絡先リスト>を作りました。

　この<連絡先リスト>のような、XMLドキュメントのほかのすべてのタグを囲む最も外側のタグを、XMLドキュメントでは特別な要素として扱います。これが**ルート要素**です。XMLドキュメントにはルート要素が必ず1個だけ存在しなければなりません。

　リスト5.17のドキュメントのタグ<CODE>は、個人を識別するために付けた情報です。したがって、「CODE」という情報は<氏名>に属する情報であると考えることもできます。そのような場合には、その情報をタグの属性として記述することができます。情報をタグの属性として記述したときの要素全体は、図5.15に示すような形式になります。

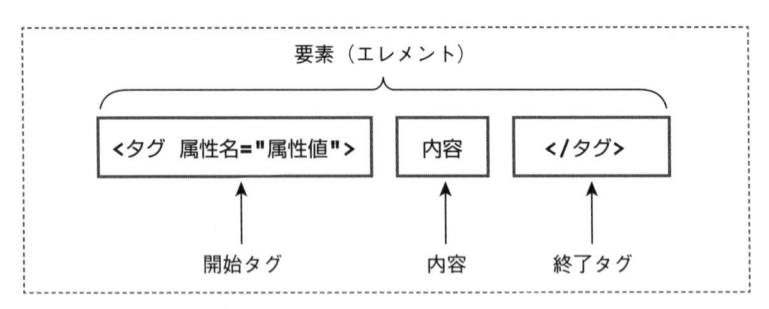

図5.15　単純なタグ付きテキスト

リスト5.18は「CODE」を<氏名>タグの属性として記述した例です。変更した連絡先データの構造を図5.16に示します。

リスト5.18　属性を使ったXMLドキュメントの例

```
<?xml version="1.0" encoding="UTF-8"?>
<連絡先>
    <氏名 CODE="002525">二戸 丹子</氏名>
    <TEL>2525-0110</TEL>
    <FAX>2525-0111</FAX>
</連絡先>
```

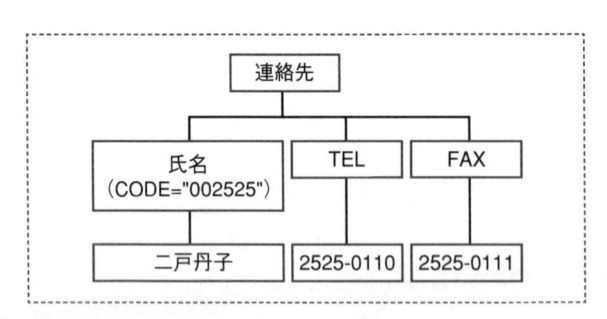

図5.16　変更した連絡先データの構造

リスト5.18では、「CODE」だけを<氏名>の属性にしましたが、「TEL」や「FAX」も<氏名>に属する属性とみなすことができます。そこで、これらのタグも<氏名>の属性として記述すると、リスト5.19のようなドキュメントになります。

リスト5.19　ひとつのタグに属性として情報を詰め込んだ例

```
<?xml version="1.0" encoding="UTF-8"?>
<連絡先>
  <氏名 CODE="002525" TEL="2525-0110" FAX="2525-0111">二戸 丹子</氏名>
</連絡先>
```

関連する情報をこのようにタグの属性として記述すると、XMLドキュメントの構造を明快にして扱いやすくすることができる場合があります。たとえば、リスト5.17に示した連絡先リストドキュメントを、リスト5.20のように記述することで、ドキュメントの階層がひとつ減り、データ構造が単純になります。

リスト5.20　属性値を利用した連絡先リストドキュメントの例

```
<?xml version="1.0" encoding="UTF-8"?>
<連絡先>
  <氏名 CODE="002525" TEL="2525-0110" FAX="2525-0111">二戸 丹子</氏名>
  <氏名 CODE="004111" TEL="1111-0110" FAX="1111-0111">世衣 犬太</氏名>
</連絡先>
```

情報を常に属性として記述するほうがよいというわけではありません。情報をタグの内容として書いても、ほかのタグの属性として書いても、情報が正しく伝わり、正しく処理されれば、書き方と内容には直接の関係はありません。しかし、その情報を利用するうえで、より適切なXMLドキュメントのデザイン（設計）方法が、ドキュメントの種類や使い方によって決まることがあります。

●●● XMLとHTML

　XMLとHTMLに含まれる情報としての価値はまったく異なります。XMLドキュメントでは名前に<氏名>タグを付けました。しかし、HTMLファイルではたとえば<h1>というタグを付けます。<h1>はレベル1の見出しであることを示すタグですから、タグの中身はレベル1の見出しであるということは明白です。しかし、それがどのような情報を表すのかということはHTMLドキュメントでは明らかではありませ

ん。一方、XML ドキュメントでは<氏名>タグが付いているので、それが名前であることが明白です。

XML ドキュメントでは情報の性質と情報の相互関係をより明確に表現することができます。しかし、HTML では、それが見出しであるか本文の段落であるかという程度のあいまいな性質しか伝えることができません。

● 練習問題

1. HTML で自分を紹介するドキュメントを作成してください。
2. XML で自分の情報を含むドキュメントを作成してください。

第6章 ソフトウェア

　現代の多くのコンピュータシステムは、OSと呼ぶ基本ソフトウェアの上で、アプリケーションソフトウェアを実行する方法をとっています。OSとアプリケーションソフトウェアは現在の多くのコンピュータシステムの重要な要素ですが、システムの中にはそれとは異なる構成のソフトウェアを使うものもあります。

6.1	システムソフトウェア
6.2	OS
6.3	マルチタスクOS
6.4	主な汎用OS
6.5	クライアント・サーバーシステム
6.6	アプリケーションソフトウェア
6.7	その他の応用

6.1 システムソフトウェア

プログラムは、大きく分けると、システムソフトウェアとアプリケーションソフトウェアに分類することができます。

●●● システムソフトウェアとアプリケーション

システムソフトウェア（System Software）は、システムを機能させるためのソフトウェアです。たとえば、基本ソフトウェアであるOSや、OSのような基本的なプログラムを読み込んで実行するためのプログラム、デバイスを制御するためのデバイスドライバがシステムソフトウェアです。システムを管理するためのユーティリティープログラムもシステムソフトウェアの中に含めることがあります。

一方、ユーザーが特定の目的を達成するために利用するプログラムは**アプリケーションソフトウェア**（Application Software）です。たとえば、ワードプロセッサ、表計算ソフトウェア、ゲームなどはアプリケーションソフトウェアです。

ファイルを操作するファイルマネージャや、システムの設定を変更するプログラムなどを、**ユーティリティーソフトウェア**（Utility Software）と呼ぶことがあります。しかし、アプリケーションソフトウェアとユーティリティーソフトウェアの区別や、ユーティリティーソフトウェアとシステムソフトウェアの区別は、必ずしも明確ではありません。以前はユーティリティーソフトウェアとして提供されていたものがOSの中に組み込まれることもあります。

専用システムの中には、システムソフトウェアを使わないで、ひとつのプログラムでシステムの制御から、その機器固有の機能の提供までを行うものがあります。たとえば、電子レンジや冷蔵庫のような家庭電化製品に組み込まれているシステムや、車に搭載されている各種の制御システムの中に、そのようなシステムがあります。

●●● OSを使わないシステム

初期のシステムは、紙テープやカードリーダーからプログラムを読み込ませて実行し、結果を出力するまでの一連の処理を独立した活動として実行していました。この

一連の処理を**バッチ処理**（Batch Processing）といいます。それぞれのプログラムの実行は、**ジョブ**（Job）と呼ばれ、あるジョブが終わらなければ次のジョブは実行されませんでした。そのため、近代的な OS に要求されるようなプログラムの起動や実行管理は、初期のシステムではコンピュータオペレーターの仕事であり、現代のような OS は必要ありませんでした。

現在の PC では、Windows や Linux のような汎用 OS を利用するのが普通ですが、現在でも、携帯機器や組み込み機器、特定の用途の専用システムなどには、OS を使わないものがあります。

専用機器の場合、ソフトウェアは専用で 1 種類または少数であるため、OS の役割のひとつであるプログラムの起動は、システムの起動コードから直接行うようにすることができます。起動したプログラムはそのまま実行し続けるので、プログラムの実行を管理する必要もありません。たとえば、冷蔵庫や電子レンジに組み込まれているシステムは、電源投入時から電源が切られるまで、ひとつのプログラムが実行され続けます。そのため OS を使う必要がありません。

OS のもうひとつの重要な役割である高度なファイルシステム管理は、専用機器では必要なく、入出力は I/O ポートを介して行うことができます。

●●● プログラムローダー

OS を使うか使わないかに関わらず、どんなシステムでもプログラムを起動するための機能が必要です。

プログラムを読み込んで実行するためのプログラムを**プログラムローダー**（Program Loader）といいます。プログラムローダーは、ROM あるいは磁気ディスクなどから、実行するプログラムを読み込みます。

OS を使わない専用システムの場合、読み込むプログラムはそのシステムの機能を実現するプログラムです。たとえば、コンピュータを内蔵した洗濯機の場合は、洗濯を行うためのプログラムを読み込み、電子レンジはその機能を使って調理するために必要なプログラムを読み込みます。

OS を使うシステムの場合、プログラムローダーは OS を読み込みます。OS は通常はハードディスクに保存されているので、プログラムローダーはハードディスクから OS を読み込んでアプリケーションを実行できる環境を作ります。

コンピュータを起動する過程を、**ブートストラップ**（Bootstrap）といいます。

一般的な OS のハードディスクからのブートストラップの過程は次のとおりです。

1) ユーザーがシステムの電源を入れる。
2) システムのマザーボードの中に保存されている **IPL**（Initial Program Loader）というプログラムが起動する。
3) ハードディスクの先頭にある **MBR**（Master Boot Record）という領域を読み込む。
4) MBRの内容からOSを起動するハードディスクのパーティション（領域）を決定する。
5) 起動パーティションのブートセクタと呼ばれる領域に保存されているプログラムを実行する。
6) ブートセクタに保存されているプログラムがハードディスクからOSをメモリに読み込んで起動する。

OSが起動すると、アプリケーションプログラムを起動する準備ができます。

●●●デバイスドライバ

デバイス（装置、周辺機器）を動作させるためのソフトウェアを**デバイスドライバ**（Device Driver）といいます。デバイスドライバは装置を制御するためのインタフェースをOSに提供します。たとえば、ビデオやサウンド、プリンタやスキャナのような装置を、OSを介してアプリケーションから操作できるようにします。

デバイスの仕様や制御方法は製品によって大きく異なります。しかし、ハードウェアの詳細の違いをデバイスドライバがある程度吸収します。そのため、デバイスドライバを使うことで、個々のハードウェアの詳細に関係なくアプリケーションプログラムを作ることができます。

デバイスドライバは特定のデバイスのために作られます。また、デバイスドライバはOSの種類によって作り方が異なるために、OSごとに用意する必要があります。そのため、必要とされるデバイスドライバの種類はとても多く、デバイスドライバの開発を専門とする人たちもいます。

デバイスドライバで制御されるデバイスは、次の2種類に分類されます。

・**ブロックデバイス**　　　一定の単位（ブロック単位）でデータの入出力を行うデバイス
・**キャラクタデバイス**　　1バイトずつデータの入出力を行うデバイス

ブロックデバイスであるかキャラクタデバイスであるかということは、対象となるデバイスで自動的に決まる場合もありますが、いずれとしても利用できるようにプログラマが決める場合もあります。

● 練習問題

1. システムソフトウェアとアプリケーションの違いを簡潔に述べてください。
2. 身の周りにある製品で、コンピュータが組み込まれている製品におけるソフトウェアの役割を考察してください。

6.2 OS

OS（Operating System）は、ファイルシステムの管理やファイルへのアクセス、プログラムの起動と実行管理のような、最も基本的な操作を行う基本的なソフトウェアです。

●●● OSの役割

OSは、プログラムを起動して、実行時に必要なCPUやメモリ、そのほかの**リソース**（Resource、**資源**）を管理します。たとえば、実行中の複数のプログラムにCPUを割り当てたり、メモリを割り当てたりします。また、実際に搭載されているメモリより大きなメモリ空間を提供する仮想メモリを管理するのもOSの役割です。

OSは、ユーザーからの指示を受け取ったり、結果をユーザーに提示する仕事も行います。そのために、OSはキーボードやディスプレイを管理します。また、OSは、デバイスドライバを介して、さまざまな装置を制御することも行います。

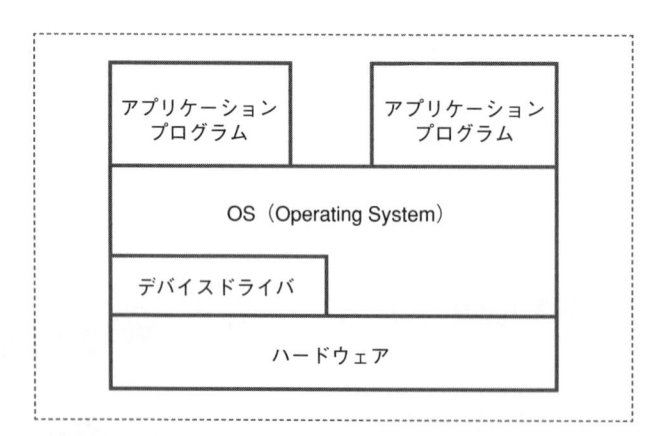

図6.1　OSとアプリケーションの関係の例

初期のOSは、ひとつのプログラムを起動して実行し、結果を出力するために最低限必要な作業だけを行っていました。やがて、OSは、**タイムシェアリング**（Time-Sharing）という技術を使って、複数のユーザーと複数のプログラムを管理するよう

になりました。タイムシェアリングは、CPU時間を細かく切り分けて、各ユーザーに順番に割り当てることで、複数のユーザーが同時にコンピュータを利用できるようにする技術です。

OSの中には、異なる種類のCPUで同じように機能するものがあります。たとえば、Linuxは、x86、Motorola 68k、Digital Alpha、SPARC、Mips、Motorola PowerPCという多様なCPUに実装されています。また、デバイスの詳細が異なっていてもアプリケーションからはOSを介して同じように扱えるようにすることがあります。OSの中で、このようにハードウェアを抽象化する層のことを**ハードウェア抽象化層**（Hardware Abstraction Layer、**HAL**）といいます。

OSの構造

OSはカーネルとシェルという2つの部分からできています。

OSの核となる部分を**カーネル**（Kernel）といいます。カーネルは、メモリやファイルを管理し、必要に応じてデバイスドライバと連携してさまざまなハードウェア資源を利用します。

ユーザーが操作したり結果を受け取るためのOSの部分を**シェル**（Shell）といいます。シェルは、OSのカーネルとユーザーの間のインタフェースのための部分であるといえます。

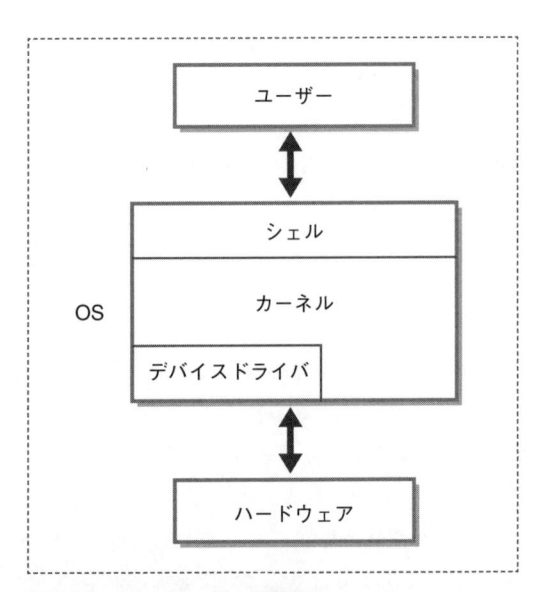

図6.2　OSとユーザーの関係

伝統的なシェルは、キーボードからの文字列によるコマンドを受け取ってプログラムを起動して実行し、結果をディスプレイに文字で出力します。このようなシェルには、たとえば、UNIX系OSのsh や csh、bashなどと、MS-DOSのcommand.com や Windowsのcmd.exeなどがあります。

また、シェルは、パイプやリダイレクトと呼ぶ機能を使って出力や入力を変更することもできます。**パイプ**（Pipe）はプログラムの出力を別のプログラムに渡す機能です。**リダイレクト**（Redirect）はファイルの出力を通常とは違うものに変更することです。たとえば、通常は画面に表示される情報を、リダイレクトを使ってファイルに保存することができます。

さらに、シェルはスクリプトを実行することもできます。

近代的なシェルの中には、**GUI**（Graphical User Interface）を使うものがあります。これは、マウスを使ってアイコンをクリックすることでプログラムを起動したり、ドラッグすることでファイルをコピーすることができるので、操作性がより高いと考えられています。

●●● ウィンドウシステムとの統合

もともとOSはプログラムを起動して実行を管理するために必要なだけのインタフェースを備えていました。一般的にはそれは**CUI**（Character-based User Interface）と呼ばれる、文字を使うインタフェースでした。CUIでは、「copy ab.txt cd.txt」や「cp ab.txt cd.txt」のようなコマンド文字列をキーボードから入力して操作します。

その後、UNIXのようなOSが普及してX Window Systemのようなウィンドウシステムが搭載されたり、MS-DOS上で初期のWindowsがウィンドウシステムとして利用されるようになりました。しかし、ウィンドウシステムが普及した当初は、ウィンドウシステムはOS上で動作するアプリケーションであり、OSとウィンドウシステムの境界は明確に分かれていました。

Macintoshがマウスを使うGUIのウィンドウシステムをOSと統合したシステムとして発表してから、PCではウィンドウシステムを使うことが一般的になってきました。Windowsも、MS-DOS上で稼動するアプリケーションから、OSの機能を含むソフトウェアへと変貌し、現在では、Windowsはウィンドウシステムを含むOSであるとみなすことができます。MacintoshやWindowsでは、通常はCUIのシェルを使う必要はなく、ほとんどの操作をマウスを使って行うことができます。

● **練習問題**

1. OSの役割を列挙してください。
2. 自分が使っているシステムのシェルで実行できる主なコマンドを調べてください。Windowsの場合はコマンドプロンプトで実行できるコマンドを調べてください。

6.3 マルチタスクOS

現代のOSの多くは同時に複数の作業を並行して行うことができます。

●●● マルチタスク

現代の高性能なOSの多くは、複数の**タスク**（Task、**作業**）を並行して行うことができるように設計されています。このような複数のタスクを実行できるOSを**マルチタスクOS**（Multi-Task Operating System）といいます。

マルチタスクのときには、複数のプログラムを制御する必要があるので、OSの役割は特に重要です。たとえば、メモリを複数のプログラムに適切に割り当てる必要があります。また、たとえば、あるアプリケーションがプリンタを使って印刷しているときに、別のアプリケーションで印刷を開始するような状況を考えてみましょう。OSはプリンタに印刷データを送るという現在の印刷作業を実行しながら、新たに開始した印刷のために、印刷データをファイルに一時的に保存します。そして、進行中の印刷が完了したら、次の印刷データをプリンタに送って新しい印刷作業を開始します。

●●● マルチタスクの仕組み

同時に複数の作業を行うマルチタスクを実現するためには、複数のCPUが必要になるようにみえます。しかし、マルチタスクは、複数のCPUを搭載していないシス

テムでも実現できます。これを実現するためには、CPUの時間を細分して、細分化したCPU時間（**タイムスライス**（Time Slice））をそれぞれのタスクに割り当てます。つまり、ある瞬間にはあるタスクを実行しますが、次の瞬間には別のタスクを実行することで、あたかも複数のタスクが同時に実行されているかのように動作させることができます。マルチタスクOSはこのような作業を円滑に進めるために必要な作業を行います。

プロセスとスレッド

　マルチタスクの環境で起動して実行しているプログラム一つひとつを**プロセス**（Process）といいます。
　マルチタスクOSでは、同じプログラムを複数実行することができるのが普通です。同じプログラムを2回起動した場合、そのシステムには、実行中のプログラムが2個存在することになります。それぞれを**インスタンス**（Instance）といいます。
　プロセスは**スレッド**（Thread）という独立して実行できるプログラム部分を起動することができます。プロセスには必ずメインスレッドがあり、さらに別のスレッドを起動すると**マルチスレッド**（Multi Thread）**プログラム**になります。マルチスレッドプログラムは、ひとつのプログラムの中で複数の作業を並行して行うことができます。たとえば、ワードプロセッサでは、メインスレッドでユーザーが文書を編集できるようにしつつ、バックグラウンドのスレッドで印刷を実行します。

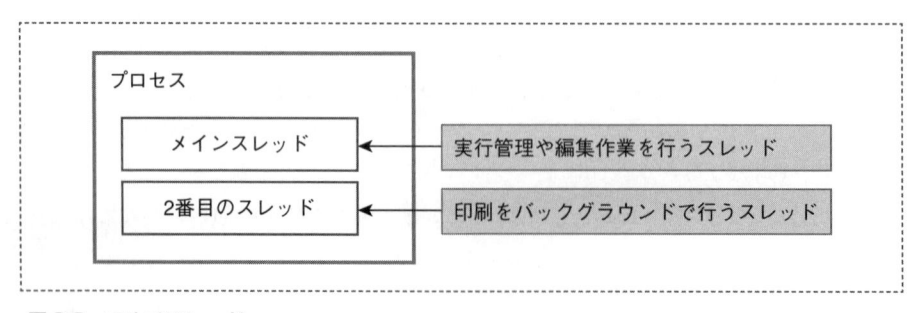

図6.3　マルチスレッド

●●●プライオリティ

マルチタスクOSでは複数のプログラムを同時に実行でき、ひとつのプロセスで複数のスレッドを実行できます。これを管理するのは**システムスケジューラ**（System Scheduler）です。システムスケジューラがいずれかのプロセスのメインスレッドに実行制御を渡すと、そのプロセス（プログラム）が実行されます。

スケジューラは、実行の順序をプロセスの**プライオリティー**（Priority、**優先順位**）に従って決定します。そのため、優先順位の低いプロセスは、優先順位の高いプロセスが完了するまで待たなければなりません。ひとつのプログラムの中では、プライオリティの高いスレッドが優先的に実行されます。

プログラマは、より重要で優先して実行したいプロセスやスレッドに、より高い優先順位を指定することができます。

●●●競合の回避

マルチタスクやマルチスレッドの環境では、実行されている複数のプロセスやスレッドがコンピュータのリソース（資源）を同時に使おうとするという問題が発生する可能性があります。たとえば、あるプログラムがあるデータの内容を変更しようとしているときに、同じデータの内容を別のプログラムが読み込みしようとする状況を考えてみましょう。プログラムが読み込む値は、データが変更される以前と以後では異なります。変更される前の値を読み込むようにするなら、そのプログラムがそのデータを使い終わって支障がなくなってから、別のプログラムがデータを変更するようにしなればなりません。変更されたあとの値を読み込むようにするためには、データの内容を変更するプログラムの動作中にほかのプログラムがそのデータの内容にアクセスできないようにして、変更が完了したらデータを読み込むプログラムがデータにアクセスできるようにする必要があります。

複数のプロセスやスレッドが同じリソースに同時にアクセスしないようにする方法として、普通、クリティカルセクション、ミューテックス、セマフォのいずれかを使います。

クリティカルセクション（Critical Section）は、共有リソースへの排他的なアクセス権を獲得できるようにすることで、クリティカルな（重要で微妙な調整作業を必要とする）部分の実行を制御する仕掛けです。

ミューテックス（Mutex）は、クリティカルセクションに似た、リソースに排他アクセスできるようにするための技術ですが、複数のプロセス間で同期をとることができるという点が、クリティカルセクションとは違います。

セマフォ（Semaphore）は特定のリソースに複数のスレッドがアクセスすることができるようにしたいときに使います。たとえば、MIDIポートが2個あって、3つのスレッドで共有したいようなときに使うことができます。

●●●デッドロック

競合を回避するためにクリティカルセクション、ミューテックス、セマフォなどを使うと、両方のプログラムがどちらも停止してしまうことがあります。たとえば、プログラムAとプログラムBが共にデータ1とデータ2を使う必要があるとします。プログラムAがデータ1を使い、さらにデータ2を使おうとしているときに、プログラムBがデータ2を使っていると、プログラムAはデータ2が使えるようになるのを待ち、一方、プログラムBはデータ1を使えるようになるのを待ち続けます。このように、どちらのプログラムも動けない状況を**デッドロック**（Deadlock）といいます。

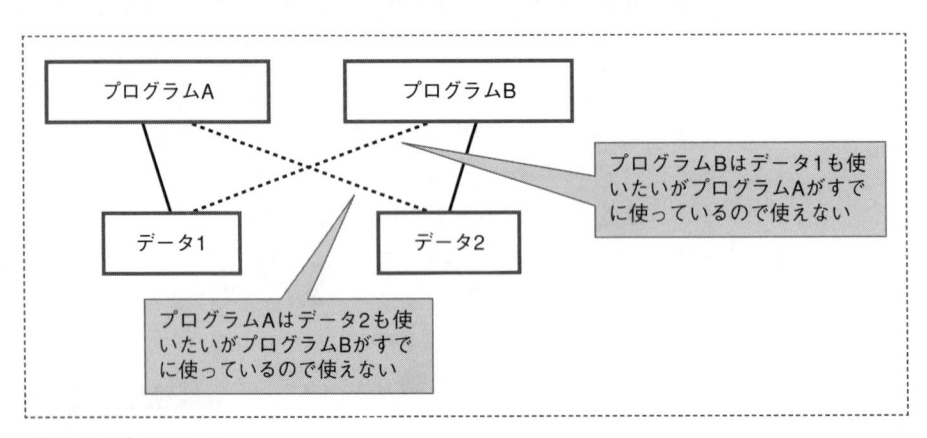

図6.4　デッドロック

デッドロックを避けるためには、プログラムの実行に必要なリソースを一度に獲得するようにします。たとえば、プログラムAでデータを使う必要性が発生したら、必要なデータであるデータ1にアクセスすると共にデータ2にもアクセスします。しかし、必要なリソースを一度に獲得するようにしてもデッドロックが発生することがあります。そのような場合には、いったん獲得したリソースを解放してほかのプログラ

ムが利用できるようにして、しばらくしてから再び実行に必要なリソースを一度に獲得するようにします。

　本来は共有できないリソースを共有できるようにする方法もよく使われます。たとえば、プリンタは複数のプログラムが同時に共有することはできませんが、印刷するデータをいったんファイルに保存し、すべての印刷データを保存し終わったら、ファイルの印刷を開始するようにすることで、あたかもプリンタを共有しているかのようにすることができます。このテクニックは**スプーリング**（Spooling）と呼ばれ、さまざまな規模のシステムでよく使われています。

マルチユーザー

　現代の高性能なOSの多くは、複数のタスクを実行できるだけでなく、複数のユーザーが同時に利用できるように設計されています。このようなOSを**マルチユーザー**（Multi User）のOSといいます。

　マルチユーザーのシステムは、複数のユーザーが複数のプログラムを実行するので、マルチタスクに必要な条件と同様の条件が必要になります。同時に、複数のユーザーがログインできるように、ユーザーごとに実行環境を作る必要があります。さらに、複数のユーザーがコンピュータのリソースを有効に使えるように調整する必要もあります。たとえば、一人のユーザーが使うことができるハードディスクの量を制限して、ハードディスクの大部分を特定のユーザーが専有しないようにします。

練習問題

1. 複数のプログラムが同時に実行されているときに発生する可能性がある問題を列挙してください。
2. 2つのプログラムが同時に同じメモリを変更しようとするのを防ぐための方法を挙げてください。

6.4 主な汎用OS

現在では、いろいろなシステムで汎用OSが広く使われています。現在、幅広く使われているOSには、以下のようなものがあります。

●●● UNIX系OS

UNIX（「ユニックス」と読む）は、1968年にアメリカAT&T社のベル研究所で開発されたOSです。

UNIXは、C言語で記述され、ソースコードが配布されたために、多くのシステムに移植されて普及しました。そのため、多くの異なる版があります（表6.1）。これらを総称的にUNIXと呼んだり、UNIX系OSと呼びます。しかし、正確には、SPEC1170と呼ばれる技術仕様を満たしたOSだけが、正式にUNIXを名乗れることになっています。

表6.1　UNIX系OS

名称	開発者または管理者
BSD	カリフォルニア大学バークリー校（UCB）
Solaris	Sun Microsystems社
SunOS	Sun Microsystems社
HP-UX	Hewlett Packard社
AIX	IBM社
IRIX	SGI社（旧Silicon Graphics社）
UnixWare	Caldera Systems社（旧Santa Cruz Operations社）
FreeBSD	プロジェクトに参加している開発者チーム
Linux	Linus Torvalds氏

UNIX系OSの互換性を確保するために、**ISO**（International Organization for Standardization、**国際標準化機構**）によって、最低限備えるべき技術仕様として

POSIX（Portable Operating System Interface for UNIX）がまとめられています。多くのUNIX系OSがPOSIXに準拠しているだけでなく、ほかの種類のOSでもPOSIXを視野に入れているものがあります。たとえば、Windows NT/2000/XPはPOSIXをサポートしていて、POSIXサブシステムでPOSIX仕様のプログラムを実行できるようになっています。

UNIXは、当初から完全なマルチタスク機能やネットワーク機能を搭載し、安定性に優れていることから、サーバーによく使われています。また、コアが堅実で豊富なソフトウェア資産があるので、クライアントOSとしても使われているだけでなく、Mac OS XをはじめとするさまざまなOSのベースとしても使われています。

UNIX系OSの中でも、LinuxやFreeBSDはソースコードの入手が容易でプログラムに関する情報も多いので、OSの開発に興味のある一般のプログラマが容易にOSの構造を調べたり変更することができます。また、タネンバウム（Andrew S. Tanenbaum）教授によって作られたUNIX的な教育用のOSとしてMinixがあります。

UNIX系OSでは、ウィンドウシステムに一般に**X-Window System**（特にその中でもフリーのウィンドウシステムである**XFree86**）が使われます。しかし、ウィンドウシステムはOSに統合されていません。そのため、ほかのウィンドウシステムを使うことも可能です。また、伝統的なCUIのシェルとコマンドが比較的頻繁に使われます。

UNIX系OSではシェルをユーザの好みに応じて選択することができます。

●●● Windows

WindowsはPCの世界で最も普及しているOSです。

Windowsは、当初はOSのひとつであるMS-DOS上で実行する、ウィンドウシステムを提供するプログラムでした。初期のWindowsを使うユーザーは、MS-DOSをセットアップしたあとでWindowsをインストールし、さらにWindowsアプリケーションをインストールする必要がありました。

現在のWindowsは、それ自身がOSの役割を果たしていると共に、ウィンドウシステムでもあるという点で、伝統的なOSとは異なります。また、現在のWindowsは、ネットワーク機能やサウンドやビデオなども統合したひとつの実行環境になっています。

Windowsではエクスプローラ（Explorer）やコマンドプロンプトがシェルに相当します。

Mac OS

Mac OS（Apple Macintosh Operating System）は、Macintoshのコンピュータ専用のOSです。ほかのOSが一定の仕様に準拠する多数のシステムに対応しているのに対して、Mac OSは専用のハードウェアのために開発されています。そのため、ハードウェアとの連携が緊密です。たとえば、Mac OSではCD-ROMやDVDだけでなく、フロッピーディスクの挿入の検出や取り出し（イジェクト）のソフトウェア的な制御も初期の頃から実現されています。

Mac OSはユーザーにシェルやアプリケーションの存在を意識させない優れた操作性が特徴です。

現在のMac OS XはUNIXベースのOSになりましたが、優れたGUIやOSの存在を感じさせない操作性が提供されています。

MS-DOS

MS-DOSはマイクロソフト社が開発した**ディスクオペレーティングシステム**（Disk Operating System、**DOS**）です。ディスクオペレーティングシステムという名前が付けられたのは、フロッピーディスクやハードディスクの操作やアクセス、ディスクからのプログラムのロードなどの機能が含まれていることが強調されたためです。これには、MS-DOSの開発当時は、ディスクの使用がまだ必ずしも一般的ではなかったという背景があります。

その他のOS

OSはハードウェアと密接な関係を持っています。そのため、ハードウェアの設計に際してOSが新たに開発されたり、既存のOSの一部が変更されて特定のハードウェアに搭載されることがあります。そうしたOSの大部分は、一般にはその情報の詳細は公開されません。

一般に知られているハードウェアと密接な関係があるOSの代表的なものに、携帯機器用のOSがあります。携帯機器用のOSとしては、たとえば、Symbian OS（シンビアンOS）、Windows CE、Palm OS（パームOS）などがあります。

● 練習問題

1. 現在使っているOSの種類とバージョン（リビジョン）をできるだけ詳しく調べてください。
2. 現在使っているOSに含まれている主なユーティリティーソフトウェアを列挙してください。

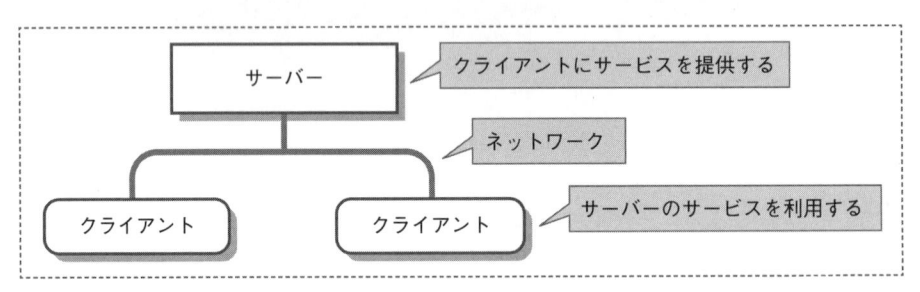

6.5 クライアント・サーバーシステム

システムを、サービスを提供するサーバーと、サービスを利用するクライアントに分けたシステムをクライアント・サーバーシステムといいます。さまざまなクライアント・サーバーシステムが利用されています。

●●●クライアント・サーバーシステム

サービスを提供するシステムを**サーバー**（Server）といいます。サーバーが提供するサービスを利用するシステムを**クライアント**（Client）といいます。サービスを提供するサーバーと、サービスを利用するクライアントとで構成したシステムを**クライアント・サーバーシステム**といいます。サーバーとクライアントはネットワークで接続され、サーバーは複数のクライアントにサービスを提供します。

図6.5 クライアント・サーバーシステム

いろいろなレベルの、さまざまなクライアント・サーバーシステムが利用されています。たとえば、データベースのデータを提供するサーバーはデータベースサーバーで、印刷機能を提供するサーバーはプリントサーバーです。

表6.2 クライアント・サーバーシステムの種類

種類	機能
Webサーバー	Webページやその他の情報を提供する。
データベースサーバー	データベースのデータを提供する。
ファイルサーバー	ファイルのデータを提供する（データベースサーバーを含むこともある）。
プリントサーバー	印刷機能を提供する。

クライアント・サーバーシステムは、サーバーに資源や機能を集中することができるので、クライアントをシンプルにすることができます。一方、ネットワークの性能に影響され、サーバーに負荷が集中するとサービスの提供がスムーズに行えなくなることがあります。

> **Note** 動的にIPアドレスを割り当てるDHCPサーバーのように、単純な情報を提供するサーバーもありますが、一般的には単純な情報を提供するだけのものはクライアント・サーバーシステムには含めません。

●●● ファットとシン

　一般的なクライアント・サーバーシステムのクライアントは、**ファットクライアント**（Fat Client）といいます。ファットクライアントは、アプリケーションを実行して何らかの処理をするクライアントです。

　アプリケーションソフトやファイルなどの資源の大部分を提供するサーバーを**ファットサーバー**（Fat Server）または**重量サーバー**といいます。ファットサーバーに接続する、最小限の機能だけを持ったクライアントを**シンクライアント**（Thin Client）または**軽量クライアント**といいます。ファットサーバーとシンクライアントの組み合わせは、資源をサーバーに集中することができ、アプリケーションのインストールやハードウェアのメンテナンスにかかるコストを削減できます。また、シンクライアントには小型軽量で安価なシステムを使うことができます。

　このほかに、アプリケーションの実行環境だけを搭載し、必要に応じてアプリケーションをダウンロードして実行するクライアントがあります。このようなクライアントを、**リッチクライアント**（Rich Client）といいます。

● 練習問題

1. クライアント・サーバーシステムの長所と短所を列挙してください。
2. Webサーバーのクライアントアプリケーションの名前を挙げてください。

6.6 アプリケーションソフトウェア

　工業はもちろん、農林水産業のような第1次産業からサービス・流通のような第3次産業、そしてエンターテイメントの分野まで、コンピュータを実際に応用する分野は広範です。そして、それぞれの応用分野で使われる技術はさまざまです。

●●●アプリケーションプログラム

　多くのユーザーが実際に直接使うプログラムは、**アプリケーション**（Application、**応用**）**プログラム**です。

　アプリケーションプログラムは、普通、OSのシェルから起動して実行します。

　さまざまなアプリケーションプログラムの実行プラットフォームとして、PC（Personal Computer）が幅広く使われています。コンピュータといえば、PCとWindowsまたはUNIX系OSの組み合わせの上でアプリケーションプログラムが実行されている状況を指すことがほとんどになってきました。

　専用システムの中にも、PCと汎用OSを使うものが数多くあります。Windowsシステムは、現在では、さまざまな業務ソフトウェアの重要なプラットフォームです。さらに、表計算ソフトウェアやデータベースのようなアプリケーションが業務ソフトウェアの開発に使われることがあります。たとえば、起動すると販売管理システムとして機能するソフトウェアの中には、OSにはWindowsが使われ、システムの核となるソフトウェアとしてデータベースソフトウェアのMicrosoft Accessが使われているものがあります。

　アプリケーションプログラムは、メインプログラムと複数のライブラリで構成されていることがあります。**ライブラリ**（Library）は、実行可能な一連の機能をまとめたプログラムファイルで、そのアプリケーション専用のライブラリである場合も、複数のアプリケーションで共有するライブラリである場合もあります。

　特定のアプリケーションのインストール方法や操作方法については、コンピュータサイエンスの領域ではありません。しかし、アプリケーションの種類やそのデータについて知っておく必要があります。以降では主なアプリケーションの分野とその概要を解説します。

Web・インターネット

インターネット（Internet）は多くの一般の人々にとって日常生活に不可欠のものとなりました。

インターネット上に公開されているいわゆる**ホームページ**（**Web ページ**）を閲覧するソフトウェアは、**Web ブラウザ**（Web Browser）です。Web ブラウザは、Web ページを閲覧するだけでなく、座席の予約や商取引、電子会議などにも使われるようになっています。

インターネット上に Web ページを公開するシステムは **Web サーバー**（Web Server）です。Web サーバーは、Web ブラウザからのリクエストに応じて Web ページを Web ブラウザに送り返したり、Web ブラウザからのリクエストに応じてプログラムを実行してその結果を送り返したります。初期の Web サーバーはテキストドキュメントを返すだけでしたが、現在ではいろいろなサービスを提供します。イメージやサウンド、ビデオはもちろんのこと、Web サービスの形でプログラム（アプリケーションコンポーネント）も提供するようになりました。Web サービスでは情報の交換に XML が使われ、データアクセスのプロトコルとして **SOAP**（Simple Object Access Protocol、「ソープ」と読む）を使います。

メーラー（Mailer）は、メールを作成してメールサーバーに送信し、メールサーバーのメールボックスにあるメールを受信するソフトウェアです。多数の相手に同じ内容のメールを送付するための同報メールを作成して配信するソフトウェアや、ニュースを購読できるプログラムもあります。

オフィス

ワードプロセッサは、ほとんどどの汎用システムでも使われるアプリケーションです。また、PC では表計算ソフトウェアやデータベースがよく使われます。これらのソフトウェアは、まとめて**オフィスアプリケーション**（Office Application）と呼ぶことがあります。

▶ ワードプロセッサ

文章を作成したり編集したりするためのソフトウェアである**ワードプロセッサ**（Word Processor）は、最も頻繁に使われるアプリケーションソフトウェアのひとつで

す。ワードプロセッサのデータは、一般的には書式付きテキストですが、ファイルに保存されるときの形式はソフトウェアによって異なります。HTMLファイルやXMLファイルもワードプロセッサのデータファイルとして使われることがあります。

現在の高機能のワードプロセッサの多くは、単なるテキスト編集のための道具ではなく、文章を校正したり、文章の間違いを検出して修正するような機能も備えています。これらの機能を実現するために、AIの技術（「第11章　AIとニューロコンピュータ」）が使われることがあります。

書式や図表などを含まない純粋な文字列だけのデータを**プレーンなテキスト**（Plain Text）といい、そのようなデータを編集するプログラムを**テキストエディタ**（Text Editor）といいます。テキストエディタは、多くのシステムで利用可能で、ソースプログラムや設定ファイルの編集などによく使われます。

表計算ソフトウェア

表形式で情報を管理したり、集計したりできるソフトウェアを、**表計算ソフトウェア**または**スプレッドシート**（Spread Sheet）といいます。

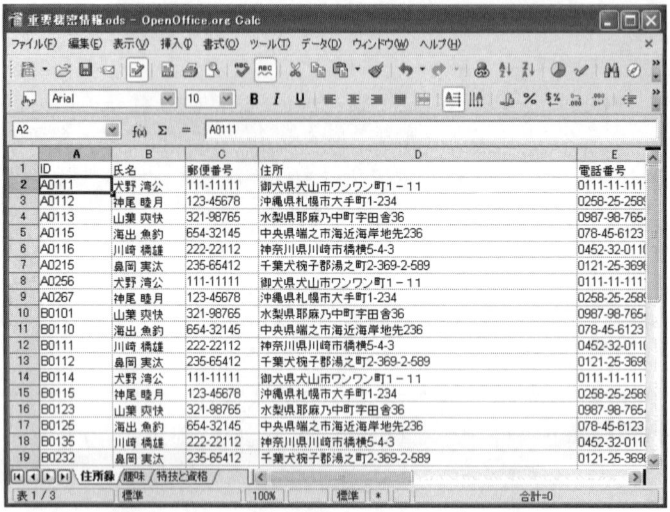

	A	B	C	D	E
1	ID	氏名	郵便番号	住所	電話番号
2	A0111	犬野 湾公	111-11111	御犬県犬山市ワンワン町1－11	0111-11-111
3	A0112	神尾 睦月	123-45678	沖縄県札幌市大手町1-234	0258-25-258
4	A0113	山葉 爽快	321-98765	水梨県耶麻乃中町宇田舎36	0987-98-765
5	A0115	海出 魚釣	654-32145	中央県端之市海近海岸地先236	078-45-6123
6	A0116	川崎 橋雄	222-22112	神奈川県川崎市橋横5-4-3	0452-32-011
7	A0215	鼻岡 実汰	235-65412	千葉犬椀子郡湯之町2-369-2-589	0121-25-369
8	A0256	犬野 湾公	111-11111	御犬県犬山市ワンワン町1－11	0111-11-111
9	A0267	神尾 睦月	123-45678	沖縄県札幌市大手町1-234	0258-25-258
10	B0101	山葉 爽快	321-98765	水梨県耶麻乃中町宇田舎36	0987-98-765
11	B0110	海出 魚釣	654-32145	中央県端之市海近海岸地先236	078-45-6123
12	B0111	川崎 橋雄	222-22112	神奈川県川崎市橋横5-4-3	0452-32-011
13	B0112	鼻岡 実汰	235-65412	千葉犬椀子郡湯之町2-369-2-589	0121-25-369
14	B0114	犬野 湾公	111-11111	御犬県犬山市ワンワン町1－11	0111-11-111
15	B0115	神尾 睦月	123-45678	沖縄県札幌市大手町1-234	0258-25-258
16	B0123	山葉 爽快	321-98765	水梨県耶麻乃中町宇田舎36	0987-98-765
17	B0125	海出 魚釣	654-32145	中央県端之市海近海岸地先236	078-45-6123
18	B0135	川崎 橋雄	222-22112	神奈川県川崎市橋横5-4-3	0452-32-011
19	B0232	鼻岡 実汰	235-65412	千葉犬椀子郡湯之町2-369-2-589	0121-25-369

図6.6　表計算ソフトウェア（OpenOffice.org Calc）

この種のソフトウェアは、それ自身がアプリケーションとして使われるだけでなく、マクロや簡易言語などを使って会計処理システムなどを作成するための一種の開発システムとして使われることがあります。

表計算ソフトウェアのデータは、それぞれのアプリケーション固有の形式で保存

されますが、データを**カンマ区切りデータ**（Comma Separated Values、**CSV**）として保存したり、CSVデータを読み込むことができるようになっている場合がよくあります。

▶ データベース

多数のデータを管理するために、**データベースアプリケーション**（Database Application）がよく使われます。

一般的によく使われるデータベースプログラムは、**リレーショナルデータベース管理システム**（Relational DataBase Management System、**RDBMS**）です。データベース管理システムは、アプリケーションとして使われるだけでなく、マクロや簡易言語などを使って集計処理システムなどを作成するための一種の開発システムとして使われることがあります。

データベースでは、データは一般的にレコードと呼ぶ単位で扱います。レコードがファイルに保存されるときには、それぞれのデータベース固有の形式で保存されます。

参照⇒「8.4　データベース」

▶ プレゼンテーション

会議や発表会などで説明する作業をプレゼンテーションと呼びます。そのためのデータを作成し表示するためのソフトウェアを**プレゼンテーションソフトウェア**（Presentation Software）といいます。

PCを使ってプレゼンテーション用の資料を作成したり、プレゼンテーションにPCを使うことを、特に**デスクトッププレゼンテーション**（DeskTop PResentation、**DTPR**）と呼ぶことがあります。

プレゼンテーション用のスライドを作成するだけでなく、アイデアをまとめて整理したり、配布用の資料を作成できるアプリケーションもあります。

Windows用のソフトウェアとしてはMicrosoft PowerPointがあります。Macintosh用のソフトウェアとしてはPowerPoint、クラリスインパクトなどがあります。また、動画を使ったプレゼンテーションにはMacromedia Directorなどが使われます。

第6章　ソフトウェア

●●●業務アプリケーション

　　会計や販売管理などでは、特定の業務のために作られたアプリケーションが使われることがあります。また、さまざまな分野の設計や構造計算などの高度な業務にも、専用のソフトウェアが使われます。

　　これらのアプリケーションは、それぞれの業務に合わせて開発されます。その際に、汎用プログラミング言語を使って開発されることもあり、表計算ソフトウェアやデータベースのマクロや内臓されているプログラミング言語を使って作成されることもあります。

　　そのほか、経営を効率化するために企業の経営資源を統合的に管理するためのソフトウェアパッケージとして**ERP**（Enterprise Resource Plannning）と呼ばれるものがあります。これは、**ビジネスパッケージ**と呼ばれることがあります。

●●●サウンド

　　PCで音楽を扱うことを、**デスクトップミュージック**（DeskTop Music、**DTM**）といいます。

　　デスクトップミュージックでは、MIDI（Musical Instrument Digital Interface）とウェーブフォームオーディオ（Waveform Audio）という2種類のデータがよく使われます。

　　参照⇒「3.6　さまざまなデータ」の「サウンド」

　　コンピュータの利用で、従来の楽器や声では表現できないサウンドの作成が可能になりました。

●●●グラフィックス

　　コンピュータグラフィックス（Computer Graphics、**CG**）は、コンピュータの応用分野の中でも特に目覚しい成果をあげているもののひとつです。

　　2次元グラフィックス（Two Dimensional Computer Graphics、**2DCG**）の応用分野は、地図（地理）情報システム、CAD（Computer Aided Design、コンピュータ支援設計）、デジタル写真技術など、さまざまな分野があります。

3次元グラフィックス（Three Dimensional Computer Graphics、**3DCG**）は、特にエンターテイメント（映画）、教育訓練（シミュレーター）などで活用されています。

さらに、2次元グラフィックスや3次元グラフィックスは、グラフィックスそのものをターゲットとするのではなく、ほかの分野の基盤技術のひとつとして広範に利用されています。

参照⇒「6.7　その他の応用」

● 練習問題

1. 日常使うアプリケーションソフトウェアの種類と用途を整理してください。
2. 自分のシステムで利用可能なWebブラウザの名前をインターネットでできるだけたくさん調べて列挙してください。

6.7 その他の応用

　コンピュータは現在ではほとんどあらゆる分野に応用されていますが、コンピュータサイエンスと関連して特に注目されている分野がいくつかあります。いずれの分野も、その中のひとつがひとつの研究課題になるような高度な応用です。

●●● 医用コンピュータ

　医学的な診断に、コンピュータグラフィックスの技術が使われています。従来はレントゲン線を使いフィルムを感光させて得た2次元の画像を人間が読み取っていたものが、現在ではさまざまな方法でデジタル画像を得ることができ、そのようにして得た画像をさらに電子的に加工して解析することで診断に役立てることができます。たとえば、患者の体の一部を撮影した画像から癌細胞のような特定の情報を抽出して診断に役立たせようとする試みがあります。これらは2次元グラフィックスや3次元グラフィックスの応用分野です。

　医療分野では、そのほかにもさまざまな検査や診断にコンピュータがますます使われています。

●●● 宇宙航空技術

　コンピュータは宇宙開発技術の一部として飛躍的に発展したという経緯があります。

　航空宇宙技術は、正確できわめて確実なシステムを、コンパクトで軽量なシステムとして開発しなければならないという制約があるため、多くの新しい技術や材料が投入されます。その結果、多数の先進的なアイデアが研究されて実用化されています。

　グラフィックスを応用して、航空写真や宇宙から撮影した画像を加工・解析し、埋蔵資源や遺跡などを探すことも行われています。

●●●教育

　さまざまな分野の教育に、コンピュータが利用されています。教室では従来の黒板やノートに代わってコンピュータが利用され、これまでにない質と量の情報が教育にもたらされています。また、インターネットの普及によって、僻地や発展途上の場所でも最先端の教育の機会が与えられる可能性が出てきました。

　自習（独習）のためのさまざまな教育ソフトウェアも開発されて活用されています。また、航空機の操縦や鉄道の運転技術の習得などにはシミュレーターが使われます。

図6.7　シミュレーター（汎用飛行シミュレータ、写真提供：宇宙航空研究開発機構（JAXA））

●●●生物・化学

　遺伝子の研究は高性能なコンピュータのおかげで飛躍的に進みました。これまでにない性質を持った植物や動物を作ることができるだけでなく、既存の動植物の欠点や問題点を改善する試みも行われています。また、コンピュータで解析したりシミュレーションしたりできるようになって、従来より早く確実に安全に新しい化学物質を合成したり、遺伝子の組み換えをシミュレーションできるようになりました。

農林水産業

　農林水産業は、従来はその産業に従事する人たちの経験に頼っていました。しかし、現在ではさまざまな面でコンピュータが活用されています。育成・飼育環境の制御、資源の調査と探査、天候や生産量と消費量の予測、品質の判定や選別などにコンピュータが活用されています。

　発光ダイオードを光源とし、空調で温度と湿度を制御された、コンピュータで管理された植物の生育空間が、病害虫の発生がない、農薬のいらない農業施設として研究開発されています。

図6.8　人工の農場（パソナO_2）（写真提供：（株）パソナ）

練習問題

1. 最近話題になっているコンピュータの応用分野を挙げてください。
2. コンピュータそのものの研究開発と、コンピュータの応用分野の研究開発の目的の違いを簡潔に説明してください。

第7章 データ構造

　コンピュータの中のデータの実態は、連続するメモリに保存されているバイトの値です。そのデータを一定の形式で扱うと、より効率的に扱うことができる場合があります。コンピュータでよく使われるデータ構造には、配列やリスト、スタックなど、さまざまな構造があります。

7.1　データ型と構造

7.2　配列

7.3　リスト

7.4　スタック

7.5　キュー

7.6　ツリー

7.7　カスタムデータ構造

7.1 データ型と構造

日常生活では情報の種類を意識的に区別する必要があることはあまりありません。しかし、コンピュータで多くのデータを扱うためには、データの種類を厳格に区別する必要があります。

●●● データ型

データ型（Data Type）とはコンピュータで扱うデータの形式のことです。

コンピュータでデータとして扱う数値や文章のような情報には、その性質上、同じようには扱えないものがあります。たとえば、文字列データである名前と、数値である金額を加算しても意味がありませんし、実際に意味のある演算はできません。また、アルファベットの文字1文字のように1バイトで表現できるデータと、長い文字列のように数バイトかそれ以上の長さの記憶領域（メモリ）を使わないと表現できないデータがあり、このようなデータを無秩序に混在させるとメモリや演算の効率が悪くなります。

コンピュータでは、このような性質が異なるデータをいくつかの型に分類して扱います。

データ型はプラットフォームやプログラミング言語によって異なりますが、伝統的なプログラミング言語では、おおむね表7.1に示すように分類することが多いといえます。

表7.1 データ型の分類

型	データ
ブール型	真（True）と偽（False）のいずれかを表す型。
整数型	整数値、文字の値（文字コード）。
実数型	実数（小数点以下の桁がある値）。
日付時刻型	日付や時刻を表す型。
通貨型	金額を表す型（大きな数値になっても精度が損なわれない型）。
文字列型	文字列を表す型。

プログラミング言語にあらかじめ組み込まれているデータ型を、**組み込みデータ型**（Built in Data Type）といいます。実際の組み込みデータ型の詳細はプログラミング言語によって異なります。たとえば、C言語では文字型はありますが、文字列型はありません。文字列は文字の配列として表現します。

●●● データ構造

　同じデータ型の値を集めたり、異なるデータ型の値を組み合わせて、データの構造を作ることができます。これを**データ構造**（Data Structure）といいます。

　データ構造を使うと、データをまとめて扱うことができるので、効率よく扱うことができるようになります。たとえば、文字を繋げて扱うと文字列として扱うことができます。また、たとえば、ID、氏名、住所、電話番号などをひとつのデータ構造にまとめると、その構造のデータをIDで1個検索するだけで、氏名や住所、電話番号を知ることができます。

　基本的なデータ構造には、配列、リスト、スタック、キュー、ツリーなどがあり、またプログラマが独自のデータ構造を定義できる場合があります。これらについては、このあとで検討します。

　データ構造には、**静的データ構造**（Static Data Structure）と**動的データ構造**（Dynamic Data Structure）があります。静的データ構造は、実行中にデータ全体が変化しないデータ構造です。あとでみる配列は静的データ構造です。動的データ構造では、データが追加されたり削除されて、データの大きさが変わります。リストは動的データ構造です。

　動的データ構造では、データが増えたり減ったりした結果、メモリ領域に不連続な部分ができて、無駄になることがあります。このような無駄な領域を集めて再利用できるようにすることを**ガベージコレクション**（Garbage Collection）といいます。

●●● ポインタ

　ポインタ（Pointer）は、ほかのデータを指すものです。ポインタには「指し示すもの」という意味があります。一般的には、メモリやメモリ領域の先頭アドレスを指すものをポインタといいます。ただし、ポインタという言葉はほかにも使われます。たとえば、ディスクファイル上の現在のアクセス位置を指すものを**ファイルポインタ**と

呼びます。また、マウスの現在の位置を指している画面上のオブジェクト（通常は矢印型）のことを**マウスポインタ**といいます。HTMLファイルをクリックするとほかのページにジャンプする**リンク**も、一種のポインタです。

　単にポインタと呼ぶ場合は、普通はメモリ上の値を指すポインタのことをいいます。この場合、ポインタはメモリ上の値を指していますから、ポインタの値は**メモリアドレス**です。したがって、ポインタのサイズとアドレスのサイズは同じです。

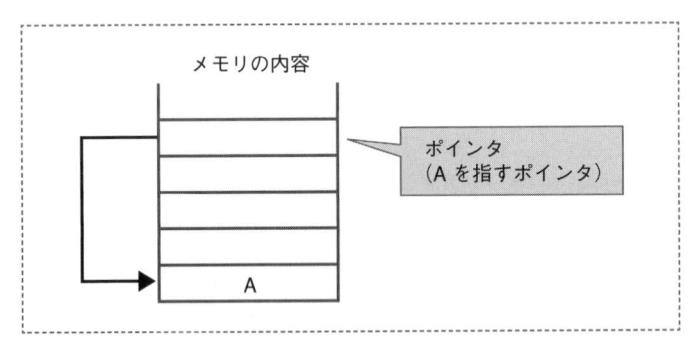

図7.1　ポインタ

　ポインタの値そのものも、メモリ上のどこかに保存されています。

　ポインタはメモリ上の値を指していますが、メモリポインタが常に実際のメモリ上のアドレスを指しているわけではありません。たとえば、ハードディスクを使ってマシンに実際に搭載されているメモリより大きなメモリを扱うことができる仮想メモリシステムでは、実際に指しているアドレスはハードディスク上にある場合があります。

●練習問題

1. 自分の得意なプログラミング言語にある組み込みデータ型を整理してください。
2. データ型が異なる整数値と実数値を、自分の得意なプログラミング言語でそのまま加減乗除できるかどうか調べてください。

7.2 配列

同じ種類の複数のデータが並んでいるものを配列といいます。

●●●配列の構造

配列（Array）は、同じデータ型の値が複数並んでいるものです。それぞれを**要素**（Element）といいます。配列の個々の要素は**インデックス**（Index、**添字**）で識別します。配列の要素を表すときには、配列名と添字を使います。

配列の最初の添字は、0である場合と1である場合があります。配列の最初の要素の添字が0である配列を、**0（ゼロ）オリジンの配列**、または、**ゼロベースの配列**あるいは**ゼロ基点の配列**といいます。

プログラミング言語によっては、最初の要素の添字に任意の数を指定できる場合があります。

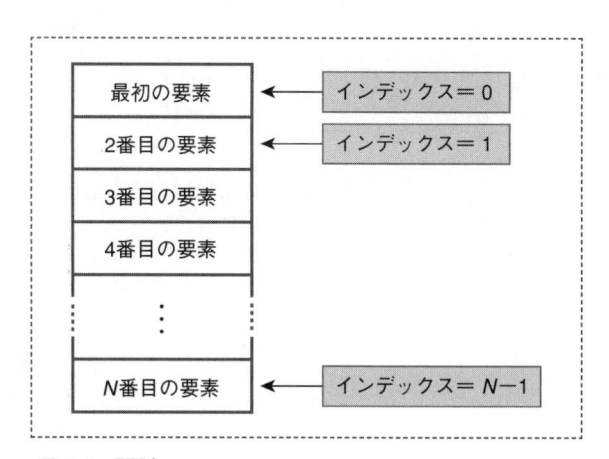

図7.2 配列

C言語、C++、C#、Javaでは、配列は [と] と使って次のように表現します。

```
v [ n ]
```

これはvという名前のn番目の要素（nは0から始まる）を指します。
次の例は、C言語、C++、C#、Javaで要素が10個の整数の配列を宣言する例です。

```
int v[10];
```

配列の最初の要素はv[0]、最後の要素はv[9]です。
次の例は、i番目の要素を変数nに代入するプログラムコードの例です。

```
n = v[i];
```

配列の最後に値を追加するのは容易です。しかし、配列の途中に値を挿入するときには、挿入する要素のあとの要素をひとつずつ後ろに移動してから、新しい要素を挿入しなければなりません。

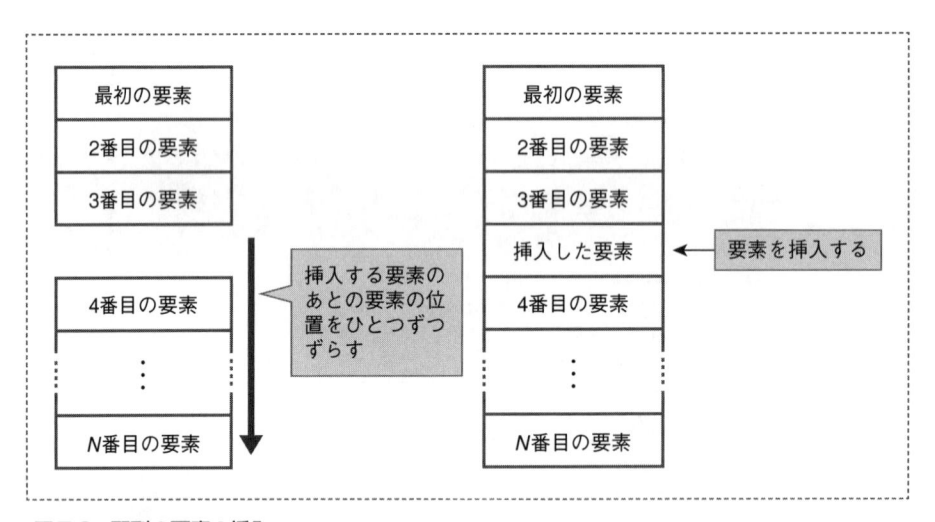

図7.3 配列の要素の挿入

同様に途中の要素を削除するときにも、要素を削除してから、削除したあとの要素をひとつずつ前に移動しなければなりません。
また、一般に配列は一度宣言するとサイズを変更できません。一部のプログラミング言語では配列のサイズを実行時に変更できますが、効率はあまりよくないのが普通です。

●●●● 2次元配列

図7.4のように縦の列と横の列のある配列を**2次元配列**といいます。

a	b	c	d
1	2	3	4
K	L	M	N

図7.4　2次元配列

2次元配列は列と行のある表のようなものとしてイメージすることができます。
また、2次元配列は、配列の配列であると考えることもできます。
C言語では配列のサイズが$x \times y$である文字の2次元配列は次のように宣言します。

```
char c[x][y];
```

この配列の要素数は$x \times y$個です。
たとえば、サイズが3×4であるcharの2次元配列caは次のように宣言します。

```
char ca[3][4];
```

この配列の要素数は$3 \times 4 = 12$個です。
サイズが4×5である整数の2次元配列は次のように宣言します。

```
int v[4][5];
```

2次元配列は、実際のメモリ上では普通は連続するデータの並びとして保存されます。たとえば、図7.4に示した2次元配列のメモリ上の状態は図7.5のようになっています。

アドレス	メモリ
0012FF7A	a
0012FF7B	b
0012FF7C	c
0012FF7D	d
0012FF7E	1
0012FF7F	2
0012FF80	3
0012FF81	4
0012FF82	K
0012FF83	L
0012FF84	M
0012FF85	N

※実際のアドレスの値はシステムによって異なります。

図7.5　2次元配列のメモリ上の状態

●●●配列の使い方

　配列はほとんどどんなプログラミング言語にも実装されていて、宣言するだけですぐに使うことができるのが普通です。ただし、Javaのようなオブジェクト指向プログラミング言語では、次の例のように、配列を宣言したあとで配列のための領域を確保しなければならない場合があります。

```
int ia[];

ia = new int [10];
```

　配列は同じデータ型の一定数の値を保存するときに頻繁に使います。たとえば、多数の生徒の成績を扱いたいときには整数の配列に保存します。配列に生徒の成績を保存すると、i番目の生徒の成績はx[i]で表すことができます。これは、x1、x2、x3、……のような名前の異なる変数をたくさん使うよりも効率的な方法です。このようにして配列の中に保存した値は、たとえば、並べ替えを行うために操作することができます。
　2次元配列は、同じデータ型で異なる2種類の情報を保存するときに使います。た

とえば多数の生徒の出席番号と成績のように、データが同じ整数型であれば、2次元配列に保存するのが適切です。多数の生徒の氏名（文字列）と成績（整数）のように、データ型が異なる2種類の情報を保存するときには、一部の例外を除いて、配列は使えません。データ型が異なる情報を保存できるのは、任意の型の値を保存できる型の配列変数の場合に限ります。たとえば、バリアント型の2次元の配列変数には多数の生徒の氏名と成績を保存することができます。ただし、バリアント型のような厳密でない型を使うことは現代の高級プログラミング言語によるプログラミングでは推奨されません。

● 練習問題

1. 配列のインデックスが0から始まるプログラミング言語で、次の配列のインデックスの範囲はどのようになるでしょうか？
   a. int v[5]　　b. char c[20];　　c. int n[10];
2. 次の2次元配列の要素数は合計でいくつになりますか？
   a. int v[4][5];　　b. char c[2][3];　　c. int n[10][10];

7.3 リスト

リストは複数の同じ種類の情報を繋げたものです。

●●● リストの構造

リスト（List）は、同じ種類の情報からなる一連の項目が連続して集まっているもの（コレクション）です。複数の要素が繋がっているものと考えることもできます。リストの最初の要素を除く要素は、前の要素とつながっています。また、最後の要素を除く要素は次の要素に繋がっています。

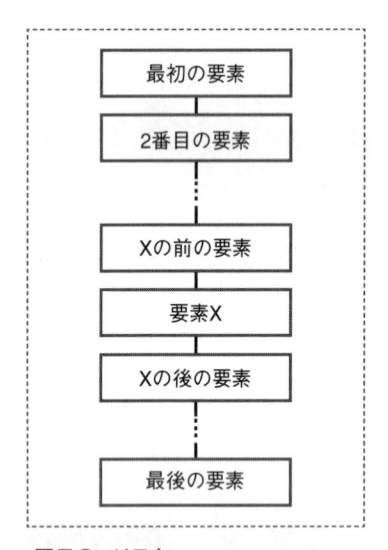

図7.6 リスト

要素と要素を繋げているものはポインタです。リストの構造をさらに詳しく描くと次の図のようになります。

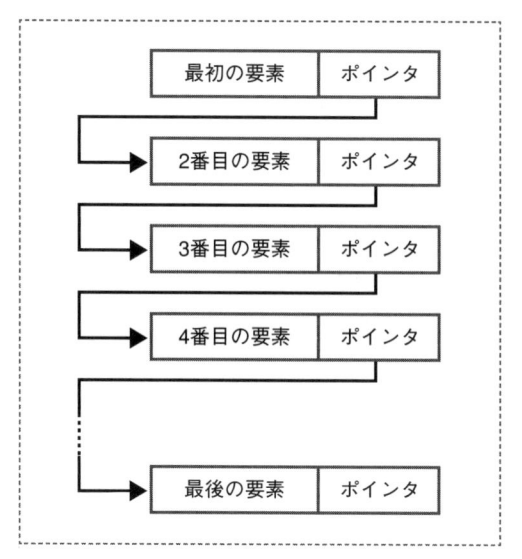

図7.7 リストの構造

　リストの最後の要素のポインタの値は、NIL または Null という、何もないことを示す値です。

　リストはポインタで繋がっています。そのため、配列とは異なって、リストに値を挿入するのは容易です。ある要素を挿入したら、前の要素のポインタが挿入した要素を指すようにし、挿入した要素のポインタは挿入した直後の要素を指すようにします。つまり、挿入した要素とその直前の要素のポインタの値さえ変更すればよいので、要素の挿入はきわめて容易です。

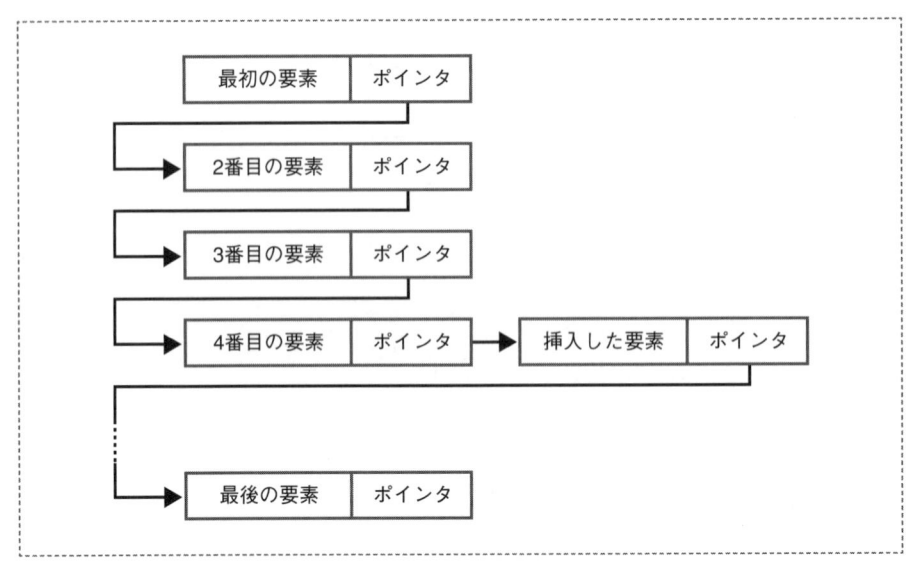

```
                ┌──────────┬──────┐
                │ 最初の要素 │ポインタ│
                └──────────┴──┬───┘
        ┌──────────────────────┘
        ↓   ┌──────────┬──────┐
            │2番目の要素│ポインタ│
            └──────────┴──┬───┘
        ┌──────────────────┘
        ↓   ┌──────────┬──────┐
            │3番目の要素│ポインタ│
            └──────────┴──┬───┘
        ┌──────────────────┘
        ↓   ┌──────────┬──────┐    ┌──────────┬──────┐
            │4番目の要素│ポインタ│──→│挿入した要素│ポインタ│
            └──────────┴──────┘    └──────────┴──┬───┘
        ┌──────────────────────────────────────┘
        ↓   ┌──────────┬──────┐
            │ 最後の要素 │ポインタ│
            └──────────┴──────┘
```

図7.8　リストの要素の挿入

　リストの最後に要素を追加するのも容易です。要素を追加し、最後の要素だった要素のポインタが追加した要素を指すようにします。

　同様に、途中の要素の削除や最後の要素の削除も容易です。

●●●リストの使い方

　リストは、C言語のような伝統的なプログラミング言語では、プログラマが自分でデータ構造体を作成して実装する必要があります。次の例はC言語で整数を保存するリストのための構造を宣言した例です。

```
struct ListElement
{
    int   v;                /* 値を保存する変数 */
    struct ListElement *p;  /* 次の要素を指すポインタ変数 */
};
```

　オブジェクト指向プログラミング言語では、クラスライブラリの中にリストのクラスが用意されています。次の例は、JavaでVectorクラスを使う例です。

```
Vector Names = new Vector();

Names.add("犬山 湾公");
Names.add("神尾 睦月");
```

リストは挿入や削除が容易なので、要素数がたびたび変わる複数のデータを保存するのに最適です。たとえば、頻繁にメンバーを追加したり削除する名簿のようなものに使います。また、「To-doリスト」や辞書のデータ構造によく使われます。

練習問題

1. リストに保存するのに相応しいデータの例を挙げてください。
2. 自分の得意なプログラミング言語でリストを実装してください。

7.4 スタック

スタックとは、一般に積み重ねたものを指します。データ構造のスタックは、データを積み重ねた構造です。

●●● スタックの構造

コンピュータで**スタック**（Stack）というものは、データを保存するときには下から順に値を積み上げてゆき、データを取り出すときには上から順に取り出す構造です。このように最後に入れたものを最初に取り出すことを**後入れ先出し**（Last In First Out、**LIFO**）といいます。

スタックへデータを保存することを**プッシュ**（Push）といい、

スタックからデータを取り出すことを**ポップ**（Pop）といいます。

データが保存されたり取り出されるところは、スタックの**トップ**（Top）といいます。

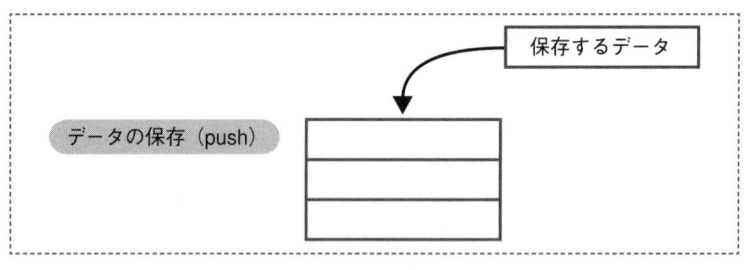

図7.9 スタックへのデータの保存（push）

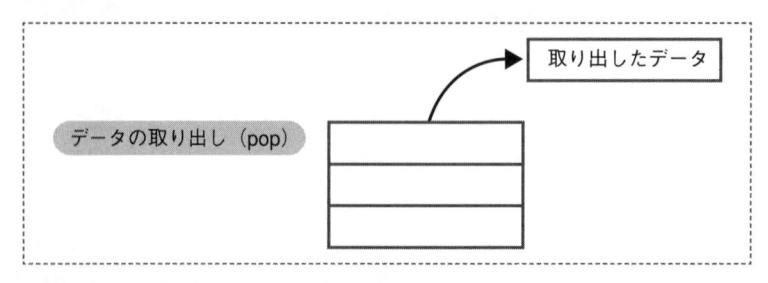

図7.10 スタックからのデータの取り出し（pop）

スタックを操作するときには、pushやpopでデータを入れたり取り出したりします。

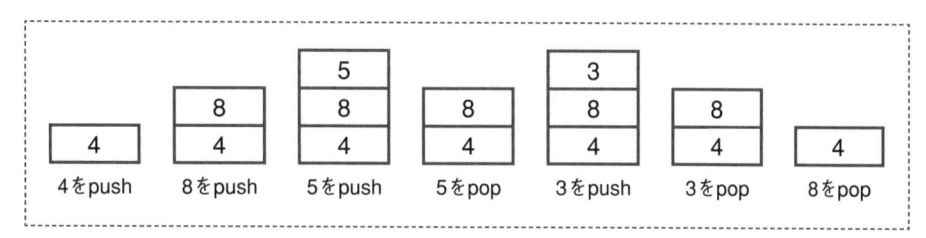

```
                    5
         8          8           8      3          8
    4    4          4           4      8          4
4   4    4          4           4      4          4         4
4をpush  8をpush  5をpush    5をpop  3をpush    3をpop    8をpop
```

図7.11　スタックの操作と内容の変化

　スタックの途中に値を挿入したり削除することはできません。スタックの途中にデータを入れたい場合は、それより上に積まれているデータをいったん取り出してから、途中に入れたいデータをスタックに積み、いったん取り出したデータを元に戻します。

●●●スタックの使い方

　スタックは、C言語のような伝統的なプログラミング言語では、プログラマが自分で実装する必要があります。スタックを実装するときには、現在のスタックトップを指すスタックポインタを使って実装します。

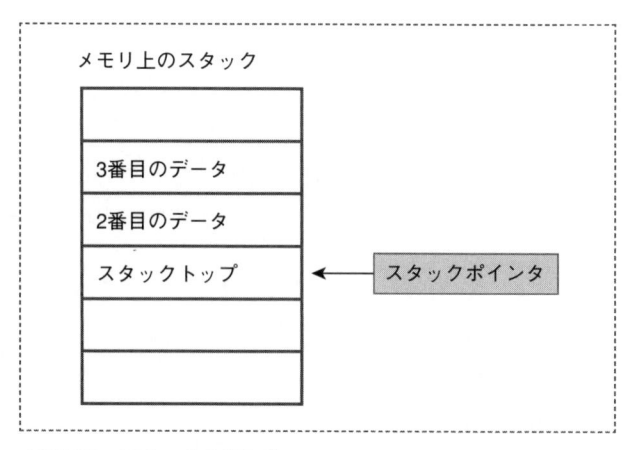

```
メモリ上のスタック
┌─────────────┐
│             │
├─────────────┤
│ 3番目のデータ  │
├─────────────┤
│ 2番目のデータ  │
├─────────────┤
│ スタックトップ │ ← スタックポインタ
├─────────────┤
│             │
├─────────────┤
│             │
└─────────────┘
```

図7.12　スタックの作り方

　オブジェクト指向プログラミング言語では、クラスライブラリの中にスタックのク

ラスが用意されています。

　スタックは、一時的に保存して比較的すぐ使うデータを保存するのに最適です。アセンブリ言語プログラムでは、レジスタの内容を保存するためにスタックをよく使います。また、プロシージャが呼び出されるときには、あとで戻るアドレスをスタックに保存して、プロシージャの実行が終了したらそのアドレスを取り出して呼び出された場所に戻ります。

●練習問題

1. スタックを使って保存するのに相応しいデータの例を挙げてください。
2. 自分の得意なプログラミング言語でスタックを実装してください。

7.5 キュー

順番を待って処理されるデータを保存するデータ構造をキューといいます。

●●●キューの構造

キュー（Queue）は、処理される順番を待つためにデータを保存するところで、待ち行列ともいいます。

キューの中に一時的に保存してあるデータは、古いデータから順に取り出して処理されます。

このように最初に入れたものを最初に取り出すことを**先入れ先出し**（First In First Out、**FIFO**）といいます。キューの中のデータは取り出されるのを待っているので、**待ち行列**ともいいます。

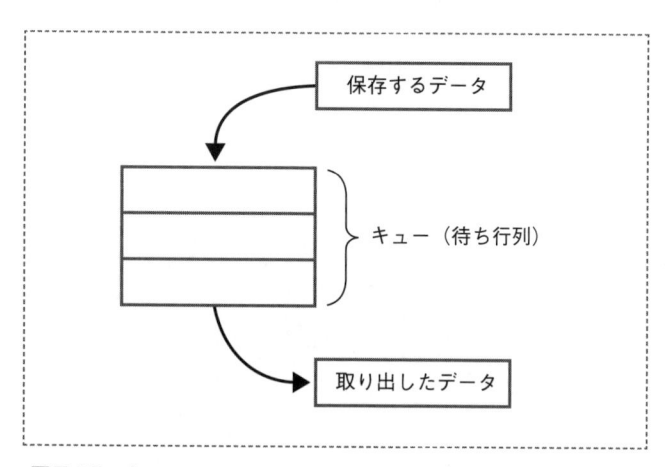

図7.13 キュー

たとえば、処理されるメッセージが保存されているキューをメッセージキューといいます。印刷待ちのドキュメントが保存されているところを印刷キューまたはプリントキューといいます。

●●●キューの使い方

　キューは、C言語のような伝統的なプログラミング言語では、プログラマが自分で実装する必要があります。キューを実装するときには、次に処理されるデータを示す**ヘッドポインタ**（Head Pointer）と、最後に処理される**テイルポインタ**（Tail Pointer）を使って実装します。キューにデータを保存するときには、テイルポインタの次の場所にデータを保存して、テイルポインタの値を更新します。キューからデータを取り出すときには、ヘッドポインタの場所からデータを取り出して、次のデータを指すようにヘッドポインタの値を更新します。

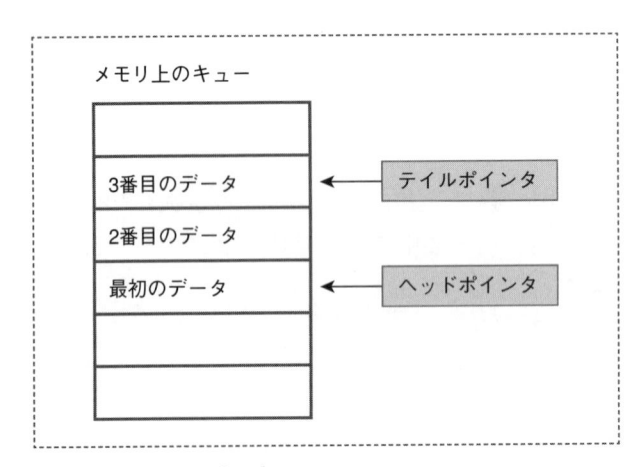

図7.14　キューの作り方

　このとき、古いデータがあった場所を再利用しないとメモリを無駄に消費する結果になります。そこで、あらかじめ必要十分なメモリを確保しておいて、確保したメモリの最初と最後を繋げる構造を作ります。そして、最初のメモリから順に保存してゆき、最後のメモリを使ったら、また最初のメモリに保存します。これを**円形キュー**（Circular Queue）といいます。

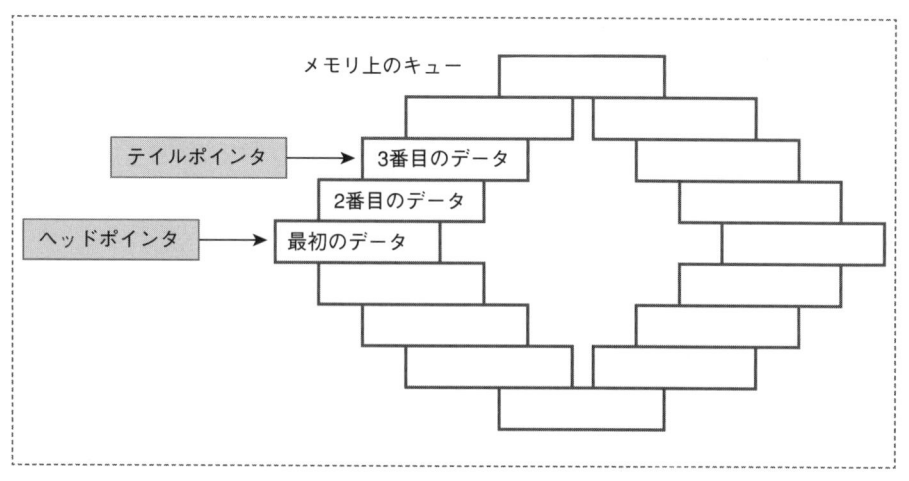

図7.15　円形キューの作り方

　キューは、データを保存しておいて処理を待ち、古いデータから処理するときに最適です。たとえば、複数のアプリケーションが印刷を行うようなときには、キューを使います。最初にキューに保存したデータの印刷が終了すると、ヘッドポインタがひとつ移動して次のデータを印刷します。

●練習問題

1. キューに保存するのに相応しいデータの例を挙げてください。
2. 自分の得意なプログラミング言語でキューを実装してください。

7.6 ツリー

データを木のような構造になるように繋げたものを、ツリーといいます。

●●● ツリー構造

ツリー（Tree）のことを**木構造**ともいいます。木には、根があり、幹があって枝が伸び、葉が茂っています。

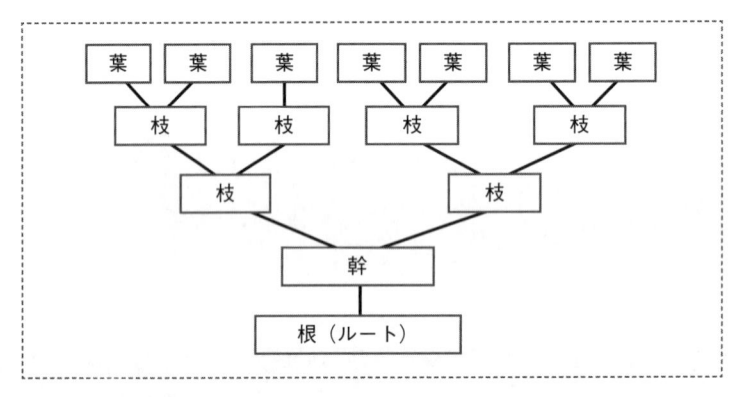

図7.16　木構造

一般的には、コンピュータのデータ構造としてのツリーは、この木の構造を上下逆にして、根であるルートを一番上に書いて表します。

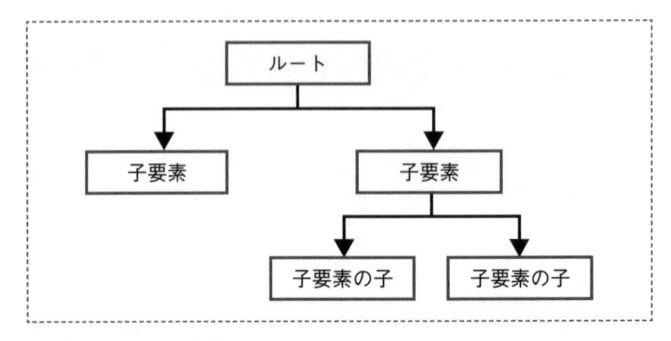

図7.17　ツリー構造

ツリーの最も上の要素は**ルート**（Root、**根**）です。ルートには**子**（Child）要素が繋がり、子要素にはさらにその子要素が繋がって、ツリーが形成されます。

ツリーの使い方

ポインタを使って木構造でデータ構造を繋げると、ツリー型のデータ構造を表現することができます。

ツリーの各要素は、データと、左右の枝葉の要素を指すポインタからなります。ルート要素の左のポインタは左下のデータの場所を指します。ルート要素の右のポインタは右下のデータの場所を指します。ルート要素が指す要素は、さらにその下の要素を指します。このようにしてツリー状のデータ構造が形成されます。

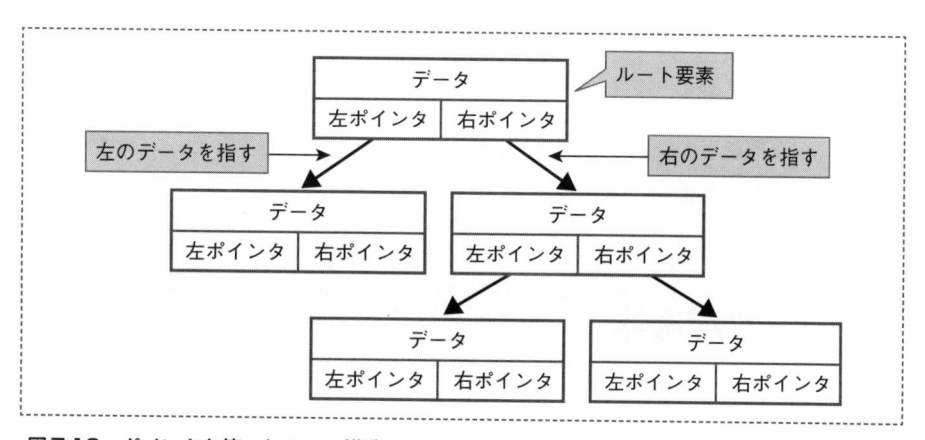

図7.18 ポインタを使ったツリー構造

ツリーは木構造になっているデータの保存や管理によく使います。たとえば、会社や団体の組織図は、社長や会長をルートとする木構造で表現するのに相応しい情報です。また、XMLドキュメントの内容は木構造なので、ツリーに保存されます。

参照⇒「5.7 記述言語」の「XML」

練習問題

1. ツリーに保存するのに相応しいデータの例を挙げてください。
2. 自分の得意なプログラミング言語でツリーを実装してください。

7.7 カスタムデータ構造

多くのプログラミング言語では、プログラマが独自のデータ型を定義することができます。

●●●ユーザー定義のデータ構造

プログラミング言語にあらかじめ組み込まれているデータ型は、文字や整数、実数などの単純な型だけです。複数のデータからなるデータ構造を作りたいときには、プログラマが自分で定義します。このとき、プログラマはプログラミング言語のユーザーであるので、このようなプログラマが定義するデータ構造を**ユーザー定義のデータ構造**といいます。また、これを新しい型定義とみなして、**ユーザー定義型**と呼ぶこともあります。

●●●データ構造体

C言語をはじめとする多くのプログラミング言語では、ユーザー定義のデータ型は**構造体**（Structure）として定義します。ユーザー定義のデータ構造体を、**型**（Type）または**レコード**（Record）と呼ぶプログラミング言語もあります。

構造体は、複数の変数を組み合わせて作ったデータ構造です。

たとえば、氏名、性別、年齢という複数の変数を使って「人」というデータ構造を作るようなときに使います。

C言語では構造体はキーワードstructを使って定義します。

次のような変数で構成される「人」を表す構造体を定義してみましょう。

- 氏名を保存するためのchar型の配列の変数name（長さ64）
- 性別を保存するためのchar型の変数sex
- 年齢を保存するためのint型の変数age

これらを組み合わせた構造体personを定義するときには次のようにします。

```
struct person {
    char name[64];   /* 氏名：文字列型 */
    char sex;        /* 性別：文字型（1バイト整数） */
    int age;         /* 年齢：整数型 */
};
```

この例のname、sex、ageのような、構造体を構成している各要素を**メンバー**（**Member**）といいます。

構造体personのメモリ上の状態は次の図のようになります。

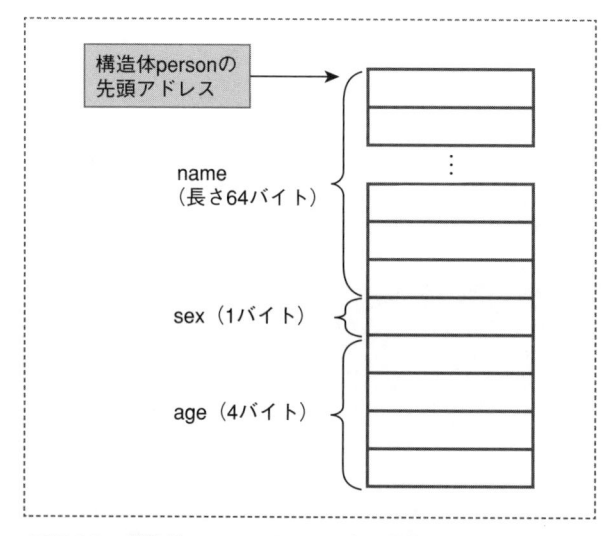

図7.19　構造体personのメモリ上の状態

C言語の場合、typedefというキーワードを使って、定義したデータ構造体を新しい型として定義することができます。

```
typedef struct
{
    char name[64];   /* 氏名：文字列型 */
    char sex;        /* 性別：文字型（1バイト整数） */
    int age;         /* 年齢：整数型 */
} PersonType;
```

これでPersonTypeは型として定義されたので、PersonType型の変数を宣言することができます。

```
PersonType newUser;
```

構造体は、ファイルの関連あるデータに一度にアクセスするために使われることがよくあります。このときには特に**レコード**（Record）といいます。
　参照⇒「第8章　ファイルとデータベース」

●●●メンバーへのアクセス

構造体を構成しているそれぞれのメンバーには、個別にアクセスすることができます。

C言語の場合、構造体の変数を使ってメンバーの値にアクセスするときには.（ピリオド）を使い、(変数名).(メンバー名)の形式でアクセスします。

```
/* 構造体personの変数を宣言する */
struct person people;

/* 氏名メンバー */
people.name
/* 性別メンバー */
people.sex
/* 年齢メンバー */
people.age
```

> **Note**
> (変数名).(メンバー名)の形式は多くのオブジェクト指向言語で使われる形式です。C言語の場合、変数がポインタであるときには、(ポインタ変数名)->(メンバー名)の形式も使います。

● 練習問題

1. 自分の得意なプログラミング言語で、氏名と性別、電話番号を表すデータ構造を作成してください。
2. 8桁（8バイト）の学籍番号と、24バイトの氏名で構成されるデータ構造のデータが240件ある場合のデータの総バイト数を計算してください。

第8章 ファイルとデータベース

多くの場合、データはファイルという形で取り扱われます。ファイルに保存するデータは、バイトの連続である場合も、何らかの構造を持っている場合もあります。

8.1 ファイル

8.2 構造のないファイル

8.3 構造化されたファイル

8.4 データベース

8.5 オブジェクト指向のデータベース

8.1 ファイル

ファイルは、ディスクのような記憶装置に保存されたり、ネットワークで転送されたりする、名前を付けられたひとまとまりのデータです。ファイルは一連のバイトで構成されますが、OSとプログラミング言語の機能を使うことで、レコードと呼ばれる論理的な単位でファイルを操作できます。

ファイル

ファイル（File）は、名前を付けた、ひとまとまりのデータです。ファイルは、ディスクのような記憶装置に保存されることも、ネットワークで転送されることもあります。

ファイルのデータは、バイトの連続である場合も、何らかの構造を持っている場合もあります。しかし、ファイルが何らかの構造を持っている場合であっても、メモリ上のデータと同様に、ファイルのデータは一連のバイトが連続した場所に保存されているものです。その連続したデータを何らかの構造として扱うのはプログラムの役目です。

ファイルには必ず名前が付けられます。このことは、アドレスだけで識別されるメモリ上のデータと異なる点です。ファイル名の付け方の決まりを**ファイル名規約**といいます。ファイル名規約はOSやファイルシステムによって異なります。また、ファイルには必ずサイズがあります。たとえ1バイトのサイズでも、名前が付けられてディスクに保存されていればファイルです。

OSとファイル

CPUはI/Oポートから直接ファイルを作成したり読み書きすることができます。そのため、OSを使わないシステムでもファイルを扱うことができます。しかし、一般的にはファイルはOSが管理します。OSはファイルの作成、削除、名前の変更、保存場所の移動、ファイルシステムの管理などを行うことができます。

OSは既存のファイルを開いたり、新しいファイルを作成して、アプリケーションプログラムがファイルにデータを保存したり、ファイルからデータを読み込むことができるようにします。このとき、OSが行うことは、特定の位置から指定されたバイト数のデータを読み込んだり、特定の位置を先頭としてそれ以降に一連のバイトを書き込むことです。一連のバイトが表す論理的な構造はアプリケーションが管理します。

OSは**ディレクトリ**（Directory、**フォルダ**ともいう）も管理します。一般的には、ディレクトリは、ディレクトリの中にさらに複数のディレクトリを作成できる階層構造になっています。ディレクトリの中でファイルを分類・整理して保存することができます。

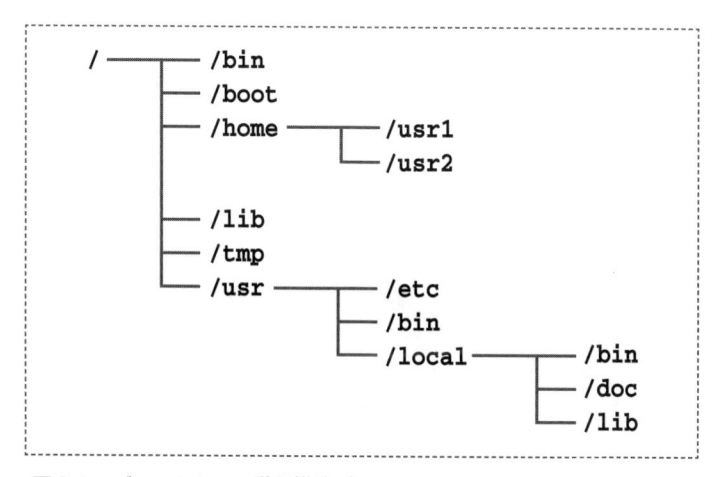

```
/ ─┬─ /bin
   ├─ /boot
   ├─ /home ─┬─ /usr1
   │         └─ /usr2
   ├─ /lib
   ├─ /tmp
   └─ /usr ─┬─ /etc
            ├─ /bin
            └─ /local ─┬─ /bin
                       ├─ /doc
                       └─ /lib
```

図8.1 ディレクトリの階層構造（UNIX系OSの場合の例）

現在アクセスしているファイル上の位置を示すものを**ファイルポインタ**（File Pointer）といいます。ファイルポインタの値がゼロであるときには、次にアクセスする位置はファイルの先頭です。ファイルポインタの値は最大でもファイルのサイズと同じです。

ファイルとそれが保存されている位置の関係も、OSが管理します。たとえば、MS-DOSやWindowsでは、ディスク上の特定のセクタとファイルとの関係は**ファイルアロケーションテーブル**（File Allocation Table、**FAT**）を使って管理します。ファイルアロケーションテーブルの中にあるファイル名の情報とファイルポインタの位置から、特定のファイルの特定の位置のデータを決定することができます。

バッファ

　メモリへのデータのアクセスに比べて、ディスクへのデータの保存や読み取り、ネットワーク上でのファイルの転送などには時間がかかります。そこで、ファイルに保存したりファイルから読み込むデータをメモリ上に一時的に保存しておき、一定の量単位でディスクやネットワークへデータを転送する方法がよく使われます。この目的のためにデータを保存しておくメモリ領域を**バッファ**（Buffer）といい、この作業を**バッファリング**（Buffering）といいます。

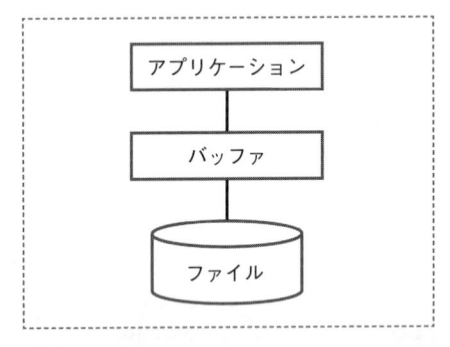

図8.2　バッファ

ハッシュ

　一連のデータから、そのデータを識別できるような値を生成することができます。これを**ハッシュ値**（Hash Value）といいます。与えられたデータからハッシュ値を計算する関数を**ハッシュ関数**（Hash Function）といいます。
　あるデータから生成されるハッシュ値は、ほかのデータから生成するハッシュ値とはほとんど常に異なります。つまり、ハッシュ値が同じデータは、同じ内容のデータであると考えることができます。ファイルが保存や転送の際に変更されていないかどうか確認するために、このハッシュ値を利用することができます。

●●● ファイルの圧縮

大きなファイルは何らかの圧縮アルゴリズムを使って圧縮することでサイズを小さくすることができます。**参照**⇒「4.5　さまざまなアルゴリズム」の「圧縮」

ファイルの圧縮は、アプリケーションがデータをファイルに保存するときに行うこともありますが、OSがファイルの圧縮をサポートしている場合もあります。OSがファイルの圧縮をサポートしている場合には、アプリケーションがデータをそのままファイルに保存しようとすると、OSがファイルの内容を圧縮して保存し、読み出しのときにはOSがファイルの内容を展開してアプリケーションに渡します。

OSによっては、ドライブ全体を圧縮する**圧縮ドライブ**をサポートしている場合もあります。

● 練習問題

1. 現在使っているOSのファイル名の規約を整理してください。
2. ファイルのアクセスにおいてバッファが存在しない場合に発生する問題を考察してください。

8.2 構造のないファイル

ディスク上のファイルは、一連のバイトのデータからなります。ファイルのデータの最も単純な利用方法は、バイトのデータを特定の構造であるとみなさずに、前から順に読み込んで利用する方法です。

テキストファイル

テキストドキュメントに使う文字と、改行や改ページのような単純な制御コードだけが含まれるファイルを、**テキストファイル**（Text File）といいます。テキストファイルは、基礎となるコーディングシステムを明確にするために、**ASCIIファイル**、**ANSIテキストファイル**、あるいは**Unicodeファイル**などのように、より正確に呼ぶこともあります。いずれにしろ、テキストファイルは長い文字列を内容とするファイルです。任意に挿入された改行や制御コードが、文章の段落や行のような論理的な区切りと一致することもありますが、必ずしも一致するわけではありません。

文字情報だけを含み、書式情報のような付加情報を含まないファイルを、特に**プレーンなテキストファイル**（Plain Text File）といいます。それに対して、書式情報を含むテキストファイルを**書式付きテキストファイル**（Formatted Text File）または**リッチテキストフォーマット**（Rich Text Format、**RTF**）**ファイル**といいます。

HTMLやXMLファイルも、一種のテキストファイルです。これらのファイルには、<body>や<h3>のようなタグが使われるので、**タグ付きテキストファイル**（Tagged Text File）といいます。

ワードプロセッサのファイルの内容は、それぞれ異なります。基本的には書式付きテキストファイルと同様の内容ですが、UnicodeやANSIのような標準的な文字コードをそのまま使わずに独自のコードに変換している場合があります。また、最近のワードプロセッサでは、ドキュメントをHTMLやXML形式で保存できる場合もあります。

テキストファイルは単純で扱いやすいので、アプリケーションのデータファイルや設定ファイルなどにも使われます。

●●● シーケンシャルファイル

シーケンシャルファイル（Sequential File）は、ファイルに書き込まれた順にデータが連続して保存されているファイルです。

シーケンシャルファイルの各データは、サイズ（データの長さ）が異なってもかまいません。ただし、ファイルのデータを使うプログラムが、各データのサイズや意味を認識していなければなりません。

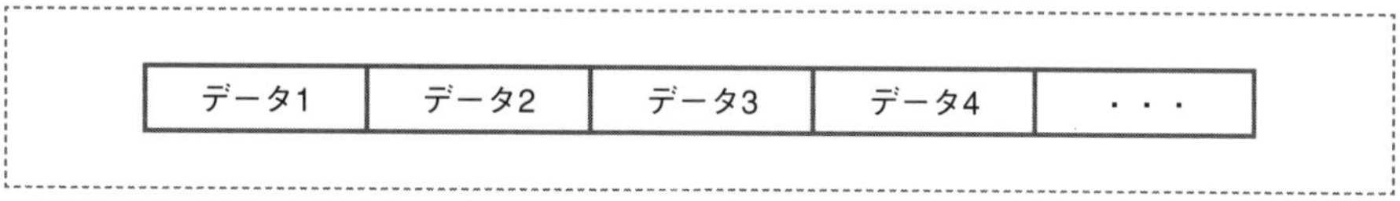

| データ1 | データ2 | データ3 | データ4 | ・・・ |

図8.3 シーケンシャルファイル

たとえば、最初にデータ1として整数を保存し、次にデータ2として文字を保存し、さらにデータ3として整数を保存したものとします。このファイルを読み込んでこのデータを利用するプログラムは、最初のデータを整数として、次のデータを文字として、さらに次のデータを整数として読み込まなければなりません。

また、シーケンシャルファイルは、原則として先頭から順番に読み書きしなければならず、データの一部を変更することはできません。データの一部を変更したいときには、次のいずれかの方法を取ります。

・先頭からデータをすべて読み込んでメモリ上でデータを変更してから、データを先頭から順にすべて書き込む。
・先頭からデータを読み込んでは別のファイルに書き込みながらデータを変更し、最後にファイル名を変更する。

シーケンシャルファイルに実際に書き込んだり読み込んだりする機能は、多くの場合、プログラミング言語の実行時ライブラリにプロシージャとして用意されています。

データをテキストで保存し、データとデータの間をカンマ（,）で区切って並べたファイルを**コンマ区切りデータ**（Comma Separated Values、**CSV**）ファイルといいます。データをダブルクォーテーションで囲むこともよくあります。この形式のファイルは異なる種類のアプリケーションソフト間のデータ交換に使われることがよくあります。

CSVデータの例（1）

犬,オス,128,猫,メス,25

データとデータをカンマ（,）で区切る

CSVデータの例（2）

"犬","オス","128","猫","メス","25"

データを"と"とで囲む

データとデータをカンマ（,）で区切る

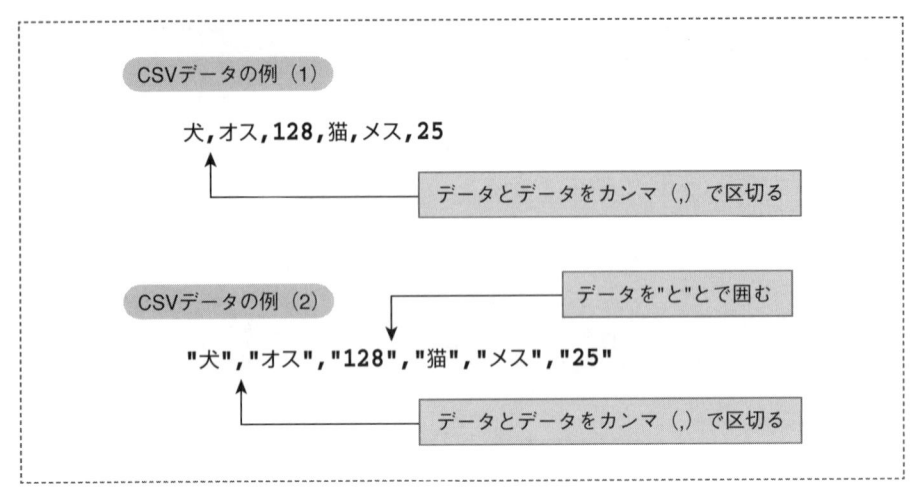

図8.4　CSVデータの例

●●●バイナリファイル

　バイナリデータを先頭から順に保存したものを**バイナリファイル**（Binary File）といいます。

　バイナリファイルの各データは、バイトデータです。たとえば、イメージファイルや実行可能ファイルはバイナリファイルです。

　バイナリファイルのデータを使うプログラムは、データの意味を認識していなければなりません。たとえば、イメージファイルをロードする（読み込む）プログラムは、イメージファイルの中の各バイトの持つ意味（イメージの縦のサイズ/横のサイズ、あるピクセルの赤、青、緑の各色の光の強さなど）を知っていなければ、そのイメージを表示することさえできません。

　バイト単位でアクセスするバイナリファイルは、ランダムに任意の位置のバイトにアクセスできます。つまり、ファイルの先頭から任意の位置のバイトを読み込んだり書き込むことができます。このように任意の位置のデータにアクセスできるファイルを、**ランダムアクセスファイル**（Random Access File）といいます。

● **練習問題**

1. 小さなテキストファイルを作成して、テキストの文字数とファイルのサイズを比較してください。
2. 表計算ソフトまたはデータベースや電子メールソフトのアドレス帳などのデータをCSV形式で保存して、テキストエディタでその内容を調べてください。

8.3 構造化されたファイル

　一連のバイトを一定の構造のデータであるとみなしてアクセスすることで、データに効率よくアクセスすることができるようになります。一定の構造でアクセスするファイルは、レコードと呼ぶ単位でアクセスします。

●●●レコード

　レコード（Record）は、構造化されたファイルにアクセスする際に使うデータ構造です。

> Note: 「8.4 データベース」のデータベースでもレコードという用語を使います。

　レコードは一般に複数の情報から成り立ちます。たとえば、ID、氏名、Eメールアドレスという3種類の情報で構成されたデータ構造を作り、それをひとつのレコードとします。そして、このレコード単位でファイルにアクセスします。

```
┌─────────────────────────────┐
│  ┌──────────────┐           │
│  │ ID           │           │
│  ├──────────────┴────┐      │
│  │ 氏名              │      │
│  ├───────────────────┴───┐  │
│  │ Eメールアドレス       │  │
│  └───────────────────────┘  │
└─────────────────────────────┘
```

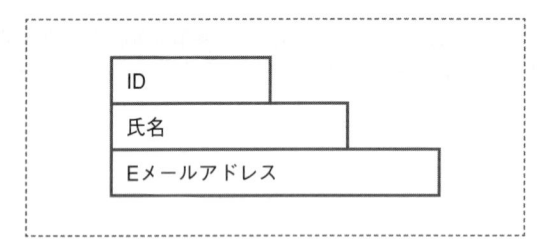

図8.5　レコード

　一般的には、レコードを構成する各情報の長さはそれぞれあらかじめ決定しておきます。したがって、情報の長さの合計（レコードの長さ）も一定の大きさに決まります。たとえば、IDが8バイト、氏名が20バイト、Eメールアドレスが40バイトの長さのレコード全体の長さは68バイトです。これを**固定長レコード**（Fixed Length Record）といいます。

　レコードの長さが一定であれば、任意のレコードの位置を容易に計算できます。そのため、どのレコードにでも容易にアクセスできます。たとえば、ファイルの先頭がゼロであるとすると、レコードの長さがLバイトであるときに、N番目のデータの先頭は次の式で計算することができます。

$$X = L \times (N - 1)$$

　特定のレコードのファイル上の位置をこのように決定することができるので、レコード単位でアクセスするファイルは一般に任意のレコードを読み書きできるランダムアクセスファイルです。

　レコード単位でアクセスするもうひとつの利点は、一連の情報をまとめて扱うことができるということです。たとえば、図8.5のレコードの場合、IDで検索すると、氏名とEメールアドレスの情報を同時に得ることができます。

●●●可変長レコード

　レコードごとに情報の量に大きな違いがある場合、ひとつのレコードのサイズを特定の大きさとして定義してしまうと、大きな無駄が生じることがあります。たとえばID、氏名、Eメールアドレスという3種類の情報で構成されたレコードを考えてみましょう。IDの長さは一定であると決めることができても、氏名やEメールアドレス

の最大の長さを容易に決定することはできません。たとえば、Eメールアドレスは短い場合もとても長い場合も考えられます。最も長い場合を想定してレコードのEメールアドレスの長さをとても長く定義してしまうと、多くの短いEメールアドレスでは保存領域が無駄になってしまいます。そこで、要素の長さを限定せずにレコードを定義することを考えます。たとえば次のようなレコードを定義します。

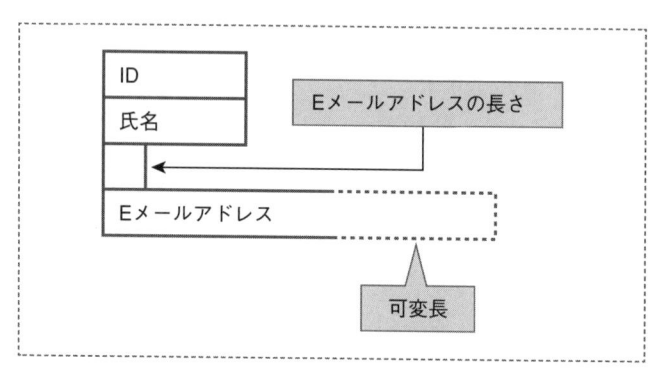

図8.6　可変長レコード

　これは、IDと氏名の長さは定義していますが、Eメールアドレスの長さは決めていません。その代わりに、Eメールアドレスの長さも情報として保存します。レコードの長さは、「(IDの長さ) + (氏名の長さ) + (Eメールアドレスの長さを表す情報の長さ) + (実際のEメールアドレスの長さ)」です。つまり、このレコードの長さは実際のEメールアドレスの長さによって変わります。そのため、このようなレコードを**可変長レコード**（Variable Length Record）といいます。

　固定長レコードを使う場合と、可変長レコードを使う場合の、データの量を計算してみましょう。

　たとえば、固定長レコードで、IDに8バイト、氏名に20バイト、Eメールアドレスに256バイトを確保すると、1レコードの長さは合計で284バイトになります。1,000レコードのデータがあるとすると、データの合計は284,000バイト（約278 KB）になります。

　一方、可変長レコードにした場合、IDに8バイト、氏名に20バイト、Eメールアドレスの長さを保存するために2バイトとし、Eメールアドレスの実際の長さが平均で30バイトであるとすると、1レコードの平均の長さは合計で60バイトになります。1,000レコードのデータがあるとすると、データの合計は60,000バイト（約59 KB）で済みます。

第8章　ファイルとデータベース

●●● インデックス

　あらかじめデータをメモリに読み込んでおくと、データをファイルから読み込みながら探すよりも、データに素早くアクセスすることができます。そのため、総データ量が少ない場合には、使う前にデータをすべてファイルからメモリに読み込んでおくという方法がよく使われます。

　しかし、データ量が多いと、とてもたくさんのメモリが必要になるだけでなく、ファイルからメモリにデータをあらかじめ読み込んでおくことに時間がかかります。そこで、必要なデータの場所を知ることができるような別のデータを作成して、それをメモリに読み込んでおくと、必要なメモリの量も少なくて済み、あらかじめ読み込むデータの量も少なくて済みます。

　そのために、本来必要なレコードが含まれたデータを作成するだけでなく、それとは別に、キーとなる情報とその情報のレコードがある場所を含むデータファイルを作成します。本来のデータを探すためのこのようなデータを**インデックスデータ**（Index Data）といいます。

　たとえば、図8.7の例に示すように、IDと氏名、Eメールアドレスを含む本来のデータのほかに、IDとレコードの位置という一組の情報を含むインデックスデータを作成します。そして、インデックスデータをメモリに読み込んでおくと、メモリ上のインデックスデータから特定のIDのレコードの位置がわかります。たとえば、IDがA010055のレコードの位置はインデックスデータから「4」であることがわかります。そこで、本来のデータの中の4の位置のデータを読み込むと、必要なデータを素早く得ることができます。

ID	レコードの位置		ID	氏名	Eメール
A000001	1		A000001	山田一郎	ichiro@dogs.ca.jp
A010045	2		A010045	海野紀夫	unno@wanwan.ca.jp
A010055	4		A011234	笠砂州雄	kasa@dogs.ca.jp
A011245	11		A010055	長井花子	hana@wanwan.ca.jp
A011234	3		A021245	犬野憲太	kinuno@saltydog.ca.jp
A012345	6		A012345	椀子大輔	wanko@wanwan.ca.jp
A012545	21		A022545	大山小次郎	ooyama@koyama.ca.jp

インデックスデータ　　　　　　　　　　本来のデータ

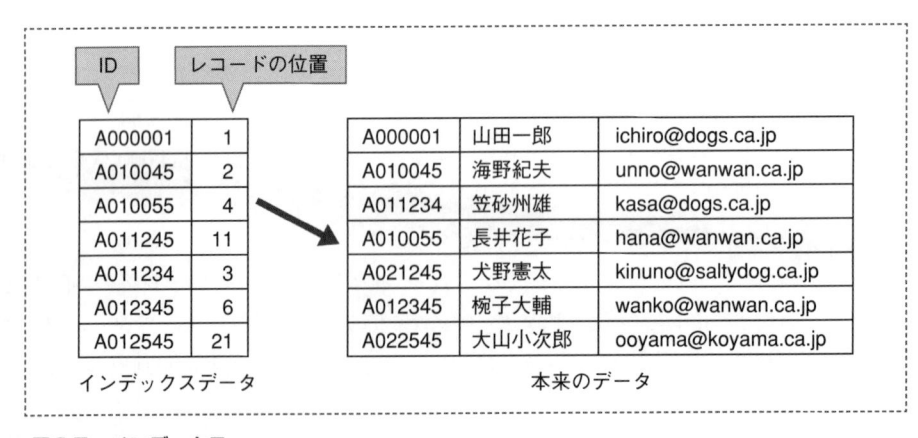

図8.7　インデックス

インデックスを保存するファイルを**インデックスファイル**（Index File）といい、データベースでインデックスを保存するテーブルを**インデックステーブル**（Index Table）といいます。

ハッシュテーブル

インデックスデータを使えば素早く目的のデータにアクセスできますが、データが膨大になるとインデックスデータの管理が大変になります。そこで、インデックスファイルを管理する代わりに、ハッシュ値を使うデータベースがあります。これは、データのキー値からハッシュ値を生成して、その値をレコードの位置としてそのまま使う方法です。データのキー値とハッシュ値からなるテーブルを**ハッシュテーブル**（Hash Table）といいます。

残念なことに、ごくまれに異なるキー値から同じハッシュ値が生成されることがあります。異なるキー値のハッシュ値が同じ値になることを**衝突**（Collision）といいます。そのような場合には、同じハッシュ値を持つ要素のリストを使ってデータを保存するか、あるいは、衝突したハッシュ値のキーの値を元にしてさらにハッシュ値を生成することで衝突を防ぎます。

練習問題

1. IDが10バイト、名前が20バイト、住所が80バイトであるレコードを10,000件保存するために必要なファイルのサイズを計算してください。
2. IDが10バイト、レコード番号が2バイトであるインデックスレコードを10,000件保存するために必要なファイルのサイズを計算してください。

8.4 データベース

　現在では、一般的にいって、大量のデータはデータベースに保存されるのが普通です。

　データベースは、多数のデータを一定の構造で保持するものです。そのため、データベースでは構造が重要です。また、従来のデータベースとは異なる考え方で作られるオブジェクト指向のデータベースも開発されています。

●●●データベースの基礎

　データベース（Database）とは、多数のデータを一定の構造で保持するものを指します。多数のデータを無秩序に集めたものはデータベースとはいいません。

　データベースの最小のデータ単位は**フィールド**（Field）です。複数のフィールドで、ひとつの**レコード**（Record）を構成します。レコードは基本的なアクセス単位です。

　複数のレコードをまとめたものを**テーブル**（Table）といいます。

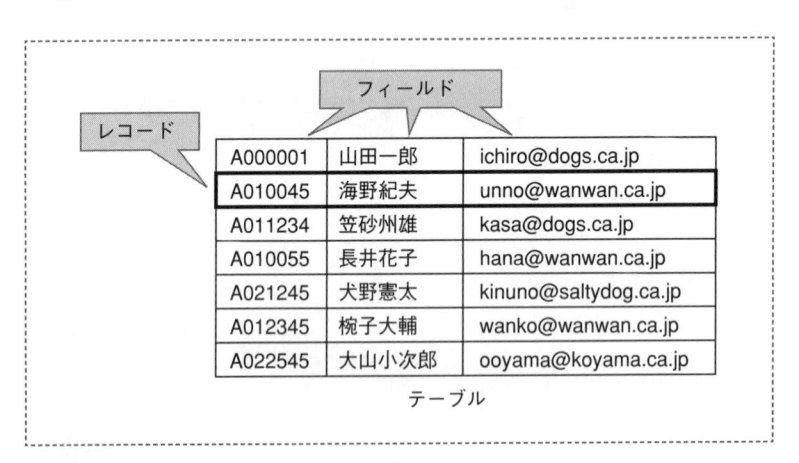

A000001	山田一郎	ichiro@dogs.ca.jp
A010045	海野紀夫	unno@wanwan.ca.jp
A011234	笠砂州雄	kasa@dogs.ca.jp
A010055	長井花子	hana@wanwan.ca.jp
A021245	犬野憲太	kinuno@saltydog.ca.jp
A012345	椀子大輔	wanko@wanwan.ca.jp
A022545	大山小次郎	ooyama@koyama.ca.jp

図8.8　テーブル、レコード、フィールド

　データベースではこのような構造で、レコードやフィールドの検索、並べ替え、再結合などの一連の操作を行うことができるようにします。

データベースのレコードを識別するフィールドデータを**キー**（Key）といいます。テーブルには複数のキーを定義することができますが、テーブルの中のある1個のレコードを明確に識別できる**主キー**（Primary Key）が必要です。つまり、主キーの値はレコードごとに異なっていなくてはならず、重複してはなりません。

キーとなるデータのフィールドを、**キーフィールド**（Key Field）といいます。

データベースには、数値や文字列などを保存することができますが、ひとつのフィールドの型は一定でなければなりません。たとえば、IDのフィールドを数値で定義したら、IDのフィールドの値はすべて数値でなければなりません。ひとつのフィールドに数値と文字列のような異なるデータ型を混在させることはできません。

データベースの中には、イメージやビデオを保存できるものもあります。イメージやビデオなどは、一般的には大きなバイナリデータとして保存します。これを**BLOB**（Binary Large OBject、**バイナリラージオブジェクト**）といいます。

●●●データベース管理システム

データベースそのものは、本来、データを集めたオブジェクトのことを指します。データを登録したり検索したりするソフトウェアのことは、**データベース管理システム**（DataBase Management System、**DBMS**）といいます。しかし、データベースという言葉の中に、データベースを管理するソフトウェアの意味を含ませることがよくあります。

データベース管理システムは、多くの場合、ユーザーインタフェースを備えていて、それ自身を使ってデータベースを操作することができます。たとえば、データベース管理システムのコマンドを使って、データを登録したり、削除したり、検索したり、集計することができます。この場合、ユーザーはデータベースの構造やコマンドの使い方を知っていなければなりません。

また、データベース管理システムは、アプリケーションプログラムから利用して、アプリケーションプログラムからデータベースのデータを利用できるようにすることができます。アプリケーションプログラムからデータベースを利用するようにするときには、背後のデータベースの存在をユーザーが意識しなくても使えるようにします。

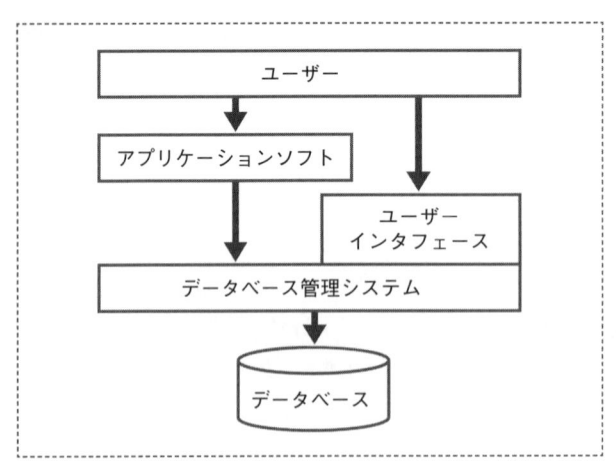

図8.9　データベース管理システム

●●●リレーショナルデータベース

　データを一定の構造に整理して複数のテーブル（表）形式で保存し、テーブル相互に関連性を持たせたデータベースを、**リレーショナルデータベース**（Relational DataBase、**RDB**）といいます。リレーショナルデータベースの基本的な機能を提供するソフトウェアを、**リレーショナルデータベース管理システム**（Relational DataBase Management System、**RDBMS**）といいます。
　たとえば、売上テーブルと顧客テーブルからなる販売管理データベースでは、売上テーブルの売り上げ先の顧客IDと顧客テーブルの顧客IDとの間に関連性を持たせます。このような関連性を**リレーション**（Relation）といいます。

売上テーブル

商品	顧客ID	個数	単価
わんわんフード	2036	10	1200
犬小屋（大）	2011	1	82000
カムカムガム	2036	1	500

リレーション

顧客テーブル

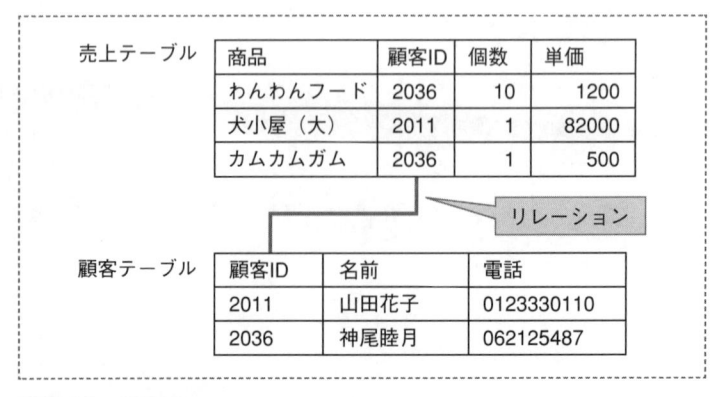

顧客ID	名前	電話
2011	山田花子	0123330110
2036	神尾睦月	062125487

図8.10　リレーション

リレーショナルデータベースでは、同じデータを複数のテーブルに持たないようにしたり、さまざまな種類のデータを別のテーブルに分けて管理することで、データアクセスや検索などの効率をよくしたり、プログラムの生産性を高めることができます。

データベースで、同じ情報を重複して保存すること（冗長性）を排除することを**正規化**（Normalization）といいます。

データベースの完全性

データベースのデータは、内容に矛盾がなく、利用する際に問題が発生しないようにしなければなりません。このことは特にリレーショナルデータベースで重要で、関連するテーブル間のデータで過不足や不一致がないようにしなければなりません。たとえば、商品の売り上げ情報を保存する売り上げテーブルと購入者の情報を保存する顧客テーブルがある販売管理データベースで、顧客テーブルの顧客を削除したら、それに関連する売り上げ情報も削除しなければなりません。そうしないと、売った先が不明である売り上げが発生してしまいます。

売上テーブル

商品	顧客ID	個数	単価
わんわんフード	2036	10	1200
~~犬小屋（大）~~	~~2011~~	~~1~~	~~82000~~
カムカムガム	2036	1	500

リレーション

顧客テーブル

顧客ID	名前	電話
~~2011~~	~~山田花子~~	~~0123330110~~
2036	神尾睦月	062125487

← 顧客を削除するには、この顧客IDの売り上げも削除する必要がある

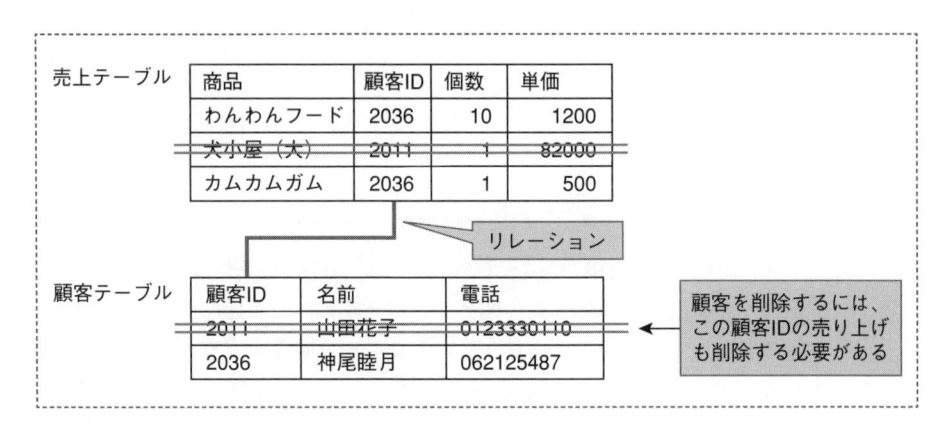

図8.11 データベースの整合

データベース問い合わせ言語

リレーショナルデータベース管理システムで、データの操作や定義を行うための言語を、**データベース問い合わせ言語**（DataBase Query Language）といいます。最も普

及している問い合わせ言語は、**SQL**（Structured Query Language、「えすきゅーえる」または「シークェル」と読む）です。SQLはANSI（のちにISO）で言語仕様の標準化が行われており、制定された年ごとにSQL86、SQL89、SQL92、SQL99などの規格があります。

　SQLでは、データの登録や検索などのためのコマンドは、コマンド文字列で指定します。たとえば、次のコマンドは、4文字の顧客のコード（CUSTOMER_ID）と12文字の顧客の名前（CUSTOMER_NAME）があるCUSTOMERというテーブルを作成します。

```
CREATE TABEL CUSTOMER(
  CUSTOMER_ID CHAR(4),
  CUSTOMER_NAME CHAR(12),
  PRIMARY KEY (CUSTOMER_ID)
);
```

このテーブルの主キーは顧客のコード（CUSTOMER_ID）です。

　次のコマンドはCUSTOMERというテーブルから、顧客の名前（CUSTOMER_NAME）を取り出します。

```
SELECT CUSTOMER_NAME FROM CUSTOMER;
```

●●●ロック

　データベースの操作には複数のステップを必要とするものがあります。たとえば、航空券の販売システムでは、顧客は、空席を確認し、座席を予約してから航空券を購入します。空席の照会から航空券購入までには時間がかかるので、その間にほかの人が希望する座席を予約して航空券を買ってしまう可能性もあります。そこで、あるユーザーがデータベースにアクセスしている間、ほかの人がそのデータベースにアクセスできないようにします。これでこの問題を回避することができます。ほかのユーザーがアクセスできないようにすることを、データベースを**ロック**（Lock）するといいます。

●●● トランザクション

　関連する複数の処理をひとつにまとめることを**トランザクション**（Transaction）といいます。たとえば、ある口座から別の口座へ現金を振り込む場合、口座からの出金と、振込先口座への入金という2つのデータベース操作が必要です。このような一連の作業は、全体でひとつの処理として管理する必要があります。そして、処理は「すべて成功」か「すべて失敗」のいずれかでなければなりません。そうしないと、一方の口座から出金したお金の行き場がなくなったり、存在しないお金が振込先口座へ入金されてしまう結果になります。このように、処理が「すべて成功」か「すべて失敗」のいずれかであることが保障されるように行う処理を**トランザクション処理**といいます。

　一連のまとまった処理を実際に行うことを**コミット**（Commit）するといいます。

　トランザクション処理が失敗した場合は、すべての処理を処理前に戻します。たとえば、ある口座から別の口座へ現金を振り込む場合なら、口座からの出金と振込先口座への入金を同時に取り消します。このような操作を**ロールバック**（Roll Back）といいます。ロールバックによって、データベースの内容を以前矛盾がなかったときの状態に戻すことができます。

　トランザクション処理では、**ACID**という略語が使われます。これは、Atomicity（原子性）、Consistency（一貫性）、Isolation（独立性）、Durability（持続性）の頭文字から作られた略語です。**Atomicity**（**原子性**）とは最小の作業単位を表します。通常、トランザクションは完了するか失敗するかどちらかの結果となる最小の作業単位なので、Atomicityがあるオブジェクトです。**Consistency**（**一貫性**）はデータベースの内部の一貫性を表します。**Isolation**（**独立性**）は、ほかのトランザクションによる変更から独立していることを表します。**Durability**（**持続性**）はトランザクションがコミットされて変更が永続的に保存されることを表します。

●●● データの保全

　重要なデータベースのデータは、データベースに何らかの障害が発生しても失われないようにしなければなりません。

　最も一般的によく行われる方法は、データの複製を別の記憶媒体に保存しておく方法で、**バックアップ**（Backup）といいます。バックアップの方法には、データ全体を保存する方法と、前回のバックアップと異なるデータだけを保存する方法があります。

データを安全に利用できるようにするためのもうひとつの方法は、同じデータを複数のハードウェアに保存する方法です。データの信頼性とアクセス速度を高速化する目的で複数のハードディスクをまとめて1台のハードディスクとして管理する技術を**RAID**（Redundant Arrays of Inexpensive Disks、「レイド」と読む）といいます。

たとえば、ひとつのシステムにハードディスクを2台以上備えて、同じデータを2台のハードディスクに保存します。これを**ミラーリング**（Mirroring）といいます。

表8.1 RAIDの種類

レベル	内容
RAID0	複数のディスクにブロックを分けて書き込む方式。特定のディスクにアクセスが集中しないので高速になるがデータの信頼性は増さない。
RAID1	2台のハードディスクに同じデータを書き込む方式（ミラーリング）。信頼性は増すが高速化はできない。
RAID2	データを保存するディスクのほかに、ハミングコードと呼ばれる誤り訂正符号を生成してディスクに保存する方式。エラーを訂正できる。
RAID3	ディスクのうちの1台を誤り訂正符号の記録に使い、他のディスクにデータを分散して記録する方式。1ビットまたは1バイト単位でデータを分割して保存する方式。1台のディスクに障害が発生してもデータを復旧できる。
RAID4	ディスクのうちの1台を誤り訂正符号の記録に使い、他のディスクにデータを分散して記録する方式。ブロック単位でデータを分割して保存する。1台のディスクに障害が発生してもデータを復旧できる。
RAID5	各データブロックから誤り訂正符号を生成し、データと誤り訂正符号を別々のディスクに保存する方式。1台のディスクに障害が発生してもデータを復旧できる。

より高い安全性を確保するために、離れた場所にある複数のシステムに同じデータを保存する場合もあります。遠隔地にあるシステムにデータを保存することで、大規模地震のような災害に対処することができます。

●●●分散データベース

ネットワークで接続されたコンピュータが持つそれぞれのデータベースを、あたかもひとつのデータベースであるかのように見せる技術を**分散データベース**（Distributed Databases System）といいます。データベースは複数のシステムに分散して置かれますが、利用者はデータが実際にどのコンピュータのデータベースにあるか意識する必要はありません。

分散データベースでは、更新時の整合性を確保するために**2相コミット**（2-Phase Commitment）という手段を使います。これは、まず処理を行う要求先でデータベースを仮に更新します。その結果に応じてコミット（成功）かロールバック（失敗して元に戻す）を同期の要求元に返します。これが第1相です。第1相では仮の更新しか行わないので、データベースの物理的状態は更新以前の状態で、いつでも更新を取り消すことができます。第2相では、要求先から返された結果がすべてコミットであれば更新全体をコミットするように指示し、そうれでなければ更新全体をロールバックします。こうすることによって、すべての更新が完全に行われるようにします。

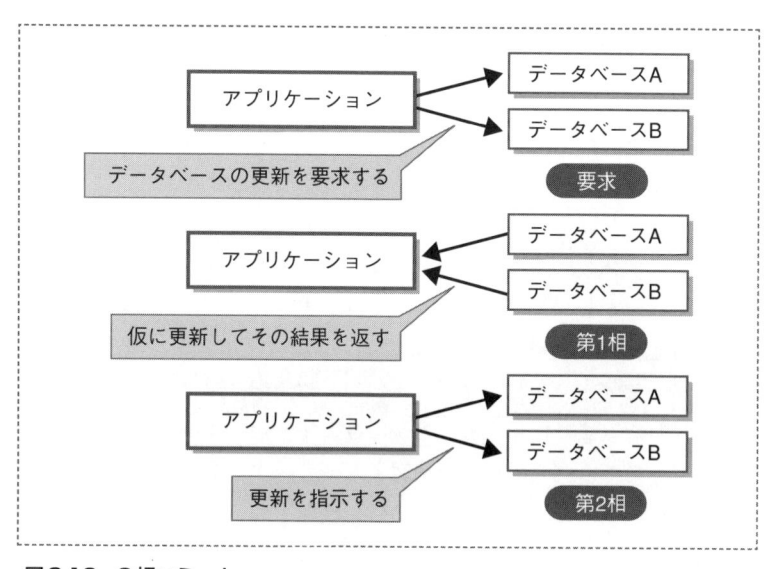

図8.12　2相コミット

練習問題

1. 本書の例を参考にして、乗客リストから乗客の名前を取り出すSQLステートメントを作成してください。
2. 航空券の販売システムで、顧客が空席を確認するときから航空券購入までの間にデータベースをロックしないとしたら、どのような状況が発生するか説明してください。

8.5 オブジェクト指向のデータベース

　データを表（テーブル）形式ではなく、オブジェクトとして保存するデータベースを、オブジェクトデータベースと呼びます。

●●● オブジェクトデータベース

　オブジェクトデータベース（Object DataBase、**ODB**）は、データを表（テーブル）形式で管理するのではなく、オブジェクトとして扱います。オブジェクトデータベースには、データだけを対象としてオブジェクトとしてモデル化するものと、データとコード（プログラム）をオブジェクトとして保存するものがあります。

　一般のリレーショナルデータベースでは、データベースの特定のフィールドに保存する値は特定の型でなければなりません。しかし、オブジェクトデータベースでは、オブジェクトをデータとして保存するので、数値や文だけでなく、イメージやビデオなども一貫した方法で保存することができます。たとえば、会員情報を管理するためのデータベースで、個人の外見を情報として登録するものとします。このとき、オブジェクトデータベースならば、個人の外見情報として、外見を示す文字情報を保存することも、顔写真のようなイメージを保存することも、姿が映っているビデオを保存することもできます。そして、そのデータベースから個人の外見を示す情報を検索したときには、その個人に対して保存されている種類の情報を得ることができます。

　オブジェクトデータベースは、表形式ではなく、ツリー形式の構造でデータを保存することができます。そのため、データの親子関係を表現することができます。

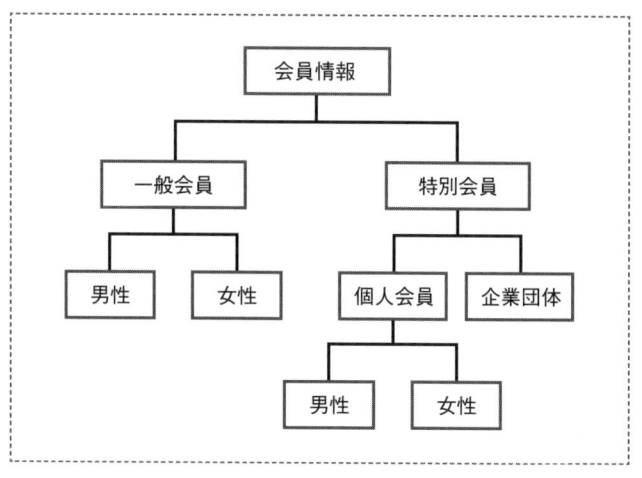

図8.13 オブジェクトデータベースの構造の例

●●●オブジェクト指向データベース

　オブジェクト指向プログラミングでは、通常、データとコード（プログラム）をカプセル化します。同様に、完全な**オブジェクト指向データベース**（Object Oriented DataBase、**OODB**）では、データとプログラムコードをオブジェクトとして保存することができます。いいかえると、プログラムをデータベースのデータとして記述することができます。

　プログラムコードはオブジェクトのメソッドとして定義します。たとえば、会員情報データベースで、各オブジェクトに会員の外見を提示するメソッドを作ると、オブジェクトのメソッドを呼び出すことで、それぞれの会員の外見を、保存されているデータの種類に従って、説明文で表示したり、イメージで表示したり、ビデオで表示することができます。

● 練習問題

1. オブジェクト指向データベースで、オブジェクトのメソッドとして定義するのに相応しい例を挙げてください。
2. 図8.13のオブジェクトデータベース構造の例のデータベース構造をリレーショナルデータベースに置き換えるとしたら、どのようなテーブルを作成する必要があるか考えてください。

第9章

通信とネットワーク

　現在の多くのコンピュータシステムは、ほかのコンピュータシステムとの通信の機能を備えています。

　システムとシステムを接続するための通信網をネットワークと呼びます。代表的なネットワークには、LAN（ローカルエリアネットワーク）やインターネットがあります。ネットワークを介して接続するシステムは、相互に受け入れ可能な通信規約（プロトコル）を使う必要があります。ネットワーク上でのセキュリティーは重要な問題です。

9.1	通信
9.2	ネットワーク
9.3	インターネット
9.4	セキュリティー

9.1 通信

コンピュータに通信機能が備わったことで、コンピュータの利用方法は大きく変わりました。しかし、初期のコンピュータは通信機能をまったく備えていませんでした。

●●● 通信機能

　初期のコンピュータは、単独で動作する、いわば閉じたシステムでした。
　コンピュータ間で通信が始まった初期のころには、通信を行うためのハードウェアは、システムに追加される特別な装置でした。また、通信を制御するために必要なソフトウェアは、ユーティリティーソフトウェアのかたちで提供され、**OS**には通信機能は備わっていませんでした。
　その後、コンピュータに通信機能が備わると、最初はあるコンピュータと別のコンピュータとの間の2台の通信が行われるようになりました。さらに、**ホストコンピュータ**（Host Computer）と呼ぶ、通信を中央集中処理するコンピュータへの接続を介して、コンピュータとコンピュータの間で情報を交換するシステムが開発されました。

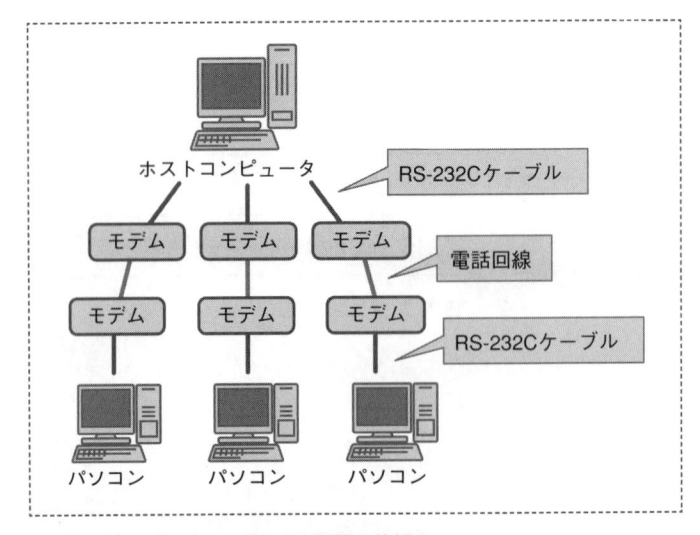

図9.1　かつてのコンピュータ通信の仕組み

現在では、通信機能は多くのシステムに標準で装備されています。また、現在の主要な OS は、OS そのものが通信機能をサポートしています。多くのコンピュータがネットワークに接続され、サーバーとしてサービスを提供するコンピュータも多数あります。これらのサーバーは、サービスを中央集中処理するのではなく、それぞれのサーバーでサービスが分散処理されます。

通信リソース

　通信に使われる資源を、**通信リソース**（Communicatin Resource）といいます。代表的なものには、シリアルポート、パラレルポート、モデムなどがあります。また、ネットワークリソースも広い意味の通信リソースに含まれます。

　初期のコンピュータ間の通信には **RS-232C** という規格の装置が使われました。特に、遠隔地とのコンピュータ間の通信には RS-232C の機器と**モデム**（Modem）、アナログの電話回線が使われました。アナログ電話回線はのちにデジタル化されましたが、通信速度の限界のために、再びアナログが使われるようになります。

　やがて、ゼロックス（Xerox）社と DEC 社が考案した LAN 規格である**イーサネット**（Ethernet）でコンピュータが接続されるようになりました。システム間の接続には、モデムのほかに**ルーター**（Router）や**ハブ**（Hub）が使われます。また、電話回線には光ファイバーが使われるようになっています。

ポート

　デバイスやネットワークなどに接続するための接続点を**ポート**（Port）といいます。たとえば、シリアルケーブルを接続するためのコネクタをシリアルポートといい、プリンタなどに使うパラレルケーブルを接続するためのコネクタをパラレルポートといいます。

　ネットワーク接続では、アプリケーション同士を互いに接続するために、**ポート番号**を使います。ネットワーク接続でよく使われるポート番号を表 9.1 に示します。

表9.1 主なポート番号

番号	名前	内容
22	SSH	セキュアシェル
23	Telnet	コンピュータを遠隔操作
25	SMTP	メール送信
20, 21	FTP	ファイル転送
53	DNS	ドメイン名解決
80	HTTP	Webサービス
110	POP3	メール受信
119	NNTP	ネットワークニュース
137 – 139	NetBIOS	パソコンLANの通信インタフェース
443	HTTPS	セキュアHTTP

●●● 機器の制御

　コンピュータとコンピュータとの通信のほかに、周辺機器の制御にも通信機能が使われています。たとえば、RS-232Cは、プリンタや、イメージを読み取る装置であるスキャナ、図面を描く装置であるプロッタ、位置情報を入力する装置であるデジタイザなどの周辺機器との接続に使われています。また、**RS-422**というシリアル通信規格も周辺装置の制御に使われます。

　各種計測装置の接続には、**GP-IB**（General Purpose Interface Bus）という規格がよく使われます。これはバス規格のひとつで、コンピュータ相互の通信には使われません。

● 練習問題

1. 現在使っているシステムに備わっている通信の手段を列挙してください。
2. 現在使っているシステムとインターネットの間にある通信に関連する機器を列挙してください。

9.2 ネットワーク

ネットワーク（Network）とは、システムとシステムを接続するための通信網のことです。通常は、2台を超えるシステムを接続することを目的とし、インターネットのように事実上、無限の台数のシステムを接続するものもあります。接続の方法には、**有線**（LAN、ISDNによるダイアルアップ、光ファイバーなど）と、**無線**（無線LAN、PHS、アマチュア無線など）があります。

●●●ネットワークの種類

ネットワークは、**LAN**（Local Area Networks、**ローカルエリアネットワーク**）と**WAN**（Wide Area Networks）に区別されます。LANは、ひとつのオフィスや構内などに限定されたネットワークです。WANは、隣接する都市間から世界中のネットワークまで、より広い範囲のネットワークです。

ネットワークは、公共のものと私的なものに分類することもできます。公共のネットワークは**オープンネットワーク**（Open Network）と呼び、インターネットがその代表的なものです。私的なネットワークは利用者がひとつの会社などに限定されるネットワークで、**クローズドネットワーク**（Closed Network）または**専有ネットワーク**といいます。

接続形態でネットワークを分類することもできます。図9.2は代表的な4種類の接続形態を表します。

①はマシンが円形に接続されている**リング型**です。リング型は中の1台が故障すると、リングを形成しなくなるので、ネットワーク全体に障害が及びます。

②はバスという共通の通信線でマシンが接続される**バス型**です。バス型は中の1台が故障しても、故障したシステムが使えなくなるだけです。

③は1つのマシンがほかのすべてのマシンに接続するハブの役割をする**スター型**です。スター型ではハブの役割をするシステムが故障すると、ネットワークが機能しなくなります。

④は、マシンが無計画であるかのように接続されている**イレギュラー型**です。よく構築されたイレギュラー型のネットワークは、中のシステムが1台故障しても、ほ

かの経路を使って離れたシステム同士を接続することができます。

LANではスター型がよく使われ、WANではイレギュラー型がよく使われます。

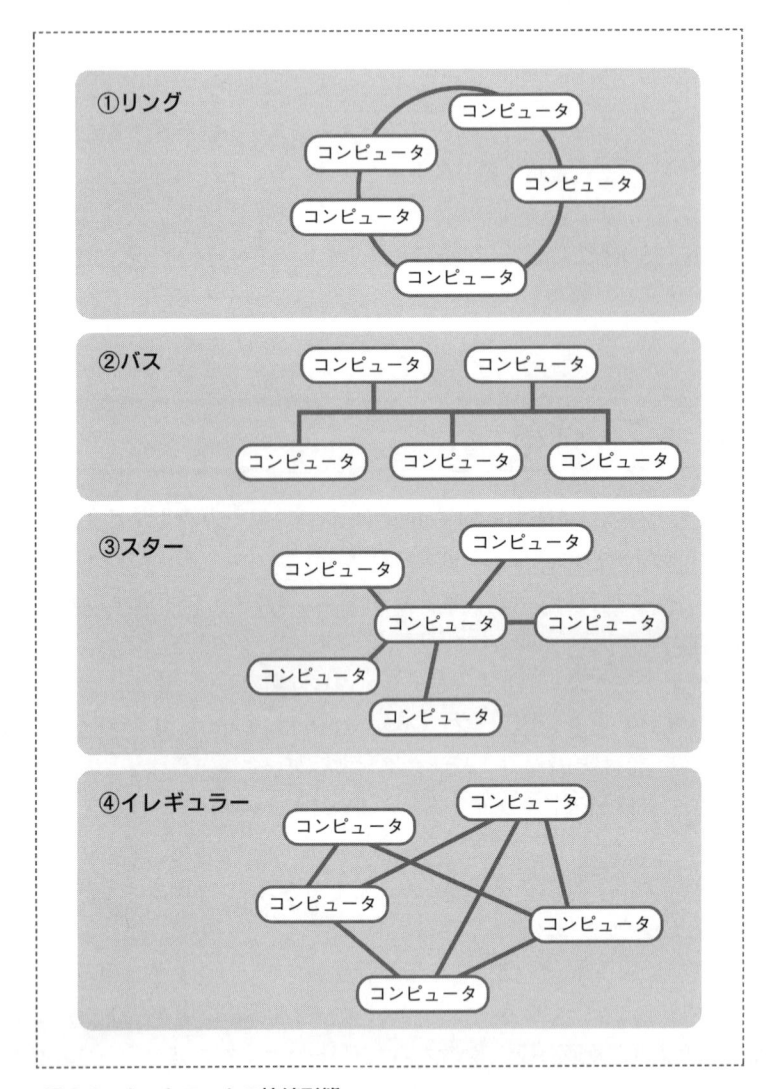

図9.2　ネットワークの接続形態

　種類の異なるネットワークでも、互換性があればネットワーク同士を結ぶことができます。そのために使うものが**ブリッジ**（Bridge）です。ブリッジは種類の異なるネットワーク間を文字どおり橋渡しします。ブリッジで接続されたネットワークは、それ自身ひとつの大きなネットワークになります。

接続されたマシン間で上下関係がないネットワークを、**ピアツーピア**（Peer to Peer）ネットワークといいます。これに対してサービスを提供する**サーバー**（Server）と、サーバーのサービスを利用する**クライアント**（Client）があるシステムを**クライアント・サーバーシステム**といいます。

ネットワークプロトコル

有線あるいは無線で接続されたネットワーク上のマシンが相互に通信するためには、通信の手順をあらかじめ決めておかなければなりません。

ネットワーク上で行われる通信の手順、またはその規約を**プロトコル**（Protocol）といいます。さまざまなレベルでいろいろな種類のプロトコルが決められていて、一般に、ひとつの通信を確立するためには、さまざまなレベルで規定されている複数のプロトコルを使います。

互換性を高めるために、階層的に構築されているプロトコルがよく使われます。その代表的なものが、**OSI参照モデル**（OSI Reference Model）とも呼ばれる、7階層のネットワークプロトコルの構造のモデルです。これは、表9.2に示すような層で構成されています。

表9.2　OSI参照モデルの層

層	名前	説明
1	物理層 (Physical Layer)	イーサネットやRS-232Cなどの信号線の物理的な電気特性や符号の変調方法などを規定。コネクタのピン形状やケーブルの特性なども規定されている。
2	データリンク層 (Data Link Layer)	データのパケット化の方法と送受信プロトコルに関する規定。
3	ネットワーク層 (Network Layer)	ネットワーク上に接続された2つのノード間でのデータの転送のプロトコル。
4	トランスポート層 (Transport Layer)	プロセス間でのデータ転送についてのプロトコル。データ圧縮や誤り訂正、再送制御などが含まれる。
5	セッション層 (Session Layer)	セッション（通信の開始から終了まで）の一連の手順のプロトコル。
6	プレゼンテーション層 (Presentation Layer)	やり取りされるデータの表現方法についてのプロトコル。
7	アプリケーション層 (Application Layer)	アプリケーションレベルでの通信プロトコル。アプリケーション間でのデータのやり取りを規定する。

OSI参照モデルに従うと、各階層間のインタフェースやプロトコルが決まっているので、各層の実装方法は自由に選ぶことができます。たとえば、イーサネット上で、TCP/IP以外のプロトコル（AppleTalkやIPX/SPXなど）を使うこともできます。

インターネットをはじめとする多くのネットワークで基礎となるプロトコルは、**TCP/IP**です。TCP/IPは、**TCP**（Transmission Control Protocol）と**IP**（Internet Protocol）を結合した名前ですが、ネットワーク層のプロトコルであるIPと、トランスポート層のプロトコルTCPおよび**UDP**（User Datagram Protocol）で構成されていて、まとめて**TCP/IPプロトコルスイート**（TCP/IP Protocol Suite）といいます。

HTTP（HyperText Transport Protocol）は、ハイパーテキスト転送プロトコルで、Webサイトを閲覧するときに使います。また、セキュアWebサーバーにアクセスするためのプロトコルとして、**HTTPS**（Hypertext Transport Protocol Secure）があります。

FTP（File Transfer Protocol）は、ファイルを転送するためのプロトコルです。これはサーバーにファイルをアップロードしたり、サーバーからファイルをダウンロードするときによく使います。

Telnetはネットワークで接続されているほかのマシンを操作するためのプロトコルです。

このほかの代表的なプロトコルには、たとえば、**ARP**（Address Resolution Protocol）、**SNMP**（Simple Network Management Protocol）、**DHCP**（Dynamic Host Configuration Protocol）、**CHAP**（Challenge Handshake Authentication Protocol）、**ICMP**（Internet Control Message Protocol）、**SMTP**（Simple Mail Transfer Protocol）、**POP**（Post Office Protocol）、**PPP**（Point-to-Point Protocol）、**NNTP**（Network News Transfer Protocol）、**PAP**（Password Authentication Protocol）などがあります。

表9.3　主なネットワークプロトコル

プロトコル	説明
ARP	TCP/IPでIPアドレスからイーサネットアドレスを求めるためのプロトコル。
CHAP	PPPなどでユーザーを認証するときのプロトコル。
DHCP	動的にIPアドレスを割り当てるプロトコル。
FTP	ファイル転送のためのプロトコル。
HTTP	ハイパーテキスト転送プロトコル（Webページの表示）。
HTTPS	安全なHTTP。
ICMP	TCP/IPでエラーの通知や動作確認をするための制御用のプロトコル。
IP	TCP/IPプロトコルにおける、ネットワーク層のプロトコル。

プロトコル	説明
IPX/SPX	パソコンLANに使われる、ノベル社のNetWareのプロトコル。
NNTP	ニュース配信用の標準プロトコル。
PAP	PPPにおけるユーザー認証のためのプロトコル。
POP	電子メールをスプールしているシステムから読み出すためのプロトコル。
PPP	シリアルラインを使ってTCP/IP通信するためのプロトコル。
SMTP	電子メールを送信するためのプロトコル。
SNMP	ネットワークに接続された機器をネットワーク経由で監視するためのプロトコル。
TCP	TCP/IPのトランスポート層のプロトコル（信頼性は高いが転送速度が低い）。
UDP	TCP/IPのトランスポート層のプロトコル（転送速度は高いが信頼性が低い）。

● 練習問題

1. 図9.2のそれぞれの形態のネットワークで、接続が1箇所だけ切れた場合に発生する障害について考察してください。
2. インターネットに接続してWebページを閲覧するために必要になるプロトコルについて、インターネットで調べてください。

9.3 インターネット

世界的な規模のネットワークであるインターネットは、現在では日常生活に不可欠なものになりました。

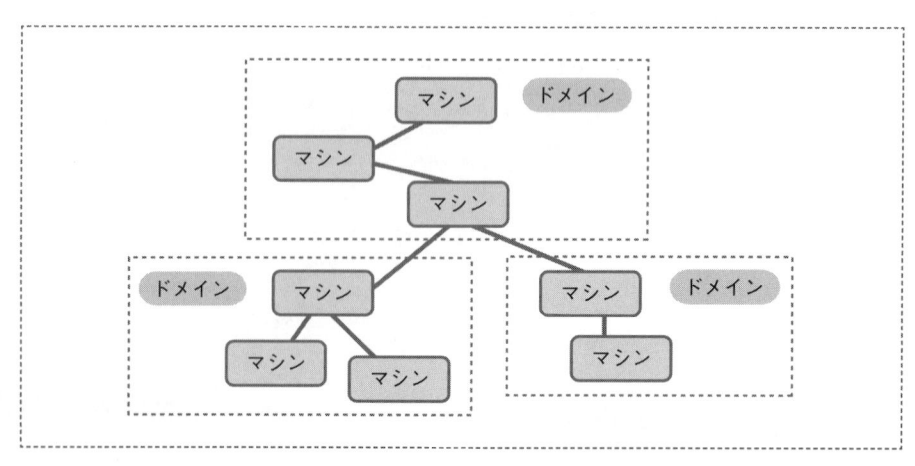

●●●インターネット

インターネット（Internet）は、米国防総省の先進技術研究機関である**DARPA**（Defense Advanced Research Projects Agency、**国防高等研究計画庁**）によって1973年に始められた研究プログラムから始まりました。インターネットは、多数のマシンを巻き込むWANとLANの世界的なコンビネーションであるといえます。

インターネットはドメインを集めたものといえます。**ドメイン**（Domain）は複数のマシンが接続されている小規模なネットワークです。

図9.3 インターネット

●●●インターネットアドレス

インターネットに接続されたマシンは、**IPアドレス**（IP Address）と呼ばれるユニークなアドレスが割り当てられます。IPアドレスは192.168.123.001のようなピリオドで接続された数値です。この数値は覚えにくく取り扱いに不便なので、一般的にはIPアドレスに対応する文字列の名前を使います。この名前を**ドメイン名**（または**ドメインネーム**、Domain Name）といいます。

IPアドレスとドメイン名の対応を管理し、ドメイン名からIPアドレスを調べる機能を提供するマシンを**ネームサーバー**（Name Server）といいます。

インターネットには無数のネームサーバーが存在しています。最上位に位置するネームサーバーは「ルートサーバー」と呼ばれ、全世界に13台が分散配置されています。

インターネット上に存在するコンピュータやネットワークに付けられる識別子（名前）であるドメイン名は、いわばインターネット上の住所のようなものです。

ドメイン名を付けるためには、**ICANN**（Internet Corporation for Assigned Names and Numbers、「アイキャン」と発音する）に登録しなければなりません。ドメインが登録されたら、インターネットの一員となります。

ドメイン名の実態は、nantoka.jpのようにピリオドで接続された文字列です。ドメイン名の最後のピリオドの右側を**トップレベルドメイン**（Top-Level Domain、**TLD**）といいます。ドップレベルドメインの、jpやusは国を表します。このほかにも、トップレベルドメインとして使われる文字列があります。eduは教育機関を表し、govは政府機関を、museumは博物館を、orgは非営利組織を表します。また、comはコマーシャルの意味で商業的な組織や団体に利用され、infoは無制限に利用されています。netは当初はインターネットサービスプロバイダ用に計画されましたが、現在はより広い用途に使われています。

ドメインの最後のピリオドの左側（右から2番目の部分）を**セカンドレベルドメイン**（2nd Level Domain）といいます。セカンドレベルドメインには、組織や団体などの名前を付けるか、あるいは、トップレベルドメインに国を表す文字（たとえばjp）を付けた場合はセカンドレベルドメインに組織や団体の種類を表す文字列を付けます。トップレベルドメインにjpを付け、セカンドレベルドメインに組織や団体の種類を表す文字列を付けたものを**属性型JPドメイン名**（Organizational Type JP Domain Names）といいます。

表9.4　属性型 JP ドメイン名

属性型 JP ドメイン	使用団体や組織
co.jp	営利法人
or.jp	非営利法人用・国際機関・外国政府の在日公館
gr.jp	法人格のない任意団体
ne.jp	多数者向けのネットワークサービス
go.jp	政府組織
lg.jp	地方自治体
ac.jp	高等教育機関・学校法人
ed.jp	18歳未満対象の教育機関（幼稚園・保育園・小中高校など）
ad.jp	JPNIC 会員が運用するネットワーク

　ドメイン名文字列の最左側には、ピリオドとサブドメインまたはマシンの名前を付けることがあります。たとえば、ドメイン nantoka.com の中の dog という名前のマシンは、dog.nantoka.com になります。

Web

　インターネットで最も重要なのは、**World Wide Web**（**WWW**、単に **Web** ともいう）です。
　WWWは、ネットワーク上で、ある情報ページから他のページへ移動できるようにするドキュメントシステムです。ドキュメントの記述には **HTML**（Hypertext Markup Language）を使い、ハイパーテキストリンクを使ってページやリソースをリンクします。これは、インターネット標準のドキュメントシステムとして普及し、世界規模の巨大な Web が構築されています。WWWで使われる技術については **W3C**（World Wide Web Consortium）が標準化しています。
　WWWの上のハイパーテキストドキュメントは **Web ページ**といい、密接に関連した一連の Web ページをまとめたものを **Web サイト**といいます。

> Note: 日本では Web ページのことをホームページと呼ぶ習慣がありますが、本来、ホームページは Web サイトで最初に表示されることを意図したインデックスページまたはその Web サイトの中心的なページのことです。

WWWでWebページがある場所は、**URL**（Uniform Resource Locator）で識別されます。典型的なURLの例を図9.4に示します。「http://nantoka.co.jp/books/cs/compute.html」の先頭の「http」はプロトコルを表します。「://」のあとの「nantoka.co.jp」はホストの名前を表します。その右側はホストのファイルシステムの中のドキュメントがあるディレクトリパスを表します。最後の/の右側はドキュメント名です。

```
http://nantoka.co.jp/books/cs/compute.html
```

プロトコル　　ドキュメントがあるホストの名前　　ディレクトリパス　　ドキュメント名

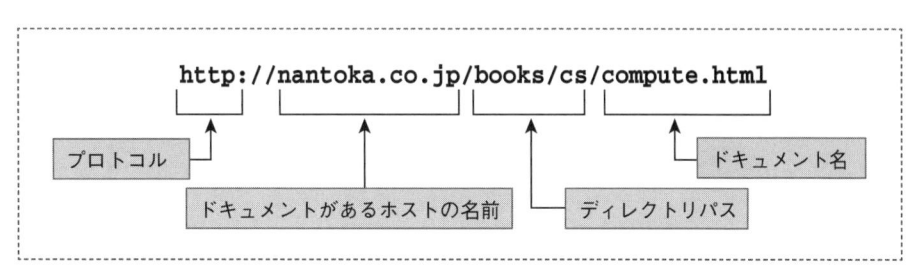

図9.4　URLの例

「http://nantoka.co.jp/」のようにプロトコルとホストの名前を指定すると、Webサーバーであらかじめ決められたページが表示されます。一般的には、表示されるのは**ホームページ**（**インデックスページ**）です。インデックスページにはindex.htmlという名前を付けるのが普通ですが、ほかの名前である場合もあります。

HTMLで記述されたWebページは、タグ付きのテキストドキュメントです。HTMLページの例を図9.5に示します。

```
<doctype html public "-//w3c//dtd html 4.0 transitional//en">
<html>
<head>
   <meta http-equiv="Content-Type" content="text/html; charset=Shift_JIS">
   <title>コンピュータサイエンス</title>
</head>
<body>
   <h1>コンピュータサイエンス</h1>
   <p>コンピュータサイエンスとは、コンピュータに関連する科学全般のこと。</p>
</body>
</html>
```

図9.5　HTMLページの例

これは、**ヘッド**（head）と**ボディー**（body）という2つのセクションから成り

立っています。ヘッドはタイトルやこのドキュメントの属性を表す情報です。ボディーはWebブラウザに表示される内容を含んでいます。

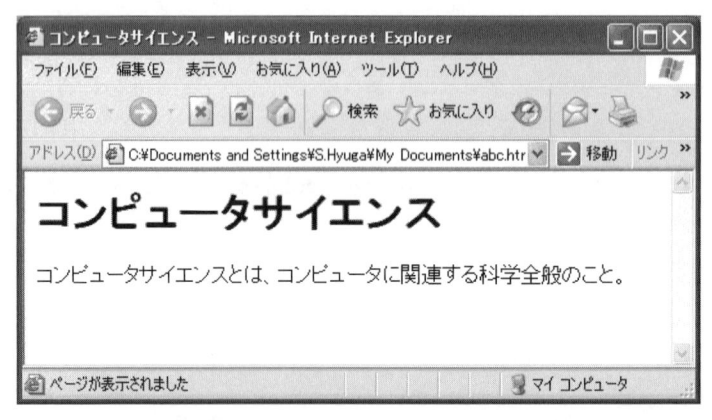

図9.6　図9.5のHTMLページをInternet Explorerで表示した状態

●●●電子メール

電子メール（Electronic Mail、**Eメール**、**e-mail**）もインターネットの重要な要素になりました。電子メールはメールアドレスで送信先を識別します。メールアドレスは、dog@nantoka.comのような形式で、この場合、nantoka.comがドメイン名、dogはメールを送受信する人の名前です。

電子メールメッセージは、最初にドメインのメールサーバーに送られます。メールサーバーはそれをインターネット上であて先のドメインのメールサーバーに転送します。メールサーバーは、ユーザーが見るまでメールを保管します。ユーザーはメールサーバーにメールを送受するためにメーラーを使います。

●練習問題

1. 自分のメールアドレスからドメイン名を抜き出してください。
2. 自分のマシンの現在のIPアドレスを調べてください。多くのシステムで、IPアドレスは`ifconfig`コマンドで調べることができます。

9.4 セキュリティー

コンピュータが普及する以前は、セキュリティーは現在ほど重要な問題ではありませんでした。しかし、コンピュータを誰でもが使うことができ、どこにでも接続できるようになって、セキュリティーはとても重要な問題になってきました。

●●● システムのセキュリティー

情報やシステムの安全性、あるいは、情報やシステムを保護するための安全対策を**セキュリティー**（Security）といいます。セキュリティー上の欠陥を**セキュリティーホール**（Security Hole）といいます。

ネットワークでは特にセキュリティーが重要ですが、ネットワーク以外でもセキュリティーが重要になることがあります。

セキュリティーにはさまざまなレベルがあります。

最も厳重なレベルのシステムは、ネットワークに接続していないか、限られた人だけがアクセスできる閉じたネットワークに接続してあり、限られた人だけが入れる部屋に置かれ、特定の人だけが操作できるようにしたシステムです。原子力関連施設の管理・運営システムや重要な攻撃システムなどは最も厳重なレベルのセキュリティーが必要です。

セキュリティーレベルのより低いシステムは、閉じたネットワークに接続されていて、限られたメンバーだけが接続できるシステムです。たとえば、警察や銀行のオンラインシステムはこのレベルのセキュリティーが必要です。

セキュリティーレベルのより低いシステムは、オープンなネットワークに接続されているものの、限られたメンバーだけしか接続できないように厳重に管理されたシステムです。銀行のインターネット決済システムや証券のオンライン取引システムのレベルはこのレベルです。

一般的なシステムは、インターネットのようなオープンなネットワークに接続されていますが、外部からのアクセスを制限する何らかの処置が施されています。ほとんどの一般ユーザーのシステムは、このレベルのシステムです。

オープンなネットワークに接続され、外部からのアクセスを制限していないシステ

ムはセキュリティーがないに等しい危険なシステムです。セキュリティーに関心がなかったり無知なユーザーのシステムにこのレベルのシステムがありますが、ほかのシステムに侵入するための踏み台に使われる危険性のある問題の多いシステムです。

セキュリティー対策

　一般的には、データやシステムにアクセスできるユーザーやユーザーのグループを制限し、特定のユーザーやグループにアクセスの権限を与えることでセキュリティーを確保します。

　無許可のアクセスを防ぐために最もよく使われている方法は、**パスワード**（Password）でアクセスを制限することです。パスワードを使ったセキュリティーはかなり有効ですが、残念なことにパスワードは盗まれたり推測されたりすることがあります。

　権限のないユーザーには、ネットワークはもちろんのこと、物理的にシステムにいっさい接触できないシステムは、最もセキュリティーの高いシステムであるといえます。このようなシステムを実現するために、たとえば、システムを特別な部屋に設置して、その部屋への入室さえ限定することがあります。

　部屋への入室やコンピュータへのアクセスなどに、顔の形や声紋、指紋や網膜、静脈を流れる血流などで個人を識別して認証することを、**生体認証**（Biometrics、**バイオメトリクス**）といいます。パスワードとは違って盗まれることがなく、また他人になりすますことが困難であるため、最も確実な認証方式であると考えられています。

ネットワークのセキュリティー

　ネットワークに接続されていないスタンドアロンのシステムに比べて、ネットワークに接続されているシステムは、複数のユーザーが接続する可能性があるので、セキュリティーがより重要です。特に、インターネットのような不特定多数のユーザーが接続しているネットワークでは、セキュリティーは常に重要な問題です。

　ネットワーク上のシステムの主な問題は次の2点です。

・本来は許されないユーザーによるアクセス。
・データまたはネットワーク資源の破壊。

ネットワーク上の無許可のアクセスからデータを守るための方法として、データを**暗号化**（Encryption）するという方法があります。たとえば、インターネット上で重要な情報を送るときに、暗号化して送ることで、たとえ途中で情報を盗まれたとしても、それを解読しない限り利用できないようにすることができます。

インターネット上で送られるメッセージでよく使われる暗号化の方法は、**公開キー暗号化**（Public-Key Encryption）と呼ばれる方法です。公開キー暗号化では、キーと呼ぶ2つの値を使います。キーの一方は**公開キー**（Public-Key）といい、メッセージを暗号化するために使われ、これはメッセージを生成する権限を与えられた人々が知っているキーです。もうひとつは**プライベートキー**（Private Key）といい、メッセージを解読するために必要な、メッセージを受け取るべき人だけが知っているキーです。

権限のない者がネットワークを介してシステムにアクセスする**不正アクセス**（Illegal Access）にも注意を払わなければなりません。一般的には、侵入しようとするシステムのIDとパスワードを盗んでアクセスする方法と、ソフトウェアのバグを悪用してアクセス権を取得して不正にアクセスする方法がとられます。

侵入や攻撃を受けたサーバーに仕掛けられた侵入経路を**バックドア**（Back Door）といいます。バックドアの目的は2回目以降の侵入をより容易にすることで、正規のログインによらずにシステムを操作可能にし、たいていの場合、コンピュータのすべての機能を不正に使用されることなります。そのため、他のコンピュータへの攻撃の踏み台として利用されてしまうこともあります。

日本では1999年に不正アクセス禁止法が成立し、不正アクセス行為は犯罪行為として処罰されることになりました。

破壊活動については、**コンピュータウィルス**（Computer Virus）と**ネットワークワーム**（Network Worm）が大きな問題になっています。一般に、ウィルスはコンピュータシステムでそれ自身をほかのプログラムに侵入させるプログラム部分です。ウィルスは単にほかのプログラムに感染を広げるだけの場合もありますが、破壊活動やデータの奪取を行うことがあります。

ワームという言葉は、通常、マシンに一定期間とどまり、ネットワークを通してそれ自身のコピーを転送する自立したプログラムのことを指します。ワームも、自身をほかのシステムにコピーするだけのものありますが、破壊活動やデータの奪取を行うことがあります。

ウィルスやワームは、システムのセキュリティーホールを突いて作られていることがよくあります。

無許可のアクセスと破壊行為の両方の問題に適用できる方法のひとつは、マシンを

第9章　通信とネットワーク

通過する通信をフィルターするソフトウェアをインストールすることです。侵入される可能性のあるネットワーク上の経路において、信頼できる通信だけを通過させて、外部からコンピュータネットワークに侵入されるのを防ぐシステムを**ファイアウォール**（Firewall）といいます。

● **練習問題**

1. システムをIDとパスワードで守ろうとする方法の問題点を指摘してください。
2. ウィルスとワームの違いを簡潔に説明してください。

第 10 章

ソフトウェアエンジニアリング

ソフトウェアエンジニアリングは、ソフトウェア開発とメンテナンスについて取り扱う領域です。

10.1　ソフトウェア開発

10.2　ソフトウェアのライフサイクル

10.3　モジュール化

10.4　ソフトウェアの品質

10.5　テスト

10.6　ドキュメント

10.1 ソフトウェア開発

ソフトウェアを効率よく確実に開発する技術を確立することは、**ソフトウェアエンジニアリング**（Software Engineering）の重要なテーマです。

ソフトウェア開発

ソフトウェアを開発するために必要なことは、プログラムを作ること（プログラミング）だけではありません。

大きなソフトウェアであれば、最初にどのようなソフトウェアを、誰をターゲットにして開発するのかということを検討することから始まります。これは、現状と問題の**分析**（Analysis）に当たります。目的を実現するための企画も必要になります。たとえば、広く一般に販売するソフトウェアならば、それを販売できる製品にするための企画が必要です。

開発するソフトウェアの概要が決まったら、次にソフトウェアを**設計**（Design）します。設計には、概要を設計する**全体設計**と、より具体的に細かい点まで設計する**詳細設計**があります。大規模なソフトウェアは、ほとんどの場合、複数のモジュールから構成します。そのため、各モジュールの機能だけではなく、モジュール相互の関係も設計する必要があります。**参照**⇒「10.3　モジュール化」の「UML」

設計が終わったら、実際にプログラムを作成します。これを**実装**（Implemantation）といいます。データベースを使うソフトウェアであれば、データベースも構築します。

作成したプログラムには必ず**テスト**（Testing）が必要です。

テストの結果、使用しても問題がないことが確認できたら、使用を開始します。ソフトウェアを実際に使うことを**運用**といいます。

CASE

ソフトウェア開発には、コンピュータが利用されています。これを**CASE**（Computer-Aided Software Engineering、**コンピュータ支援ソフトウェア工学**）といい

ます。コンピュータを利用してソフトウェア開発を支援するツールを **CASE ツール** といいます。計画や設計などのソフトウェア開発の最初のほうの工程を支援する CASE ツールを **上流 CASE ツール** といい、プログラムの作成やテストなどの後半の工程を支援する CASE ツールを **下流 CASE ツール** といいます。

　CASE ツールは一般的にはソフトウェアとして提供されます。

表 10.1　CASE ツールの種類

種類	概要
プロジェクト計画ツール	コスト概算、プロジェクトスケジューリングと人員配置を支援する。
プロジェクトマネージメントツール	開発プロジェクトの進捗管理を支援する。
ドキュメンテーションツール	ドキュメントの作成と組織化を支援する。
プロトタイピングとシミュレーションツール	プロトタイプの開発を支援する。
インタフェースデザインツール	GUI の開発を支援する。
プログラミングツール	プログラムの作成とデバッグを支援する。
テストツール	プログラムのテストを支援する。

トップダウンとボトムアップ

　ソフトウェアの開発の手法には、トップダウン方式とボトムアップ方式があります。

　トップダウン方式 は、最初に全体の構成を設計し、それからより小さな部分を設計して、最後に詳細を設計します。プログラムを実装するレベルでいえば、最初にメインプログラムを作成します。このとき、メインプログラムから呼び出すサブルーチンはできているものとみなします。そして、あとでそれぞれのサブルーチンを作成します。

　ボトムアップ方式 は、ソフトウェアの詳細を次々に作成していって、全体を完成させます。プログラムを実装するレベルでいえば、最初にサブルーチンを作成します。サブルーチンが完成したら、メインプログラムを作成します。

　トップダウン方式とボトムアップ方式は、どちらが優れているというものではなく、目的に応じて選択します。また、ひとつのプロジェクトの中でも、工程や部分に分けてトップダウン方式とボトムアップ方式の両方を併用することもあります。

ソフトウェアの生産性

　ソフトウェアに対する要求はだんだん大きくなっています。この要求に応えるために、ソフトウェアの生産性が重要な課題になっています。
　ソフトウェアの生産性を高める方法はいくつかあります。
　第一に、ソフトウェアの設計を適切に行うことで生産性を高めることができます。そのために、たとえばUMLを活用します。
　また、プログラミング言語を選択することも生産性に影響します。たとえば、アセンブリ言語は個々の操作を詳細にプログラミングしなければならないので、生産性のとても低いプログラミング言語です。一方、オブジェクト指向プログラミング言語は、抽象化されコンポーネント化や再利用が容易なので、生産性の高いプログラミング言語です。そのため、アプリケーションの大半をオブジェクト指向プログラミング言語で作成して、アセンブリ言語でなければできない部分だけにアセンブリ言語を使うことで、生産性を高めることができます。さらに、生産性の高い言語として**4GL**（4th Generation Language、**第4世代言語**）が開発されています。
　既成の**コンポーネント**（Component）を使うことも生産性に大きな影響を与えます。既成のコンポーネントはすでに開発されてテストされているので、プログラマはその機能を利用することを考えるだけですみます。このようなコンポーネントには、プログラムの部品である小さなコントロールからDBMSシステムまで、いろいろあります。

ソフトウェアエンジニア

　ソフトウェアエンジニア（Software Engineer）の主な仕事は、ソフトウェア技術を統合し開発プロセスを管理することです。
　ソフトウェアエンジニアが最初にする必要があるのは、これから開発するシステムで解決するべき問題を理解することと、ソフトウェアを使うユーザについて理解することです。市販するアプリケーションや受託開発のように顧客がいる場合は、顧客を理解することも重要です。顧客や市場の要求を分析して整理します。
　問題が明らかになったら、それを解決するために必要なことを検討します。問題を解決するために必要な条件を**要件**（Requirement）といいます。発見した問題を分析して整理するためには、たとえばUMLのようなモデリング言語を使うことがよくあります。

問題についてわかったら、実際にそれを実現するために必要な技術を選定します。たとえば、プログラミング言語を選択したり、データベース管理システムを選択します。アプリケーションをWWWをベースとしたWebアプリケーションの形で提供することを検討することもあります。

プログラムの開発はプログラマの仕事ですが、ソフトウェアエンジニアが参加することもあります。プログラムが完成したら、完成したソフトウェアをテストすることも重要な作業です。

● 練習問題

1. テキストエディタを開発するものとして、必要な機能を整理してください。
2. 機能を分割した複数のモジュールを開発してから、それを組み合わせてアプリケーション全体を作成するときに必要な作業の手順を整理してください。

10.2 ソフトウェアのライフサイクル

開発されたソフトウェアは、実際に使われることで次の段階に進む一歩を踏み出します。

ソフトウェアのライフサイクル

ソフトウェアはいったん完成すればそれで永遠の寿命を持つというわけではありません。ソフトウェアは、実際に使われると、改善するべきところや実用上の問題点が浮かび上がってきます。システムやネットワークなどの外部の環境が変わったり、利用者が増えたりしたために、そうしたことに対処しなければならなくなる場合も発生します。

そのような状況に対して、開発者はプログラムを変更して対処します。市販のパッケージソフトである場合は、普通はこれを**バージョンアップ**（Version Up）と呼びます。

ソフトウェアは一度変更すれば、以降は変更の必要がないというわけではありません。ソフトウェアは使われている限り、利用者の要求や環境の変更に応じて、変更を繰り返し続けます。

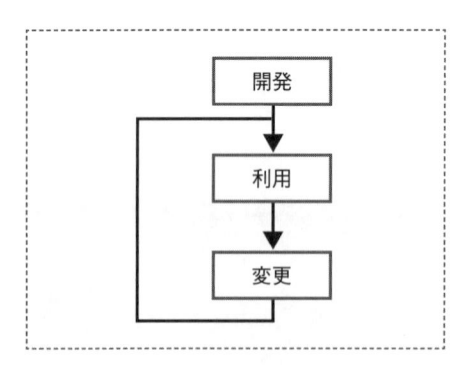

図10.1　ソフトウェアのライフサイクル

開発完了から最初の変更まで、あるいは、以前の変更から次の変更までの期間は、ソフトウェアの種類や開発者の考え方によって大幅に異なります。一般的には、ソ

フトウェアが安定して使われるようになったら、そのときが次の変更へのスタートです。

場合によっては、機能の一部を次の改良のときに実現することにして、その機能を欠いた状態でプログラムを完成とすることもあります。特に、新しい技術や、標準化がまだ進んでいない場合には、その機能を組み込むことがいずれ必要になるとわかっていても先送りすることがあります。

バグフィックス

プログラムの欠陥や設計上の問題点を**バグ**（Bug）といいます。そして、そのような箇所を修正することを**バグフィックス**（Bug Fix）といいます。ソフトウェアは、本来、完成した時点でバグがないのが望ましいのですが、現実には、大きなソフトウェアでバグがないということはめったにありません。

変更とバグの修正はまったく別のことです。ソフトウェアの変更では機能が変更されたり追加されますが、バグフィックスでは不具合が修正されるだけで機能に変化はありません。しかし、実際には、変更とバグフィックスが同時に行われることがあります。市販のソフトウェアでは、バージョンアップの際にバグフィックスが行われることがあります。一方、オープンソースソフトウェアでは、比較的頻繁にバグフィックスが行われます。

練習問題

1. ソフトウェアを実際に使い始めるまでに必要な作業を要約してください。
2. ソフトウェアの小さな変更をたびたび行う方法と、たまにまとめて変更を行う方法のそれぞれの利点と欠点を挙げてください。

10.3 モジュール化

プログラムに対する要求が増えてプログラムが複雑になるにつれて、プログラムを部分に分けて作成する技術が必要不可欠になってきました。そして、オブジェクト指向プログラミングという考え方が導入されました。

■ モジュール

プログラムが複雑になると、長いひとつのフロー（流れ）ではプログラム全体がわかりにくくなります。そこで、一連の完結した作業や処理ごとに**モジュール**（Module）として分け、そのようなモジュールを組み合わせて使うプログラミングが行われるようになりました。

モジュール化の利点は数多くあります。

・大きな問題を分割して解決することができる。
・モジュールごとに開発できる。
・モジュールごとにデバッグやテストができる。
・モジュールを再利用することができる。
・モジュールを交換することで機能を変更できる。

一方、モジュール化によって新たな問題も発生しました。

・複雑な現実を、単純化したモジュールで構成されたものに置き換える必要がある。
・モジュールとモジュールの関係を明確にして設計しなければならない。

しかし、モジュール化の利点のほうが大きいといえます。

●●● モデル

現実の事象をモジュールで構成されたものに置き換えるために、**モデル**（Model）を考えるようになりました。

モデル化（Modeling）とは現実を分析して抽象化することです。モデル化には、さまざまな方法、目的、目標があります。ひとつのアプローチは、事象をわかりやすく整理して設計に役立てようとするものです。別のアプローチとして、具体化に重点を置いて、プログラムを自動生成することを目的とするものもあります。

●●● UML

オブジェクト指向ソフトウェア設計方法論を統一したものとして、**UML**（Unified Modeling Language、**統一モデリング言語**）があります。これは、Rational Software 社の Grady Booch、James Rumbaugh、Ivar Jacobson の 3 人によって開発され、1997 年 11 月に **OMG**（Object Management Group）によってオブジェクト指向設計の表記法の標準として認定されました。

UML はオブジェクト指向のシステム開発の分析や設計段階で、システムが提供するサービスやクラスの構造、オブジェクトの振る舞いなどをダイアグラム（モデル図）を使って表します。また、実装段階に使うことができる、プログラムコードを生成するツールもあります。

UML の代表的なダイアグラムを表 10.2 に示します。UML を利用するときは必要に応じてこれらのダイアグラムを組み合わせて使います。

表 10.2　UML の代表的なダイアグラム

ダイアグラム	内容
ユースケース図	システムが実現しなければならない機能を表す図。
クラス図	クラス間の関係を表す図。
オブジェクト図	実行時のオブジェクト間の関係を表す図。
シーケンス図	オブジェクト間を流れるメッセージのシーケンスを表す図。
アクティビティー図	処理の流れを表す図（活動図）。
コラボレーション図	オブジェクト間の相互作用を空間的な側面からモデル化するための図（協業図）。

ダイアグラム	内容
コンポーネント図	システムの物理的なインプリメンテーションを表す図。
デプロイメント図	実行時の構成を表す図(配置図)。
ステートチャート図	オブジェクトの状態遷移を表す図(状態図)。

UML自身は表記法であり、ダイアグラムを使う順序や組み合わせについては規定されていません。したがって、UMLを採用しても特定の手法や手順に制約されることはなく、分野やプロジェクトに応じて必要なダイアグラムを自由に選択して使うことができます。

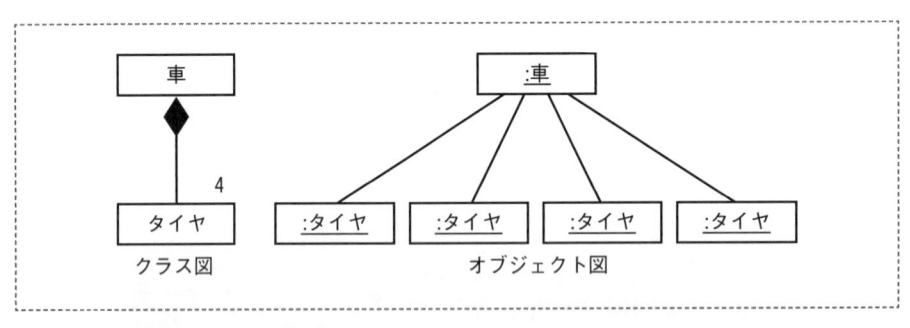

図10.2 UMLのダイアグラムの例

UMLは、システム開発の分析から実装までを、統一した手法で表現できるという点でも優れています。たとえば、従来でもプログラムを作成する前にフローチャートが描かれることがありましたが、この作業は分析や設計という作業とは分離していました。しかし、UMLでは分析から実装までが同じ表現で統一されています。そのため、分析と設計、設計と実装で対応する部分がわかりやすく、問題の原因となっている部分を容易に特定できます。

●●●プロトタイプ

提案された不完全なバージョンのシステムを、**プロトタイプ**(Prototype、**原型**)といいます。プロトタイプを作成することを、**プロトタイピング**(Prototyping)といいます。

大きなプロジェクトや、新しい概念を導入したプログラムなどでは、最初にプロト

タイプを作成して、設計上や運用上の問題点を検討します。また、GUIアプリケーションでプロトタイプとして機能を備えないGUI部分だけを作成して、入力フィールドやコマンドボタンの配置を検討し、操作性を確認することがあります。そして、プロトタイプを利用した結果を評価して、完全なソフトウェアの設計と開発を行います。

● 練習問題

1. モジュール化の利点を列挙してください。
2. GUIアプリケーションの機能を備えないGUI部分だけを作成してください。

10.4 ソフトウェアの品質

ソフトウェアは形がないので、品質について議論することは容易ではありません。しかし、製品である以上、品質を評価し管理することは欠かせません。

●●●ソフトウェアの品質

ソフトウェアは、実行した結果が期待した結果になることがわかったときに、初めて利用できるようになります。結果が出ない、あるいは、結果が想定と異なるという事態のほかにも、ソフトウェアの問題は非常にたくさんあります。たとえば、データの一部または全部が失われる、精度が失われる、同じ条件で実行した結果が異なることがある、などです。

ソフトウェア品質（Software Quality）については、機能性、信頼性、使用性、効率性、保守性、移植性という6種類のソフトウェア品質特性が重要です。

機能性とは、ソフトウェアの機能についての品質特性のことで、目的に合っているか、正確であるか、相互運用に適しているか、標準に適合しているか、セキュリティー上の問題はないか、などについて検討します。

信頼性については、ソフトウェアとして成熟しているかどうか、どの程度の障害の発生まで使用し続けられるか、障害が発生したときに回復できるか、などについて検討します。

使用性については、そのソフトウェアを理解しやすいか、使用方法を習得しやすいか、運用が容易であるか、などについて検討します。

効率性については、時間や資源の効率がどの程度優れているかについて検討します。

保守性については、そのソフトウェアを解析しやすいか、変更が容易であるか、安定しているか、試験が容易であるか、などについて検討します。

移植性については、環境に適応しやすいか、設置が容易であるか、規格に適合しているか、置換が可能かどうか、などについて検討します。

ソフトウェアの品質は、テストの結果に基づいて判断します。

●●●● 品質の管理

　ソフトウェアの問題に対する対策として最もよい方法は、問題を解決しなくてすむようなプログラムを作成することです。たとえば、デバッグしないで済むようなバグのないプログラムコードを書くことが重要です。これは当然のことのように思えます。しかし、プログラムを作るときには、とかく完成に向けて直接成果となるような作業が優先されて、バグを未然に防ぐというような目に見えにくい作業は軽視されがちです。しかし、バグのないプログラムを作れば、プログラム開発全体の時間を短縮できるうえに、完成したプログラムを通して技術的信頼を得ることができます。

　バグの少ないコードを書くために心掛けたいことは、次のようなことです。

　第一に、よい設計を行う必要があります。プログラムコードの記述に取り掛かる前に、プログラム全体の設計や詳細の検討を十分に行うことが、バグの少ないプログラムを作るための第一歩です。プログラムコードに取り掛かる前に、設計に時間と労力をかけるということを習慣にすると、単純なプログラムでも早く確実に作ることができるようになります。

　プログラミング言語とプラットフォームを深く理解することも必要です。最近の統合開発環境を持つ開発ツールは、作成しようとするプログラムのフレームワーク（骨組み）を自動生成してくれるので、プログラミング言語やプラットフォームについてあまり詳しく知らなくても、プログラミングに取り掛かることができます。しかし、そのことはプログラミング言語とプラットフォームに対する深い理解が必要ないということではありません。プログラミング言語とプラットフォームについて知れば知るほど、単純で効果的なプログラムコードを書くことができ、結果としてバグを防ぐことができます。

　作成するプログラムに利用できる既成のソフトウェアコンポーネントがある場合は、それを使うことも、バグを未然に防ぐことに役立ちます。通常、既成のソフトウェアコンポーネントは十分にデバッグされています。そのため、そのコンポーネントが提供する機能の部分を自分で作るよりも早くて確実です。

● 練習問題

1. 機能が豊富で信頼性が低いソフトウェアと、限定された機能を持つ信頼性の高いソフトウェアがある場合、どちらを使うべきか考察してください。
2. 一般の工業製品の品質管理の方法について調べ、それをソフトウェアに適用できるかどうか検討してください。

10.5 テスト

プログラミング上の欠陥や誤りをプログラムのバグといいます。バグを取り除くことをデバッグといいます。

ソフトウェアは大規模で複雑になればなるほどバグを多く含むという傾向があります。ソフトウェアを運用する前にテストして重大なバグをなくすだけでなく、あらゆる段階で設計上の問題や運用上の問題がないか確かめることはとても重要です。ソフトウェアからの問題の完全な除去はソフトウェアエンジニアリングの最終目標の1つです。

●●●プログラムのテスト

あるプログラムが正しく機能するかどうか調べるためには、異なる条件でテストします。つまり、実行条件を設定して実行し、結果を検討することを繰り返します。

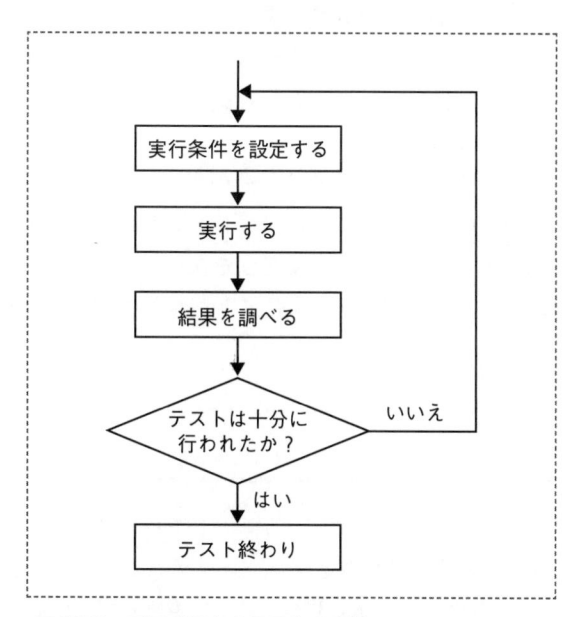

図10.3 プログラムのテストの方法

一般的には、さまざまな条件で異なるデータを作ったり、入力や操作の順序を変更してプログラムを実行し、その結果を評価します。しかし、あらゆるデータの組み合わせやあらゆる順序の組み合わせでテストすることは困難である場合がよくあります。そのような場合には、できるだけ多くの組み合わせでテストします。漏れがないテストを行うためには、ソフトウェアの各コマンドが少なくとも一度は実行されることを保証する一連のテストデータを作ってテストします。コマンドを選択するようなソフトウェアではない場合には、ソフトウェアの中のすべてのロジックを経由することを保障する一連のテストデータを作ります。これを**パステスト**（Path Testing）といいます。

　極端な条件でもテストすることで、より厳密なテストを行うことができます。極端な条件とは、パラメータに最大値や最小値を指定することです。このような値でテストすることを**境界値分析**（Boundary Value Analysis）といいます。また、通常は考えられないものの発生する可能性がないとはいえない大きな（あるいは小さな）データや、通常は考えられないほど多数のユーザーによるリクエストなどでテストすることも重要です。

　条件を変えてテストを重ねれば重ねるほど信頼性が増すといえますが、多くの場合、完全であることを実証するのは困難です。**パレートの原則**（Pareto Principle）によると、問題の大部分の原因はいくつかに限られますから、よく発生する問題についてテストすることで多くのバグを見つけることができますが、ソフトウェアの場合、それだけでは十分とはいえません。プログラムに含まれる問題は、テストの間に見落とされたことの結果であることがよくあります。テストを機械的に行うことは避けて、見落としのないテストを心掛ける必要があります。

　重要なソフトウェアの場合、同じタスクを行うための2つのソフトウェアを、異なるチームか異なる会社でそれぞれ開発し、2つのソフトウェアに同じデータに適用して、その結果を比較することによってテストする方法を採用することがあります。この方法は、結果が異なればいずれかにエラーがあることがわかります。

ベータテスト

　パッケージソフトウェアや一部のアプリケーションソフトウェアでは、**ベータテスト**（Beta Testing）と呼ぶ方法がよく使われます。ベータテストは、ソフトウェアを市場に出す直前に、そのソフトウェアをユーザーに使ってもらって使い心地や不具合の有無を調べるテストです。ベータテストを行うユーザーを**ベータテスタ**（Beta

Tester）といいます。

　ベータテストでは、開発者が想定しなかった使い方をユーザーが行う可能性があり、伝統的なテストの方法とは異なった側面からのテストを行うことができます。また、市販されるソフトウェアの場合は、ベータテストを行うことによって、デバイスドライバのような関連製品が早期に開発されるなど、さまざまな面で顧客からのフィードバックを得られるという利点があります。

モジュールのテスト

　ソフトウェア全体をテストするのではなく、その一部をテストすることもあります。たとえば、ソート（並べ替え）のプロシージャを作成したら、それをプログラムの中で使う前に、ソートのプロシージャだけをテストします。このとき、テスト用のデータが必要になるでしょう。また、テストするためのメインプログラムも必要になります。テストを行うために、テストするプログラムの前後に付けるプログラムを**スタブ**（Stub）といいます。

　ひとつのモジュールをテストすることを**単体テスト**（Unit Test）と呼ぶことがあります。これに対して、モジュールを組み合わせてテストすることを**結合テスト**または**統合テスト**（Integration Test）といいます。

テストの支援ツール

　ソフトウェアのテストは同じような操作の繰り返しになることが多いので、条件の組み合わせの作成と操作手順を繰り返すことを目的とした、プログラムのテスト用のツールを使うことがあります。また、ソースプログラムや実行可能プログラムファイルを分析して、メモリリークのようなプログラムの問題点を探し出すソフトウェアも開発されています。本格的なソフトウェアのテストには、このようなテストの支援ツールを活用することが欠かせません。

ハードウェアの問題

　ソフトウェアの品質について考えるときには、ハードウェアに欠陥がある場合がまれにあるという点を考慮する必要があります。たとえば、CPUに組み込まれているマイクロプログラムに欠陥がある場合や、実数の演算を担当するFPUに計算間違いを起こす部分が組み込まれていたり、FPU内部の計算に予期しない誤差が含まれている可能性も否定できません。CPUやFPUの回路の設計に問題がある場合もあります。

デバッグ

　プログラムの欠陥や設計上の問題点である**バグ**（Bug）を修正する作業のことを**デバッグ**（Debug）といいます。

　プログラミングの技術の中でデバッグは非常に重要な技術です。効率よくデバッグを行うためには、プログラミングとコンピュータに関する豊富な知識と、デバッグの経験が必要です。

　デバッグで行う作業とは、問題の状況（症状）をはっきりさせ、問題点（バグ）のありかを突き止め、それを修正することです。

　問題の把握は容易なこともありますが、とても困難な場合もあります。たとえば、実行時に特定の条件が揃ったときに限って発生したり、一瞬だけ出現してすぐに消えてしまうために目で見ていても状況がよくわからないことがあります。ときには、どこかで何かがおかしくなるが、何がどうなっているのかさっぱりわからないという場合もあります。そのような場合には、次の2点をはっきりさせる必要があります。

1) どういう状況のときに
2) どのような状態になるのか

　そのためには、次のようなテクニックを使うことができます。

　デバッグ用のソフトウェアである**デバッガ**（Debugger）または開発ツールのデバッグ機能を使って、プログラムを1ステップずつ実行できる場合は、1ステップずつ実行してみます。また、プログラムを停止するためのブレークポイントを設定できる場合は、ブレークポイントを設定して実行してみます。変数の値を監視するウオッチ式を追加できる開発ツールを使っている場合は、重要な変数や式をウオッチ式として設

定して、実行時の値の変化をよく調べます。

　問題の状況が把握できたら、次にバグの原因となっているプログラムの部分を突き止めます。ほとんどの場合、開発ツールのデバッグ機能を使ってソースコードをよく調べれば、問題の原因となっている場所を突き止めることができるでしょう。たとえば、ブレークポイントを設定して、変数の値を追跡しながら1ステップずつ実行することで、問題となっている場所を特定します。呼び出したプロシージャの履歴（コールヒストリ）を調べることができるツールもあります。

　有効なデバッグツールを使えない状況のときには、プログラムコードのいくつかの場所にメッセージを出力するコードを挿入することで、問題の場所を絞り込むことができます。

　問題の発生場所がわかったら、プログラムコードを修正します。重要なプログラムの場合、プログラムを修正したときには、その事実も記録しておきます。また、修正の記録を自動的に行い、必要に応じて前の状態に戻すことができるツールである、**バージョン管理システム**（Version Control System）を利用できる場合があります。

● 練習問題

1. 同じソフトウェアを同じデータを使って異なる種類のシステムで実行した場合、結果が異なる可能性があるかどうか考察してください。
2. テキストエディタを作成したものとします。必要なテストを列挙してください。

10.6 ドキュメント

プログラムを開発したら、保守管理するための文書を作成することが重要です。また、ユーザーが効果的にソフトウェアを利用できるようにするための文書も必要です。

ドキュメンテーション

プログラムを開発して利用するだけでなく、保守管理するためにも、文書のような資料を作成します。このような資料を、**ドキュメント**（Document）といいます。ドキュメントを作成することを**ドキュメンテーション**（Documentation）といいます。

一般的には、ドキュメントは2種類に分類することができます。

ひとつは、ソフトウェアの機能と使い方を説明するドキュメントで、これは**ユーザードキュメント**（User Document）といいます。ほとんどの場合、ユーザードキュメントは、コンピュータの専門家ではなく、一般のユーザーを対象に作成します。よいユーザードキュメントは、ソフトウェアの効果的な利用と普及に役立ちます。

もうひとつは、ソフトウェアの開発や保守に必要なドキュメントです。この種のドキュメントは**システムドキュメント**（System Document）といい、ユーザードキュメントより専門的な内容が含まれています。プログラムの仕様書や設計文書はもちろん、高級言語で書かれたソースプログラムもこの種のドキュメントに含まれます。特に、コメントを適切に付けたソースプログラムはそれ自身、優れたドキュメントになります。

あるソフトウェアに実際に必要になるドキュメントは、ソフトウェアの種類や規模、使用者、使用期間などによって異なります。

よく作成されるドキュメントを表10.3に示します。

表10.3 ドキュメントの例

種類	概要
仕様書	アプリケーションの仕様を説明した文書。
設計図書	アプリケーションの設計を記述した文書。
操作説明書	アプリケーションの操作方法の説明文書。
操作解説書	アプリケーションの操作方法をわかりやすく解説した文書。

ドキュメントは必ずしも紙に書かれたり印刷されるわけではありません。テキストファイルやHTMLファイル、PDFファイルのような電子的なドキュメントを作成することもよくあります。

●●● ドキュメントの作成と更新

さまざまな支援ツールが開発される以前は、ドキュメントの作成は、プログラミングとは別の作業でした。現在では、ソースコードや設計図書からドキュメントを自動生成することができるソフトウェアがあります。

たとえば、**Javadoc**は、Javaソースコードのコメントを抽出して、そのコメントからパッケージやクラス、フィールドについて説明するHTML文書を生成します。

Javadocのためのコメントは、必ずコメント開始記号（/**）でコメントを始め、コメント終了記号（*/）で終わります。それぞれのコメントには、説明のあとに1個以上のタグを付けます。また、必要に応じてJavadocのためのコメントの中にHTMLでテキストを記述することもできます。コメントはJavadoc標準に従って記述する必要があるので、詳しくはJavadocのドキュメントを参照してください。

メソッドに記述したJavadocのコメントの例を次に示します。

```
/**
 * 摂氏の温度を計算する
 *
 * @param Fahrenheit 華氏の温度（度）
 */
```

Javadocを使うと、このコメントから次のようなドキュメントが生成されます。

```
摂氏の温度を計算する
Parameters:
    Fahrenheit - 華氏の温度（度）
```

プログラムは開発中も完成後も変更されることがよくあります。変更された内容はドキュメントに反映されていなければなりません。プログラムとドキュメントの内容は一致していなければなりません。そのためには、プログラムを変更してからドキュメントを変更するのではなく、両方を同時に変更するか、設計図書のようなもとになるドキュメントを先に変更してからプログラムを変更するのが望ましいといえます。

● 練習問題

1. ドキュメントとして作成可能な形式を列挙してください。
2. 単純なゲームを開発するものと仮定して、そのゲームの仕様書とユーザードキュメントを作成してください。
3. 小さなプログラムを作成して、そのコメントをドキュメントと呼ぶに相応しい形式で書いてください。

第11章

AIとニューロコンピュータ

コンピュータがよりインテリジェントな作業を行うように要求されるに従って、AI（人工知能）やニューロコンピュータと呼ばれる分野の研究が推し進められました。

将来のコンピュータ技術については広範な領域が広がっています。

11.1　AI（人工知能）

11.2　ニューロコンピュータ

11.3　遺伝的アルゴリズム

11.4　あいまいさの表現

11.5　ロボット

11.6　未来の技術

11.1 AI（人工知能）

AIはArtificial Intelligence（**人工知能**）の略です。従来のコンピュータシステムを使って、人工的な**知能**（Intelligence）を実現しようとする試みを、一般にAIといいます。

●●●認識と推論

人間は、あいまいな状況から判断したり識別することができます。しかし、すべてを0と1の組み合わせで表現するノイマンシステムのコンピュータは、そのような作業には向きません。たとえば、犬の写真（イメージ）をそれが犬であると判断することは、人間にとっては容易ですが、コンピュータにとってはきわめて困難です。人間の脳とノイマンシステムのコンピュータの仕組みはまったく異なるからです。しかし、このようなことをソフトウェアで解決しようとする試みがあります。

ある事実から別のことを推理して導き出す**推論**も、ノイマン式コンピュータには苦手な作業です。たとえば、A＝BでB＝CならばA＝Cであることは、コンピュータに判断できます。しかし、男性と犬が登場する文章の中で、あるheが男性を指すのか犬を指すのか推論することはコンピュータには困難です。

さらに複雑な問題があります。たとえば、ジグソーパズルは、各ピースの絵を**認識**したうえで、推論しなければ結果が得られません。雑音と意味のある音声とを区別するときも、それぞれの音を別々に認識したうえで、有用な音を判断しなければなりません。このような問題は、人間にとってはたいして問題になりませんが、現代のコンピュータにとってはきわめて苦手な問題です。

●●●知識ベース

知識ベース（Knowledge Base）は、一般的なデータベースに保存される事実と共に、専門家のノウハウのような知識を保存したデータベースです。知識は**ルール**（Rule）と呼ばれます。高度な専門知識をルールとしてコンピュータ上で表現したものが知識ベースです。

知識ベースを使って作られる知識を活用するためのシステムを、専門家システムといいます。専門家システムは、たとえば、病気の診断や翻訳、電子回路の設計に使われます。

知識ベースを実現するためには、ルールの表現と、いくつかの関連するルールを組み合わせて問題を解決するための**推論エンジン**（Inference Engine）と呼ばれるプログラムが必要です。

●●● エキスパートシステム

知識ベースの知識をもとに推論を行って、その分野の専門家と同等の判断をくだすことができるシステムを、**エキスパートシステム**（Expert System、**専門家システム**）といいます。たとえば、病気の診断と治療のエキスパートシステムは、症状や検査結果を入力することで、病名を診断し、治療方法を提示します。また、翻訳のエキスパートシステムは、原文を入力すると完全な翻訳文を出力します。

エキスパートシステムには、専門家の知識に匹敵する知識ベースと、的確な推論能力が必要です。このような本格的なエキスパートシステムの開発にはまだ困難な課題が数多く残されています。

専門家が判断の材料とするために補助的に使うシステムは開発されて使われていますが、そのようなシステムもエキスパートシステムと呼ばれることがあります。

●●● チューリングテスト

チューリングマシン（**参照**⇒第1章の「1.2 機械式計算機」）を考案したアラン・チューリングは、コンピュータが知性を持っているかどうか判断するテストを考案しました。これを**チューリングテスト**（Turing Test）といいます。その方法は、次のとおりです。

相手が人間であるかコンピュータであるかわからない状態で、コンピュータと人間を相手に対話を行います。このとき、相手がコンピュータであるのか人間であるのか判断できなければ、そのコンピュータは知性を持っていると判断します。

つまり、たとえば、「今、自分は機嫌がよいと思うか？」とか「そう思う理由は？」というような質問に対して人間と区別がつかないような答えを返すかどうかをテストします。

第11章 AIとニューロコンピュータ

厳密にいえば、このようなテストに合格するシステム（つまり人間とまったく区別のつかないようなシステム）は現在のところ実現できていませんが、AIの技術開発では、一定の条件のもとでチューリングテストに合格するシステムが作られています。

●●● PrologとLisp

AIプログラムの記述・開発に適している言語として、**Prolog**（PROgramming in LOGic、**論理プログラミング**の省略）と**Lisp**（語源はLISt Processor）があります。

Prologは、1970年代のはじめにフランスのAlain Colmerauerらによって開発された言語です。

Prologでは、**述語**（Predicate）と呼ばれるものを定義することでプログラムを作成します。

たとえば、jimがtomyの父親であるという関係を、述語fatherを使って次のように表現します。

```
father(jim, tomy)
```

また、男であることを表す述語maleを使って、jimが男であるということを次のように表現します。

```
male(jim)
```

jimが男性であるかどうか質問すると、YESが返されます。

```
?- male(jim).
   YES
```

このように、Prologは定義された事実と規則から答えを見つけてくれます。

Lispは、1960年初頭にマサチューセッツ工科大学のJohn McCarthyらによって開発された言語です。

Lispではすでに定義されている関数を組み合わせて新しい関数を定義するという形でプログラムを記述します。また、プログラム中でプログラムを生成して実行するということが容易に行えます。

Lispでは次の形式で関数を記述します。

(関数名 引数1 引数2 ...)

次の例は、xxとyyという2個の変数にそれぞれ値を設定して、それらを加算した結果を出力するプログラムの例です。

```
(setq xx 123)
(setq yy 345)
(+ xx yy)
468
```

この場合、setqや+は、すでにシステムに組み込まれいている関数です。

練習問題

1. 人間が見れば明らかに犬の写真であるものを、コンピュータが犬の写真であると判断するのが困難である理由を考察してください。
2. チューリングテストに合格すれば、そのシステムは確かに知性を持つといえるかどうか考察してください。
3. PrologまたはLispでプログラムを作成してください。PrologやLispの処理系はインターネットでフリーの処理系をダウンロードすることができます。

11.2 ニューロコンピュータ

　ニューロコンピュータは、人間の脳の仕組みを真似た（あるいは取り入れた）コンピュータのことです。

脳と電子回路

　脳の基本となっている細胞のことを**ニューロン**（Neuron、**神経細胞**）といいます。
　現在のコンピュータの原理をベースにして脳と同じ機能を持つコンピュータを作ることは、理論的には可能であるようにみえます。実際、膨大な数のプロセッサを使って脳の機能の一部をシミュレーションすることは理論的には可能です。しかし、人間の脳には、約100億のニューロンが存在し、それぞれのニューロンが約1万のニューロンと繋がっているので、実際に人間の脳にあるニューロンと同じ回路を用意することは不可能です。
　さらに重要なことは、人間の脳や神経細胞を流れる電流にはさまざまなレベルがあって、単純に0と1とに置き換えることはできないということです。
　脳を現在のコンピュータで再現するためには、現在の技術の範囲でモデル化することが必要です。

ニューロンとモデル

　細胞が結び付いてできた神経回路を**ニューラルネットワーク**（Neural Network）といいます。この、ニューラルネットワークの仕組みを利用したコンピュータを、**ニューロコンピュータ**（Neuro Computer）といいます。
　生物のニューロン（神経細胞）の本体は**細胞体**（Cell Body）です（図11.1）。細胞体からは**樹状突起**（Dendrite）が伸びていて、ほかのニューロンからの情報を受け取ります。また、**索軸**（Axon）が伸びていて、ほかのニューロンに情報を伝えます。このようにニューロンが互いに繋がってネットワークを形成しています。

図11.1　ニューロンの構造

これをモデル化すると、図11.2のようになります。

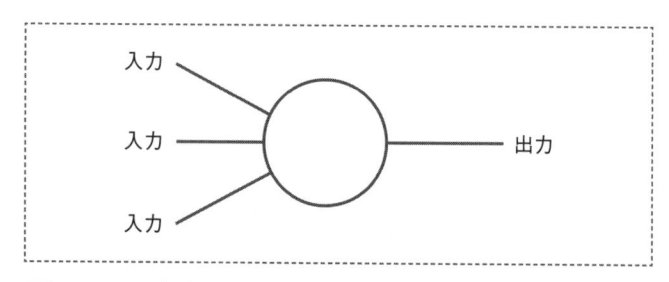

図11.2　モデル化したニューロン

　このモデルをもとにした人工のニューラルネットワークの実現方法には2種類あります。
　ひとつは、ソフトウェアでモデル化したニューロンを実装する方法です。これは、入力の値に重みを付けて、入力の値の合計が一定の値以上になったら出力を0以外の値にします。入力の値が一定の値以上になることを発火といいます。
　もうひとつは、現代のコンピュータを使うのではなく、化学物質を使って、セルに流れる電流を変化するようなデバイスを作る方法です。
　いずれの場合も、実際に実現するためには人間の脳の神経細胞と比べてずっと単純化する必要がありますが、この原理を利用することは可能です。

●●●応用例

　ニューロコンピュータを利用する、きわめて単純化した例をみてみましょう。ここで例として取り上げるシステムは、文字の形から文字を認識します。

　このシステムは、まず、グリッド状になったセンサーでパターンの各点の値を読み取ります。各センサーの出力はニューロコンピュータのニューロンの入力になります。

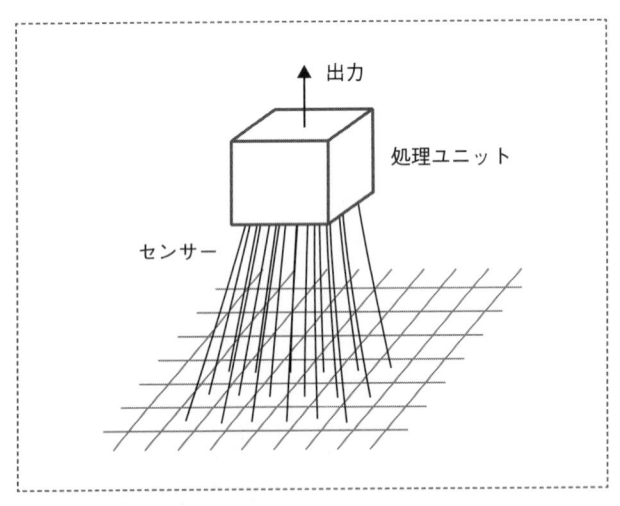

図11.3　文字認識システム

　ニューロンでは、入力された値をさまざまな文字のマスクに当てはめて、読み取ったパターンがどの文字に最も近い形状であるか決定します。文字のマスクは文字の形に応じて重みが付けられています。たとえば、文字「T」であれば、上部の水平線の位置と中心の垂直線の位置の重みを大きくします。この重みをニューロンの各入力に掛け合わせて、文字の形を判定します。

5	5	5	5	5
2	3	5	3	2
−5	3	5	3	−5
−5	3	5	3	−5
−5	3	5	3	−5
−5	2	5	2	−5

図11.4　文字Tを認識するためのマスク

この例は、仕組みを理解するためにきわめて単純化した例です。実際のニューロコンピュータはこれよりはるかに複雑なニューロンのネットワークを使います。

● 練習問題

1. 人間の神経細胞と同じ数のCPUを使ったシステムを作るとしたら問題になることを考察してください。
2. 複数の入力のそれぞれに重みを付けて値を評価するプログラムを作成してください。

11.3 遺伝的アルゴリズム

自然界の生物の進化の課程を模倣して問題を解決する方法として、遺伝的アルゴリズムと呼ばれるものがあります。

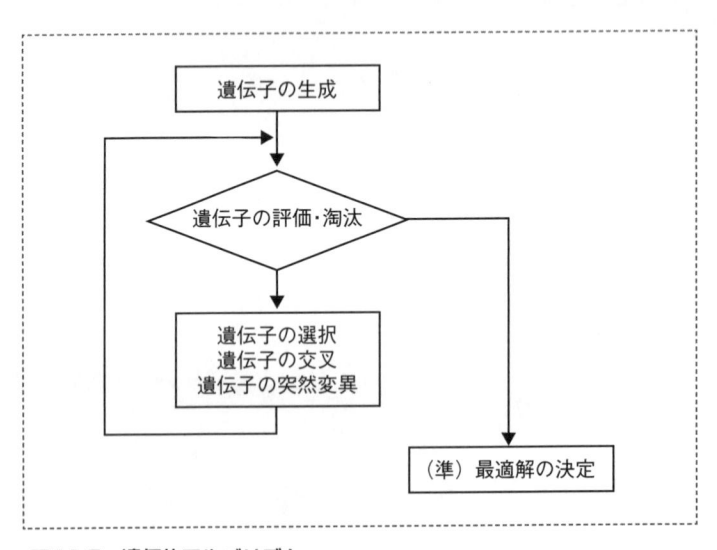

●●● 遺伝的アルゴリズム

遺伝的アルゴリズム（Genetic Algorithm、**GA**）は、自然の進化の理解を問題解決に適用しようとするもので、1975年にミシガン大学のジョン・ホランド（John Holland）によって提案された近似解を探索するアルゴリズムのひとつです。

遺伝的アルゴリズムでは、最初に遺伝子を生成して個体の集団を作成します。遺伝子とは、解の候補のことで、最初の段階では求めようとしている解に近い必要はありません。

最初に生成した個体の集団を第1世代といいます。

```
遺伝子の生成
    ↓
遺伝子の評価・淘汰 ──→ （準）最適解の決定
    ↓   ↑
遺伝子の選択
遺伝子の交叉
遺伝子の突然変異
```

図11.5　遺伝的アルゴリズム

次に、遺伝子を操作して個体の集団を進化させて、次の世代を作ります。遺伝子の操作には、遺伝子の**選択**（Selection）、遺伝子の**交叉**（Crossover）、遺伝子の**突然変異**

（Mutation）などがあります。遺伝子の選択では、適応度の高い個体を選択します。遺伝子の交叉とは、選択された2つ以上の個体の遺伝子の一部を交換して新しい遺伝子を生成することです。遺伝子の突然変異では、遺伝子をそれまでとは脈略なく変化させます。

このようにして、適応度がある一定の値になるか、繰り返しの回数が一定の回数になるまで、繰り返して同じ操作を行います。このとき、突然変異の確率は低い確率にします。突然変異の確率があまり高いと、それまで計算してきた遺伝子とは大幅に異なる遺伝子ができてしまい、遺伝子を選択や交叉して評価・淘汰を繰り返してきた意味が薄れてしまいます。

遺伝的アルゴリズムは、候補の中から解を選択する探索法のひとつとみなすことができます。つまり、いろいろな解を作ってみて、問題の解に一番近いとみなせる候補を選択します。

遺伝的アルゴリズムは、少ない計算量で比較的優れた解を求めることができます。しかし、個体数、交叉、突然変異の確率などのパラメータやコーディングの一般的手法が確立されていないという問題点があります。したがって、現在のところ、多くの問題に容易に利用できる状況ではありません。また、得られるのは準最適解であり、必ず最適解を求めなくてはならない場合には使えません。

遺伝的プログラミング

遺伝的プログラミング（Genetic Programming、**GP**）は、J. Kozaによって提案されたプログラミング手法で、木構造（ツリー構造）を扱えるように、遺伝的アルゴリズムを拡張したものです。この方法では、交叉は部分木の取り替え、突然変異は部分木の変更になります。

GPの考え方をAIに適用して、学習、推論、問題解決を実現する試みを**進化論的学習**と呼びます。

練習問題

1. 遺伝的アルゴリズムを適用するのに相応しい問題を考えてください。
2. 遺伝的アルゴリズムで突然変異の確率を大きくするとどうなるか考察してください。

11.4 あいまいさの表現

従来のコンピュータは数値で表現できる明確な値しか扱えません。しかし、人間社会にはあいまいなものがたくさんあります。そこで、あいまいなものをあいまいなまま扱おうとする試みがなされています。

●●● ファジィ理論

ファジィ（Fuzzy）**理論**とは、ザデー（L. A. Zadeh）が考案した、あいまいさをコンピュータで扱うための理論です。

たとえば、細長い棒をバランスを保って立てておくことを考えてみましょう。棒のわずかな傾きに対して、棒の倒れる方向や速さを厳密な数値計算で算出して倒れないように力を加えることを行っていたのでは間に合わなくなります。そこで、棒の倒れる方向や、速さをあいまいに見極めて、倒れないようにおおむね適切な力を加えます。これを繰り返すことで、棒が立っている状態を維持できます。

あいまいさ（Ambiguity）はファジィ集合で表します。**ファジィ集合**（Fuzzy Set）とは、あいまいさを数字で表現したもので、ある事実にどのくらいあてはまるかという程度を表す集合です。それに対し、あいまいさを含まない集合を**クリスプ集合**（Crisp Set）といいます。

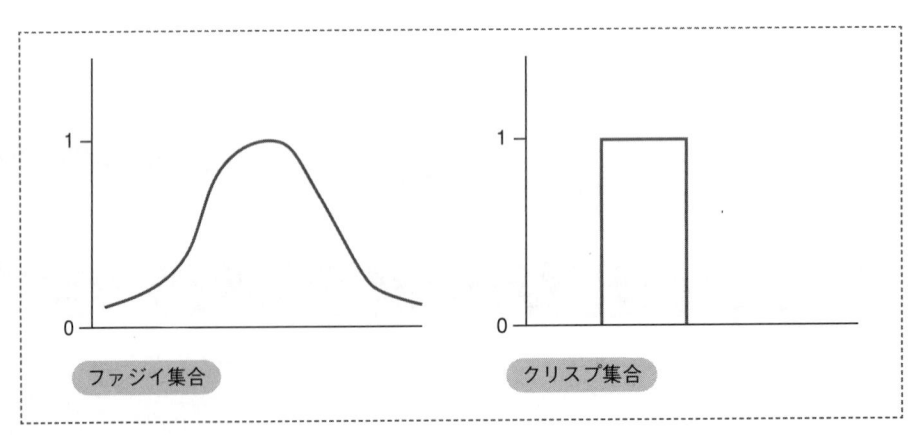

図11.6　ファジィ集合とクリスプ集合

ファジィプログラミング

　ファジィ理論によるプログラミングでは、IF～THEN…によるルールを多数定義して、ルールに基づいて制御を行います。IF～THEN…ルールは「～になった場合は…する」という形のルールの集合です。したがって、原理や働きがわかっていなくても、挙動がわかれば定義することができます。また、多数のルールを定義しておくことでいずれかのルールが適用できるので、ルールの中に問題があったら、それを使わずにほかのルールでカバーできるという特徴があります。

　ファジィプログラムは、多数のIF～THEN…ルールを評価するので、計算量が多くなる傾向があります。また、厳密な解が必要な場面には適しません。

練習問題

1. あいまいなまま扱うのが適切であるような状況の例を示してください。
2. 細長い棒を垂直に立てておくために必要と思われるルールをIF～THEN…の形式で定義してください。

11.5 ロボット

ロボットは人間に代わって作業を行う機械として使われています。ロボットは進化を続け、やがて人間と区別するのが難しいものが登場するかもしれません。

ロボット

コンピュータサイエンスの立場から見た**ロボット**（Robot）は、コンピュータによって制御される機械です。ロボットについて研究する学問を**ロボット工学**（Robotics）といいます。

一般的には、ロボットはセンサーを備えて状況を感知し、その情報をコンピュータに入力して、制御装置を制御します。制御装置は、たとえば、アーム（腕）の駆動装置に対して、アームを上に動かすように命令します。その結果、油圧やモーターの力でアームが上に動きます。

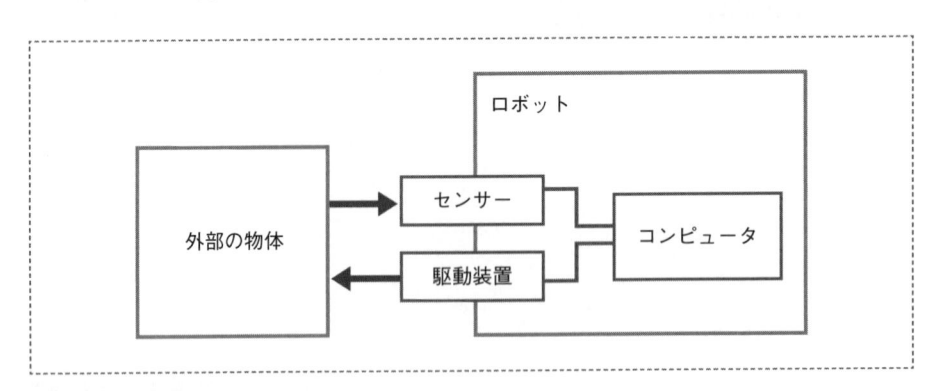

図11.7 ロボットの情報の流れ

機械を組み立てるロボットの場合、組み立てるものの位置や状態をセンサーで検知してコンピュータにその情報を送り、組み立てるための装置を制御します。たとえば、自動溶接ロボットであれば、設計図に基いてセンサーで現在の状況を確認しながら鋼板を適切な位置に移動して溶接することで車のボディーを作ります。

AIの技術やニューロコンピュータを取り入れた、未来型のロボットの研究も進んでいます。

ヒューマノイド

人間型のロボットを**ヒューマノイド**（Humanoid、Humanoid Robot）といいます。日本では人間のように2足歩行するロボットの開発が活発に進められています。

高度なヒューマノイドの作成には、さまざまな技術が必要です。センサーや制御のような通常のロボットに必要な技術に加えて、人間と同じように2本の足で歩く2足自立歩行、自然言語の理解や合成、画像や音の認識など、高度な技術を組み込む必要があります。

図11.8 ヒューマノイド（ホンダASIMO、左：時速6kmの走り、右：トレイの受け渡し）
（写真提供：本田技研工業（株））

サイボーグ

体の一部を人工臓器にした人間を**サイボーグ**（Cyborg）といいます。

人間が脳からの指令で活動するときには、脳や神経には微弱な電流が流れます。神経に流れる電流を測定して、意思を判断し、その結果でコンピュータやコンピュータに接続された装置を制御することができます。たとえば、人間が腕を動かそうとしたときに神経を流れる電流を検出すると、機械で作られたアームを腕の動きと同じように動かすことができます。

さらに、頭の中で考えたことを脳から直接コンピュータに送る、**脳コンピュータインタフェース**（Brain Machine Interface）が開発されています。これは脳に直接電極を埋め込み、そこから情報を得て意思を判断し、機械を制御するためのインタフェースです。いわば、考えるだけで何かを動かすことができる技術であるといえます。また、外部からの音を電気信号に変えて、脳に埋め込んだ電極に送って脳が音を感じるようにすることで、耳の聴力を失った人でも音を認識することができます。

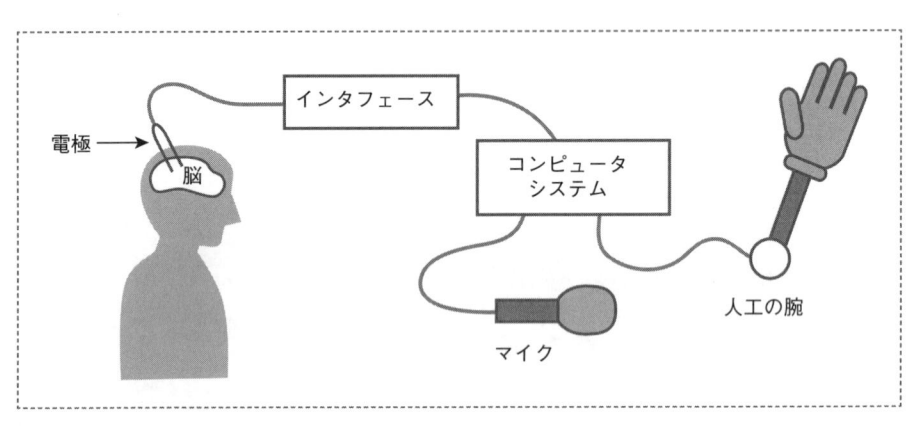

図11.9 脳コンピュータインタフェース

脳に直接電極を埋め込むだけでなく、微弱な磁場の変化から脳の動きを直接検出しようとする技術も開発されています。

●●●ウェアラブルコンピュータ

ウェアラブルコンピュータ（Wearable Computer）は、着用可能なコンピュータです。身に着けて、歩きながらでも使用できるコンピュータのことを指します。単にコンピュータを小型化して携行可能にするだけでなく、より使いやすいインタフェースを提供するために、通常のディスプレイとは異なる種類のディスプレイを用意したり、通常のキーボードやマウスとは異なる入力装置を用意する必要があります。

図11.10 ウェアラブルコンピュータ（写真提供：「MYCOM PC WEB」http://pcweb.mycom.co.jp/）（ウェアラブルコンピュータ研究開発機構（チームつかもと）の塚本昌彦氏らの研究しているモバイル楽器をもとに、上田安子服飾専門学校と共に実現している「着るピアノ」、この写真は実際にはウェアラブルコンピュータではなくウェラブルピアノ（2004年10月30日の記事より））

● 練習問題

1. 溶接ロボットに必要な要素を列挙してください。
2. ロボットとサイボーグの違いを説明してください。

11.6 未来の技術

機械的に駆動されていた計算機が、電子装置に置き換えられたように、今日のエレクトロニクスは間もなくほかの技術に置き換えられる可能性があります。

光技術

これまで電気的であったものの多くが、**光**（Optical）に置き換えられています。たとえば、通信線は金属の導線から光ファイバーに置き換えられています。その結果、通信速度が大幅に改善されています。今後、通信以外のところでも、電気的なものから光に置き換えられるものが出てくるでしょう。

また、記憶装置の記録と読み出しにも、従来の磁気ヘッドに代わってレーザー光が使われています。従来の磁気ヘッドを使う記憶装置では、磁気ヘッドが記録膜に近接しているので記録膜に傷が生じてデータを破損してしまう危険性があります。しかし、光磁気ディスクでは、レーザー光を使って記録や再生を行うので、ヘッドと記録膜を近接させる必要がなく、データ破壊の危険性が少なくなります。

自然言語処理

人間が日常使う**自然言語の処理**（Natural Language Processing）は、あいまいさや文脈との関係、背景となる文化や歴史などとの関係があるために、とても困難です。たとえば、外国語の文章を翻訳する技術ひとつにしても、現時点ではコンピュータの翻訳は人間の優秀な翻訳者には及びません。原語の意味を理解してから翻訳先の言語で文章を作るのではなく、言語の置き換えに頼って翻訳が行われているからです。コンピュータが自然言語を理解するようになれば、背景も考慮した翻訳ができるようになるでしょう。そのためには、優秀な翻訳者の知識と経験に匹敵するようなデータベースや推論機構が必要になります。つまり、コンピュータで優れた翻訳を実現するには、あいまいで複雑な自然言語を理解するという課題と、人間の知識と経験に匹敵するようなデータベースを構築すること、さらにはあいまいなことや前後関係から推理に

よって別の言語の文を構成するという、いくつかの大きな課題を解決する必要があります。このようなシステムは、翻訳のエキスパートシステムであるともいえます。

有機コンピュータ

　人間の脳と同じように、**有機物**（Organic Matter）で構成されたコンピュータチップを作ろうという試みがあります。

　「11.2　ニューロコンピュータ」で説明したように、脳はニューロンでできています。このニューロンと同じような構造を作り、それをネットワーク化することで、脳と似た働きを持つコンピュータチップを作ることが検討されています。これが実現されたら、現在の0と1だけの世界とは違う世界が開かれるはずです。

センサー

　ロボットや自動制御で重要な役割を果たす**センサー**（Sensor）の技術は、近年になって飛躍的に進歩しました。しかし、まだ感知が困難なものや感知できないものがあります。たとえば、神経細胞を流れる電流やそれによって発生する微弱な磁気の検知はとても困難です。また、騒がしい状況の中で雑音を排除して意味のある音だけを検出することも難しいことです。これらの技術が開発されたら、さまざまなところで応用されるようになるでしょう。さらに、表情や雰囲気のような、数値で表すことができないことも検知する技術が確立すると、コンピュータは生身の人間とより親密になれるでしょう。

ナノテクノロジー

　ナノテクノロジー（Nanotechnology）は、大きさや厚さなどが、**ナノメートル**（nm、1メートルの10億分の1）単位である物質を作ったり、それを応用してコンピュータや通信装置などを作る技術です。

　ハードウェアの歴史をみるとわかるように、デバイスが小さければ小さいほど、集積度を大きくして高性能なシステムを作成することができます。ナノメートルは、半

導体産業の従来の精度の単位である**マイクロメートル**（μm、ミリメートルの千分の1）の100分の1のサイズです。この精度で物を作ることができるようになると、従来よりはるかに小さいデバイスを作ることができるだけではなく、より多くの機能を持った物を作ることができるようになります。

● 練習問題

1. 現在、最先端の技術の現状と将来の展望をインターネットで調べてください。
2. 従来の翻訳ソフトウェアでは適切に翻訳できない文章の例を示してください。

第12章 コンピュータと社会

　コンピュータは社会に大きな影響を与えています。コンピュータと社会との関係は、多くのコンピュータ技術者はもちろん、コンピュータに関連するフィールドでキャリアを熟考している人たちのためにも重要です。社会に関する問題は必ずしも単純明確な解答が得られる問題ではありませんが、少なくとも熟慮する必要がある問題です。

12.1　コンピュータと人間

12.2　情報の保護

12.3　権利と義務

12.4　オープンソフトウェア

12.5　コンピュータとビジネス

12.1 コンピュータと人間

コンピュータは、人間や自然にとって役立つものとして研究開発が続けられています。しかし、あらゆる物事と同様に研究開発の結果が悪用されることがあります。また、コンピュータの開発が人間の価値観や人間の存在意義さえ変えてしまう可能性もあります。

技術の進歩と社会

コンピュータの技術的な進歩と普及は、**社会生活**を大きく変えています。多くの単調な作業が機械で行われるようになり、さらに高度なことさえも、機械でできるようになりつつあります。

コンピュータが何でもできるようになれば、人間は不要であるという議論さえ出てきます。実際にかつては人間が行っていた作業のいくつかが、完全に機械に取って代わられました。

また、電子的な頭脳やロボットが進化したら、人間を支配するようになるのではないかという危惧を抱く人もいます。コンピュータが意思を持たないまでも、悪意を持った人間がコンピュータに人間を支配するようなことを指示し、そのシステムが制御できなくなったら、人間はコンピュータに支配されてしまったのと同じことになります。

しかし、コンピュータは人間や自然にとって役立つものとして研究開発が続けられているはずです。コンピュータ技術の進歩が人間や自然にとって有意義であるようにするのは、ほかならぬ人間の務めです。

コンピュータと脳

脳に直接電極を埋め込んで、脳で考えたことを検出してシステムに入力する技術である**脳コンピュータインタフェース**が開発されています。この脳コンピュータインタフェースの研究がさらに進むと、脳からの信号で装置を制御するだけでなく、脳に信号を送って脳を操作することができます。たとえば、脳の特定の部分に信号を送るこ

とで脳に音を感じさせたり光を感じさせることができます。このことを利用して、聴覚や視覚を失った人間が音や光を認識できるようにするシステムはすでに開発されています。このような技術がさらに進めば、脳のさまざまな部分に直接信号を送って、感覚や動きを制御できるようになります。つまりコンピュータからの信号で、脳やそれに繋がっている人間自体を制御できるわけです。

また、脳には学習能力があるので、外部からの信号を使って脳の機能を変えることができます。たとえば、脳の特定の領域に信号を送ることで、それまでは人間の脳では認識できなかったレベルのことを認識できる脳を作ることができるでしょう。

ここで大きな問題が発生します。それは、コンピュータで脳をどこまで制御してよいのかということと、脳をどこまで人為的に変えて利用してよいのかという問題です。

また、コンピュータで脳の機能を解析できるようになると、ある特定の個人の能力や嗜好などを調べて、誰にでもわかる形で表現できるようになるでしょう。つまり、ある人にとって特定のことがあるレベルまでしかできないということが明確にわかるようになります。また、通常は表に出すことがない個人の性癖なども明確にわかるようになるでしょう。そうしたことが人間の幸福にとって本当によいことなのかということも大きな問題です。

●●● 人間と社会

人間は、本来、**社会的な生き物**です。人間が生きてゆくためには社会と直接関係を持っていなければなりませんでした。ところが、コンピュータの技術が進歩して普及するにつれて、社会と直接関係を持たない人たちや、社会との関係をうまく調和できない人たちが現れるようになりました。

たとえば、コンピュータゲームだけに没頭する人たちの中には、社会とまったく接触しようとしない人たちがいます。そのような人が常にソフトウェアを相手にしていると、生きている人間と交流する機会がなく、社会と断絶することになります。

また、コンピュータの仮想の社会だけと繋がりを持つ人たちもいます。**仮想の世界**にいる人は、現実と非現実の区別がつかなくなりがちです。そして、非現実的なことや現実の社会ではしてはならないことを実際に実行してしまうこともあります。

コンピュータネットワークの中の社会と**現実の社会**との違いを認識できない人もいます。ネットワーク上では他人とうまく調和できても実際に会うと人と人との関係を作れなかったり、ネットワーク上では隠されている部分があることに気付かないということが起こりがちです。

コンピュータは、社会や現実から逃避するための道具となることもあります。コンピュータシステムは複雑になっているとはいっても、現実社会の複雑さから比べれば単純明快であり、ほとんどの場合、コンピュータは即座に結果を出します。一方、現実社会は、多様な価値観で構成され、不安定で、常に答えが得られるとは限りません。コンピュータシステムの単純明快さは現実社会にはありません。

戦争と破壊

　軍事目的の研究開発は、一般の人々が使う民生品の研究開発に大きな影響を与えています。コンピュータの分野でもこのことは変わりありません。軍事目的の研究開発の結果が一般市民の生活の改善に役立っていることは事実ですが、軍事目的の開発を無制限に行ってよいものかどうか、また、どこまで積極的に行ってよいかという問題があります。また、軍事目的の開発には機密がつきものですが、研究や開発の成果をどの範囲でいつ公開するべきであるかという問題もあります。

　軍事目的の研究開発でもうひとつ重要な問題は、目的が破壊や侵略である場合があるという点です。たとえば、相手の軍事施設を無力化するためにコンピュータウィルスを作成してそれをネットワークに流すことは、軍事行為として有効な手段です。しかし、作成したコンピュータウィルスは、目標のコンピュータだけでなく、ほかのシステムにも障害を与える可能性があります。そこで、そのようなことを行うことが許されるのかという問題があります。

練習問題

1. 人間がしていたことをコンピュータがするようになると失業が増える可能性があります。この問題に対して開発者はどのように対処するべきか考察してください。
2. 自分自身が脳コンピュータインタフェースを使いたいかどうかについて、理由と共に説明してください。

12.2 情報の保護

情報は価値があればあるほど、安全に守られなければなりません。**情報の保護**に関連するのは技術的な課題だけではありません。

●●●情報の価値

情報は利用価値が高ければ高いほど、さまざまに悪用される可能性があるので、厳重に保護されなければなりません。たとえば、最近1ヶ月にやったゲームの成績の情報が失われたり盗まれたりしても大きな問題になることはないでしょうが、最近1ヶ月の銀行取引の情報が失われたり盗まれたりしたら社会的な大問題になります。そのため、銀行取引の情報はゲームの成績の情報より厳重に守らなければなりません。

しかし、一見、利用価値がないように見える情報にも、保護されなければならない情報があります。たとえば、図書館やレンタルビデオショップの貸し出し情報は、本来の目的は書籍やビデオが確実に返されるようにすることです。しかし、このような情報を集めて調べると、特定の個人がどのようなジャンルのものを借りたか知ることができ、個人の嗜好がわかります。個人の嗜好は重大な**個人情報**ですから、慎重に取り扱われなければなりません。

●●●情報の公開

情報は保護されなければならないと共に、公開されなければならないという側面もあります。たとえば、情報を独占して所有することで、利益を得ることも不可能ではありません。情報の保護を隠れ蓑にして、特定の人やグループだけが情報を独占して所有し、不法な利益を得ることがないようにする必要があります。

公共の情報のほとんどは公開されるべきですが、公私の区別が難しいこともよくあります。また、いずれは公開するべき情報であっても、公開のタイミングの判断が困難な場合もあります。

●●● 権限と責任

　情報を管理する者は、個人の自由や行動を制限する可能性があります。たとえば、雇用者は従業員の行動に対して何らかの責任が発生しますが、だからといって、雇用者が従業員の電子メールを閲覧したり、従業員がみたWebサイトの情報を知る権限があるかどうかという問題があります。

　情報に関連するサービスを提供する者にも、**権限**と**責任**の問題があります。たとえば、インターネットサービスプロバイダは顧客がサービスを悪用しないようにする義務があります。しかし、インターネットサービスプロバイダは、その顧客の通信の内容に関してどの程度の権限と責任があるのかという問題があります。

● 練習問題

1. 雇用者に従業員の電子メールを閲覧する権限があるかどうか考察してください。
2. インターネットサービスプロバイダは、クライアントの通信の内容に関してどの程度の責任があるか考察してください。

12.3 権利と義務

一般社会の多くの物事と同様に、コンピュータのハードウェアやソフトウェアに関連することにも、**権利**と**義務**があり、**責任**が発生します。しかし、コンピュータの特殊性から、一般の財物とは違う取り扱いを受けることがあります。

所有権

コンピュータに関連する権利の多くは、形がありません。その代表的なものが**知的所有権**です。

表12.1 知的所有権

種類	権利	解説
工業所有権	特許権	高度な技術的発想の実施を占有する権利。
	実用新案権	比較的小さな考案の実施を占有する権利。
	意匠権	特定のデザインに関する権利。
	商標権	商品に付ける記号（トレードマーク）である商標に関する権利。
著作権	著作者財産権	著作物の財産としての権利。
	著作人格権	著作者の人格的権利。

ハードウェアやソフトウェアの**特許権**は重要な権利です。特許は特許庁に出願申請して審査後に権利化（登録）されるので、権利の有無は比較的明確です。

ソフトウェアには**著作権**という権利もあります。しかし、著作権は、本来は文学的な業績に対する著者の権利を守るために確立されていました。文学的な作品の著作権が発生するもとは、その内容と表現にあります。一方、ソフトウェアの価値は表現ではなく機能にあります。つまり伝統的な著作権をソフトウェアにはそのまま適用できないといえます。たとえば、同じように機能するソフトウェアを開発しても、ソースコードを流用したのではなく、ゼロから独自に作成したものであれば、それは著作権の侵害にはあたらないと考えられます。

製造責任

　CPUやソフトウェアにバグがあって、それを運用している現場で問題が発生した場合、どこまで責任を負うべきかということは重大な問題です。一般的には、製造物には製造者の**製造責任**が発生します。しかし、ハードウェアやソフトウェアのバグで発生したあらゆる損害を製造者が補償しなければならないとしたら、PCのように用途が決まっていない製造物では責任の範囲が無限になってしまいます。また、用途が定まっているソフトウェアやハードウェアであっても、使い方によってはその責任の範囲が大きくなりすぎることがあります。そこで、ハードウェアやソフトウェアの製造者は、普通、ハードウェアやソフトウェアを運用した結果について責任を持たないということを免責事項として明記します。多くの場合、ソフトウェアは「使用許諾契約書」という名前の文書にユーザーが同意する前提で提供されます。

練習問題

1. ソフトウェアのライセンス（使用許諾契約）をいくつか取り上げて、製造者が追う責任の範囲を調べてください。
2. 株の売買を行う証券取引所のコンピュータシステムのソフトウェアの不具合で、株式の売買で損害を被ったとします。責任は誰にあり、誰が損害を賠償するべきか考察してください。

12.4 オープンソフトウェア

プログラムのソースコードを公開しているソフトウェアをオープンソースソフトウェアといいます。

●●● オープンソースソフトウェア

プログラムのソースコードを公開して開発を進めることを**オープンソース開発**（Open-Source Development）といいます。オープンソースのソフトウェアにはいろいろなものがありますが、OSのLinux、オフィスアプリケーションのOpenOffice.org、WebブラウザとメーラーのMozillaなどが特に有名です。

オープンソースという言葉はさまざまに解釈が可能ですが、Open Source Initiative（**OSI**）という団体によって定義された、次のようなオープンソースの定義（Open Source Definition、**OSD**）があります。

1) 自由に再頒布できること。
2) ソースコードを含んでいること。
3) ソフトウェアの変更と派生ソフトウェアの作成と頒布を認めていること。
4) オリジナルの作者の完全なソースコードが明確にわかる形で提供されていること。
5) 特定の個人やグループを差別しないこと。
6) 利用する分野を差別しないこと。
7) 追加的ライセンスに同意することを必要としないこと。
8) 特定製品だけで有効なライセンスではないこと。
9) 他のソフトウェアを制限するライセンスでないこと。
10) 技術的に中立なライセンスであること。

OSIの定義したオープンソースはひとつの見解です。広い意味では、ソースコードを**パブリックドメイン**（Public Domain）にしたソフトウェアを**オープンソースソフトウェア**（Open Source Software、**OSS**）といいます。パブリックドメインとは、開発者が排他的な権利を主張できず、知的財産権が誰にも帰属しない（一般公衆に属す

る）状態にあることをいいます。パブリックドメインの中にはソースコードを公開していないソフトウェアもあるので、パブリックドメインとオープンソースは同じ意味ではありません。

オープンソースと**フリー（無料）ソフトウェア**（Free Software）も異なります。広い意味でオープンソースであってもフリーでないソフトウェアもあり、フリーソフトウェアでもソースコードを公開していないソフトウェアもあります。

●●● オープンソースの特徴

オープンソースのソフトウェアには、多くの特徴があります。

第一に、オープンソースのソフトウェアは、再配布が可能であるため、多くのユーザーが使うことができます。これは、多くのユーザーがテストに関わることと同じなので、問題点を素早く発見することができます。そして、多くの開発者がソースプログラムに関与できるので、バグフィックスが速やかに行われる傾向があります。

また、オープンソースソフトウェアの機能や開発スケジュールなどは、公開されている討論の場で検討されることが多いので、比較的民主的であり、特定の企業のビジネス上の戦略に影響されません。

さらに、公開されているソースコードがあるので、ソフトウェア資産としての永続性があります。それに対して、ソースコードが公開されていないソフトウェアは、開発者がバージョンアップやサポートを終了すると、使用できなくなる可能性があります。

ユーザーが自分の目的に合わせてプログラムを変更できるという点も、オープンソースのソフトウェアの大きな特徴です。これには、異なるシステムへの移植も含まれます。独自のシステムを開発しようとするときには、オープンソースソフトウェアは強力な味方になります。

●●● オープン開発

オープンソースのソフトウェアには、通常、多数の開発者が参加します。つまり、多くの開発者が改良やバグフィックスを行うことができます。そのため、ソースコードの変更は管理されなければなりません。一般的にはオリジナルの開発者が必要または有効と認めた変更をソースコードに対して行います。オリジナルの開発者がソース

コードを管理できない場合は、それに変わる人が管理します。そのため、オープンソースのプログラムがむやみに変更されるということはありません。

　管理されているソースコードに独自に機能を追加したり、オリジナルのソースコードの管理者によらないで変更されたソフトウェアは、オープンソースのソフトウェアから派生したソフトウェアとみなされます。これは元のソフトウェアとは別のソフトウェアとみなします。

●練習問題

1. パブリックドメインとオープンソースの違いを説明してください。
2. オープンソースソフトウェアの利点を挙げてください。

12.5 コンピュータとビジネス

　製品としてみたコンピュータには、ほかの製品と同様に製造販売のビジネスがあります。加えて、コンピュータに関連する従来なかったビジネスの機会がいろいろあります。

●●●伝統的なビジネス

　コンピュータのハードウェアを製造したり販売することには、従来からの一般の製品の製造販売と大きく異なる点はありません。このような伝統的なビジネスは、社会の中で相当の割合を占め、他の一般の製品のビジネスと同様に今後も続きます。

　ソフトウェアのビジネスも、製品の製造販売に似た部分があります。特に、ソフトウェアをパッケージに入れて店頭で販売することは、一般の製品の製造販売と同じです。しかし、ソフトウェアは必ずしも品物として販売する必要はないので、ネットワークでダウンロードできるようにして販売する方法も活用されています。

　従来は店頭や電話などで販売されていた、債権や外貨、株なども、ネットワークで販売されています。これらは、従来のビジネスでありながらコンピュータを有効利用したひとつの形態であるといえます。

　コンピュータに関連した伝統的なビジネスには、このほかにも、教育、管理、修理など、さまざまなものがあります。現在ではコンピュータを主に利用している伝統的なビジネスには、デザイン（意匠、設計）、専門的な事務（簿記、医療事務など）、書籍や雑誌、新聞などの制作、音楽制作、映像制作などがあります。

●●●新しいビジネス

　コンピュータに関連する新しいビジネスは次々に登場しています。その中でも、インターネットを利用したビジネスが急成長を遂げています。

　インターネットを利用し、従来はなかった巨大なビジネスとして、**ポータルサイト**（Portal Site）の運営があります。これは、インターネットの入り口となる巨大なWeb

サイトのことです。Webサイトそのものは無料ですから利益を上げることはできませんが、膨大な情報を無料で提供して利用者数を増やし、広告収入や電子商取引の仲介などで利益をあげます。

個人でもできる新しいビジネスには、**アフィリエイト**（Affiliate）があります。これは、商品を販売する企業と契約して自分の運営するWebサイトに広告を表示し、そのWebサイトにアクセスしてきたユーザーが、その広告を経由して企業と取引などをすると、広告を掲載しているWebサイトの運営者に報酬が支払われるというシステムのことです。広告にはHTMLページに埋め込み可能なバナー広告が使われます。そして、ほかのユーザーがバナー広告を経由して商品を購入した場合など、一定の条件を満たすと報酬が支払われます。

インターネットの普及と共に大きく成長したビジネスのひとつに**インターネットオークション**（Internet Auction）があります。インターネットオークションはインターネット上の競売で、オークションを運営するビジネスと、オークションを利用して商品を販売することで利益を得るビジネスがあります。

Webサイトの制作と管理・運営も、ビジネスのひとつとして確立しています。デザイン力が必要であるのはもちろんのこと、新しい技術を積極的に取り入れた効果的なWebサイトの制作や運営が望まれています。

コンピュータ特有の新しいビジネスとして、データを保管するというビジネスがあります。これは、障害や災害などにそなえて特に重要なデータを保管したり、訴訟などに備えて過去の変更履歴を含むデータを保存するビジネスです。

●●●オープンソースとビジネス

オープンソースで開発されるソフトウェアは、ほとんどの場合、フリーな（無償の）ソフトウェアです。しかし、オープンソースであることと、フリーであることは別のことです。

ライセンスによっては、ソフトウェアそのもので利益を上げることができる場合があります。また、関連するビジネスで利益を上げることも可能です。たとえば、オープンソースソフトウェアをベースにして開発した製品版を販売することが可能な場合があります。また、オープンソースソフトウェアをユーザーが利用しやすい形式で有償配布することやオープンソースソフトウェアに関するドキュメントの出版など、オープンソースソフトに関連したビジネスがいろいろあります。

オープンソースソフトウェアを使ってビジネスを展開する場合、製品として配布さ

れるソフトウエアは **OSI** が定義するオープンソフトウェアではなくなる場合があります。しかし、オープンソースソフトウェアをビジネスで活用することが禁止されていたり好ましくないと考えられているわけではありません。

● 練習問題

1. 伝統的な販売や商取引と、インターネットを使った販売や商取引の違いを説明してください。
2. 新しい形態のビジネスの問題点をまとめてください。
3. オープンソースソフトウェアを利用して利益を上げることについて、自分の意見をまとめてください。

付　録

付録A	ASCIIコード
付録B	略語
付録C	参考リソース

付録A ASCIIコード

	0	1	2	3	4	5	6	7
0			スペース	0	@	P	`	p
1			!	1	A	Q	a	q
2			"	2	B	R	c	r
3			#	3	C	S	b	s
4			$	4	D	T	d	t
5			%	5	E	U	e	u
6			&	6	F	V	f	v
7			'	7	G	W	g	w
8			(	8	H	X	h	x
9			)	9	I	Y	i	y
A			*	:	J	Z	j	z
B			+	;	K	[	k	{
C			,	<	L	¥	l	|
D			-	=	M	]	m	}
E			.	>	N	^	n	~
F			/	?	O	_	o	DEL

※00から1Fまでは「制御文字」

付録B 略語

一般のコンピュータ利用やコンピュータサイエンスで比較的よく使われる略語を示します。

略語	英語	日本語
2DCG	Two Dimensional Computer Graphics	（2次元コンピュータグラフィックス）
3DCG	Three Dimensional Computer Graphics	（3次元コンピュータグラフィックス）
4GL	4th Generation Language	（第4世代言語）
BCD	Binary-Coded Decimal	（2進化10進数）
BLOB	Binary Large OBject	（バイナリラージオブジェクト）
CAD	Computer Aided Design	（コンピュータ支援設計）
CG	Computer Graphics	（コンピュータグラフィックス）
CISC	Complex Instruction Set Computer	（複合命令セットコンピュータ）
CPU	Central Processing Unit	（中央処理装置）
CSV	Comma Separated Values	（カンマ区切りデータ）
DB	DataBase	（データベース）
DBMS	DataBase Management System	（データベース管理システム）
DMA	Direct Memory Access	（ダイレクトメモリアクセス）
DTPR	DeskTop PResentation	（デスクトッププレゼンテーション）
DTM	DeskTop Music	（デスクトップミュージック）
FPU	Floating Point Processing Unit	（浮動小数点処理ユニット）
GA	Genetic Algorithm	（遺伝的アルゴリズム）
GP	Genetic Programming	（遺伝的プログラミング）
I/O	Input/Outout	（インプット/アウトプット）
IC	Integrated Circuit	（集積回路）
LSI	Large Scale Integration	（大規模集積回路）

MIDI	Musical Instrument Digital Interface	（ミディ）
MPU	Micro Processing Unit	（超小型処理ユニット）
OMG	Object Management Group	（オブジェクト管理グループ）
PC	Personal Computer	（パーソナルコンピュータ）
RDB	Relational DataBase	（リレーショナルデータベース）
RDBMS	Relational DataBase Management System	（リレーショナルデータベース管理システム）
RDBMS	Remote DataBase Management System	（リモートデータベース管理システム）
RISC	Reduced Instruction Set Computer	（縮小命令セットコンピュータ）
SOAP	Simple Object Access Protocol	（ソープ）
TLD	Top-Level Domain	（トップレベルドメイン）
WP	Word Processor	（ワードプロセッサ）
UML	Unified Modeling Language	（統一モデリング言語）
WWW	World Wide Web	（ワールドワイドWeb）
XOR	eXclusive OR	（排他的OR）

付録C 参考リソース

"Computer Science: An Overview, Edition 7", J. Glenn Brookshear 著, Pearson Prentice Hall

"Computer Science: A Modern Introduction, 2nd Edition", Les Goldshlager, Andrew Lister 著, Pearson Prentice Hall（邦訳『計算機科学入門　第2版』武市正人 他訳、近代科学社）

『アルゴリズム C++』R. セジウィック 著、野下浩平他 訳、近代科学社

『現代プログラミングの基礎知識』日向俊二 著、翔泳社

『独習アセンブラ』日向俊二 著、翔泳社

『独習 XML』日向俊二 著、翔泳社

『独りで習う C』日向俊二 著、翔泳社

『コンパイラ』中田育男 著、産業図書

ISO　http://www.iso.ch

Linux　http://www.linux.org

XML、HTML など　http://www.w3.org

マイクロソフト社の開発情報　http://www.microsoft.com/japan/msdn

索 引

数字

0 オリジンの配列 199
10 進数 60
16 進数 65, 72
1 次キャッシュ 40
2DCG 190
2 次キャッシュ 40
2 次元コンピュータグラフィックス 190
2 次元配列 201
2 進化 10 進数 67
2 進数 61, 75
2 相コミット 241
2 の補数 69
2 ビット 19
2 分探索 118
3DCG 191
3 次元コンピュータグラフィックス 191
4GL 127, 266
4 ビット 19
8 進数 64
8 ビット 19

A

ABC 7
ACID 239
AI 286
AIX 180
AND 21
AND 演算 81
AND ゲート 23
ANSI 87
ANSI ファイル 226
ARP 252
ASCII 87

ASCII コード 320
ASCII ファイル 226
ASCII 文字セット 87

B

BASIC 150
BCD 67, 72
BLOB 235
bps 55
BSD 180

C

C# 153
C++ 149
CASE 264
CASE ツール 265
CD 42
CD-DA 42
CD-R 42
CD-RW 42
CG 190
CHAP 252
CISC 32
CLR 150
COBOL 155
Colossus 7
CPU 18, 28, 29, 53
CSV 189, 227
CUI 174
C 言語 148

D

DARPA 254
DBMS 235

324

Index

Delphi 154
DHCP 252
DMA 55
DNS 248
DOS 182
DRAM 37
DTM 190
DTPR 189
DVD 42
DVD-R 42
DVD-RW 42

E
EBCDIC 87
ECMA 153
EEPROM 39
e-mail 258
ENIAC 7
EPROM 39
ERP 190
EUC 87
Eメール 258

F
FAT 223
FIFO 211
FORTRAN 155
FPU 31, 50
FreeBSD 180
FTP 248, 252

G
GA 294
GB 38
Gbps 55
GiB 38
GP 295
GP-IB 248
GUI 174

H
HAL 173
HP-UX 180
HTML 157, 165, 256
HTTP 248, 252
HTTPS 248, 252

I
I/O 28, 44
I/Oロケーション 44
IC 9
ICANN 255
ICMP 252
IDDE 138
IDE 138
IP 52, 252
IPL 170
IPX/SPX 253
IPアドレス 255
IRIX 180
ISO 87, 180

J
Java 153
Javadoc 283
Java仮想マシン 153
JIS 87
JVM 153

K
KB 38
Kbps 55
KiB 38

L
LAN 249
Lempel-Ziv符号化 121
LIFO 208
Linux 180

325

Lisp	288
LSI	9

M

Mac OS	182
Mark I	7
MB	38
Mbps	55
MBR	170
MiB	38
MIDI	95
MIMD	33
MO	43
MPU	18, 29
MS-DOS	182

N

NAND	22
NetBIOS	248
NNTP	248, 252
NOR	22
NOT	21
NOT演算	83
NOTゲート	24
N進数	60

O

O(x)	115
Object Pascal	154
ODB	242
OMG	271
OODB	243
OOP	126, 143
OR	21
OR演算	83
ORゲート	23
OS	172
OSD	313

OSI	313
OSI参照モデル	251
OSS	313

P

PAP	252
Pascal	154
PC	10
PCM	94
POP	252
POP3	248
POSIX	180
PPP	252
Prolog	288
PROM	39

R

RAID	240
RAM	39
RDB	236
RDBMS	189, 236
RISC	32
ROM	39
RS-232C	247
RS-422	248
RTF	226

S

SIMD	33
SISD	33
SMTP	248, 252
SNMP	252
SOAP	187
Solaris	180
SQL	238
SRAM	37
SSH	248
SunOS	180

Index

T
TCP 252
TCP/IP 252
TCP/IP プロトコルスイート 252
Telnet 248, 252
TLD 255
TTL レベル 18

U
UDP 252
ULSI 10
UML 271
Unicode 87, 89
Unicode ファイル 226
UNIX 180
UnixWare 180
URL 257

V
Visual Basic 150
Visual Basic .NET 150
VLSI 10

W
W3C 256
Web 256
Web サーバー 184, 187
Web サイト 256
Web ブラウザ 187
Web ページ 187, 256
Windows 181
WWW 15, 256

X
XFree86 181
XML 159, 165
XML ドキュメント 161
XOR 21

XOR 演算 82
XOR ゲート 24
X-Window System 181

あ
あいまいさ 296
アセンブラ 53, 134
アセンブリ言語 53, 129, 134
アセンブル 53
値 60
圧縮 120
圧縮ドライブ 225
後入れ先出し 208
アドレス 37
アドレスバス 35
アバカス 2
アフィリエイト 317
アプリケーション 14
アプリケーション（Java）....................... 153
アプリケーション層 251
アプリケーションソフトウェア 168
アプリケーションプログラム 186
アプレット 153
誤り訂正 57
アルゴリズム 3, 98, 124
アルゴリズムの検証 110
暗号 119
暗号化 119, 261
アンパック形式 73

イーサネット 247
意匠権 311
移植性 274
移植性のある OS 13
一貫性 239
遺伝的アルゴリズム 294
遺伝的プログラミング 295
イベント駆動型プログラミング 142

327

索引

医用コンピュータ 192
イレギュラー型 249
インスタンス 145, 176
インストラクション 132
インストラクションセット 130
インストラクションポインタ 52
インストラクションレジスタ 52
インターネット 187, 254
インターネットオークション 317
インタープリタ 139
インデックス 199
インデックスデータ 232
インデックステーブル 233
インデックスファイル 233
インデックスページ 257

ウィンドウシステム 14
ウェーブフォームオーディオ 94
ウェラブルコンピュータ 300
宇宙航空技術 192
運用 264

エキスパートシステム 287
演算命令（アセンブリ言語） 130

欧州コンピュータ製造業者協会 153
応用プログラム 186
オーダー 115
オーバーフロー 74
オープンソース開発 313
オープンソフトウェア 313
オープンネットワーク 249
音 94
オフィスアプリケーション 187
オブジェクト 143
オブジェクト指向データベース 243
オブジェクト指向プログラミング 143
オブジェクト指向プログラミング言語 126
オブジェクトデータベース 242

オブジェクトファイル 137
オフセットアドレス 47
オフライン 41
オペランド 132
親クラス 147
オンライン 41

か

カーネル 173
開発ツール 138
化学 193
鍵 120
拡張可能マークアップ言語 159
仮数部 76
カスタムデータ構造 216
画素 89
仮想の世界 307
仮想マシン 127
仮想メモリ 41
型 216
カプセル化 146
ガベージコレクション 197
可変長レコード 231
下流CASEツール 265
関数 140

偽 22
ギア式計算機 4
キー 235
キーフィールド 235
ギガバイト 38
木構造 214
記述言語 157
奇数パリティ 56
基底クラス 147
機能性 274
キビ 38
キビバイト 38

328

Index

基本クラス	147
義務	311
キャッシュメモリ	39
キャラクタデバイス	170
キュー	211
教育	193
境界値分析	278
競合	177
共通言語ランタイム	150
業務アプリケーション	190
キロバイト	38
クイックソート	113
空間計算量	116
偶数パリティ	56
組み込みデータ型	197
クライアント	184, 251
クライアント・サーバーシステム	184, 251
クラス	145
グラフィックス	89, 190
繰り返し	102
クリスプ集合	296
クリティカルセクション	177
クローズドネットワーク	249
クロスプラットフォーム	127
軍事目的	308
計算可能	106
計算できない	107
計算量	112
継承	146
継承したクラス	147
軽量クライアント	185
ゲート	23
結合テスト	279
原型	272
権限	310
言語の実装	137
原子性	239
現実の社会	307
権利	311
公開キー	261
公開キー暗号化	261
高級言語	126, 136
高級プログラミング言語	53, 126, 136
工業所有権	311
高水準言語	126
構造化プログラミング	141
構造体	216
効率性	274
国際標準化機構	180
国防高等研究計画庁	254
子クラス	147
個人情報	309
固定長レコード	230
コミット	239
コメント	125
コントロールバス	36
コンパイラ	136
コンパイル	53
コンパクトディスク	42
コンパクトディスクデジタルオーディオ	42
コンピュータ	2
コンピュータウィルス	261
コンピュータグラフィックス	190
コンピュータ支援ソフトウェア工学	264
コンポーネント	266
コンマ区切りデータ	189, 227

さ

サーバー	184, 251
再帰	104
再帰関数	104
細胞体	290
サイボーグ	299
サウンド	94, 190

索引

先入れ先出し 211
作業 175
索軸 290
サブクラス 147
サブルーチン 140
差分エンジン 4
サンプリング 94
サンプルレート 94
シーケンシャルファイル 227
シーザー暗号 119
シェル 173
シェルソート 114
時間計算量 116
磁気ディスク 41
磁気テープ 42
資源 172
指数部 76
システムコール 132
システムスケジューラー 177
システムソフトウェア 168
システムドキュメント 282
システムバス 34
自然言語処理 302
持続性 239
実行可能ファイル 137
実行可能プログラムコード 124
実行時ライブラリ 138
実行制御 102
実数 31, 75
実装 264
実メモリ 41
実用新案権 311
シフト 84
シフトJIS 87
シミュレーター 193
社会生活 306
社会的な生き物 307

集積回路 9
集積度 9
重量サーバー 185
主キー 235
縮小命令 32
樹状突起 290
巡回セールスマン問題 108
順次探索 118
条件分岐 102
詳細設計 264
使用性 274
衝突 233
商標権 311
情報の価値 309
情報の公開 309
情報の保護 309
上流CASEツール 265
書式付テキストファイル 226
ジョブ 169
シリアル転送 54
真 22
進化論的学習 295
真空管 7
シンクライアント 185
神経細胞 290
人工知能 286
信頼性 274
推論 286
推論エンジン 287
スーパークラス 147
スーパースカラー 32
スーパースケーラー 32
スター型 249
スタック 208
スタブ 279
ステップ数 112
ストア 37

スプレッドシート 188
スレッド 176

正規化 237
制御命令（アセンブリ言語） 131
整数 60
製造責任 312
生体認証 260
静的データ構造 197
正当性 110
生物 193
整列 112
セカンドレベルドメイン 255
責任 310, 311
セキュリティー 259
セキュリティーホール 259
セクタ 41
セグメンテーション 47
セグメントアドレス 48
セグメントベース 47
セグメントレジスタ 47
世代（プログラミング言語） 126
設計 264
セッション層 251
セマフォ 178
ゼロオリジンの配列 199
ゼロ基点の配列 199
ゼロベースの配列 199
線形探索 118
宣言ステートメント 125
センサー 303
全体設計 264
選択ソート 114
前提条件 110
専門家システム 287
専有ネットワーク 249
専用レジスタ 30

挿入ソート 114
添字 199
ソースオペランド 132
ソースプログラム 53, 136
ソート 112
ゾーン形式 73
ゾーンビット 73
属性 143
属性型JPドメイン名 255
即値 51
ソフトウェアエンジニア 266
ソフトウェアエンジニアリング 264
ソフトウェア開発キット 138
ソフトウェア開発ツール 138
ソフトウェア開発パッケージ 138
ソフトウェアの生産性 266
ソフトウェア品質 274
そろばん 2

た

第1世代のプログラミング言語 126
第2世代のプログラミング言語 127
第3世代のプログラミング言語 127
第4世代の言語 127, 266
大規模集積回路 9
タイムスライス 176
ダイレクトメモリアクセス 55
タグ付きテキストファイル 226
タスク 175
多態性 147
正しい 110
正しいと信じられる 111
ダブルワード 80
探索 118
単純交換ソート 112
単体テスト 279

索引

逐次探索 118
知識ベース 286
知的所有権 311
知能 286
中央処理装置 18
中間コード 139
チューリングテスト 287
チューリングマシン 5
超越数 107
超小型処理ユニット 18
著作権 311
著作者財産権 311
著作人格権 311

通信 246
通信リソース 247
積み込み問題 108
ツリー 214

低級言語 126
停止問題 107
低水準言語 126
ディスクオペレーティングシステム 182
ディスティネーションオペランド 132
テイルポインタ 212
ディレクトリ 223
データ 52
データ型 196
データ構造 197
データ構造体 216
データ転送命令（アセンブリ言語） 130
データバス 34
データベース 234
データベースアプリケーション 189
データベース管理システム 235
データベースサーバー 184
データベース問い合わせ言語 237
データリンク層 251
テーブル 234

テキスト 88
テキストエディタ 188
テキストファイル 226
デジタル計算機 6
手順型プログラミング 142
デスクトッププレゼンテーション 189
デスクトップミュージック 190
テスト 264, 277
手続き型プログラミング 142
デッドロック 178
デバイスドライバ 170
デバッガ 280
デバッグ 280
手回し式計算機 5
電子計算機 2
電子メール 258
転送 54
転送エラー 56
転送速度 55
電動計算機 5

統一モデリング言語 271
統合開発環境 138
統合開発デバッグ環境 138
統合テスト 279
動的データ構造 197
同等問題 107
ドキュメンテーション 282
ドキュメント 282
特殊目的のレジスタ 48
独立性 239
特許権 311
トップ 208
トップダウン方式 265
トップレベルドメイン 255
ドメイン 254
ドメインネーム 255
ドメイン名 255

332

トラック	42
トランザクション	239
トランザクション処理	239
トランジスタ	9
トランスポート層	251

な

流れ図	99
ナノテクノロジー	303
ナノメートル	303
ニブル	78
ニモニック	126, 129
ニューラルネットワーク	290
ニューロコンピュータ	290
ニューロン	290
認識	286
ネームサーバー	255
ネットワーク	15, 249
ネットワーク層	251
ネットワークワーム	261
ノイマン型コンピュータ	12
ノイマンシステム	18, 28
脳コンピュータインタフェース	299, 306
農林水産業	194

は

バージョンアップ	268
バージョン管理システム	281
パーソナルコンピュータ	10
ハードウェア抽象化層	173
バイオメトリクス	260
排他的OR演算	82
排他的論理和	21
バイト	79
バイトコード	139
バイナリファイル	228
バイナリラージオブジェクト	235
ハイパーテキストマークアップ言語	157
パイプ	174
パイプライン	32
配列	199
バグ	269, 280
バグフィックス	269
バス	28
バス型	249
パスカルの計算機	4
パステスト	278
パスワード	260
派生	146
派生クラス	147
バックアップ	239
パック形式	73
バックドア	261
パッケージソフトウェア	13
ハッシュ	224
ハッシュ関数	224
ハッシュ値	224
ハッシュテーブル	233
バッチ処理	169
バッファ	224
バッファリング	224
ハブ	247
ハフマン符号化	121
パブリックドメイン	313
バブルソート	113
ハミルトンの閉路問題	109
パラレル転送	54
パリティビット	37, 56
パルス符号変調	94
パレートの原則	278
反転	83
汎用OS	14
汎用レジスタ	30, 45

索引

ピアツーピア 251
ヒープソート 114
光 302
光磁気ディスク 43
ピクセル 89
ビジネス 316
ビジネスパッケージ 190
ビジネル暗号 120
ビッグエンディアン 40
ビッグオー 115
ビット 18
ビットパターン 19
ビットマップ 89
否定 21
否定論理積 22
否定論理和 22
ヒューマノイド 299
表計算ソフトウェア 188
標本化 94

ファイアウォール 262
ファイル 222
ファイルアロケーションテーブル 223
ファイルサーバー 184
ファイルの圧縮 225
ファイルポインタ 223
ファイル名規約 222
ファジィ集合 296
ファジィプログラミング 297
ファジィ理論 296
ファットクライアント 185
ファットサーバー 185
フィールド 234
ブートストラップ 169
ブール演算 22
フォルダ 223
不完全性定理 107
符号 69
符号付き 69

符号ビット 73
不正アクセス 261
プッシュ 50, 208
物理層 251
浮動小数点コプロセッサ 31
浮動小数点処理ユニット 31
浮動小数点数 76
部分計算が可能 107
プライオリティ 177
プライベートキー 261
フラグレジスタ 48
プラットフォームに依存しない 15
フリーソフトウェア 314
ブリッジ 250
フリップフロップ回路 25
プリントサーバー 184
プレーンなテキスト 188
プレーンなテキストファイル 226
プレゼンテーション層 251
プレゼンテーションソフトウェア 189
フローチャート 99
プログラミング言語 125
プログラム 52, 99, 124
プログラムカウンタ 52
プログラムモジュール 141
プログラムローダー 169
プロシージャ 140
プロセッサのサイズ 35
ブロックデバイス 170
プロトコル 251
プロトタイピング 272
プロトタイプ 272
プロパティ 143
分岐 103
分散データベース 240
分数表現 75
分析 264
分析エンジン 4

項目	ページ
米国規格協会	87
ベースクラス	147
ベータテスタ	278
ベータテスト	278
ベクタ型	92
ヘッドポインタ	212
変換系	137
ポインタ	197
ポータルサイト	316
ポート	247
ポート番号	247
ホームページ	187, 256, 257
保守性	274
ホストコンピュータ	246
ポップ	50, 208
ボトムアップ方式	265
ポリモーフィズム	147

ま

項目	ページ
マージソート	114
マイクロメートル	304
マザーボード	29
マシン語	124
マシンコード	124
マスク ROM	39
マスストレージ	41
待ち行列	211
マルチスレッド	33
マルチスレッドプログラム	176
マルチタスク	33
マルチタスク OS	175
マルチプロセッサマシン	33
マルチユーザー	179
ミューテックス	178
ミラーリング	240
無条件分岐	102
無線	249
無理数	107
無料ソフトウェア	314
命令	132
命令ステートメント	125
命令セット	130
メインプログラム	140
メインボード	29
メインメモリ	37
メーラー	187
メガバイト	38
メソッド	144
メモリ	28, 37
メモリマップド I/O	44
メンバー	217
文字	87
文字コード	87
モジュール	141, 270
モジュール化	270
モジュラープログラミング	141
文字列	88
モデム	247
モデル	271
モデル化	271

や

項目	ページ
有機コンピュータ	303
ユーザー定義型	216
ユーザー定義のデータ構造	216
ユーザードキュメント	282
有線	249
優先順位	177
ユーティリティーソフトウェア	168
要件	266
要素	199

索引

ら

(ソフトウェアの) ライフサイクル 268
ライプニッツの計算機 4
ライブラリ 137, 186
ラスタオペレーション 90
ラスタ型 89
ラスタライズ 94
ランダムアクセスファイル 228
ランレングスエンコーディング 120

リスト 204
リソース 172
リダイレクト 174
リッチクライアント 185
リッチテキストファイル 226
リトルエンディアン 40
リフレッシュ 37
リムーバブルメディア 41
リレー 6
リレーショナルデータベース 236
リレーショナルデータベース管理システム 189, 236
リレーション 236
リング型 249

ルーター 247
ルール 286

レコード 216, 229, 234
レジスタ 30, 45

ローカルエリアネットワーク 249
ローテート 86
ロード 37
ロールバック 239
ロック 238
ロボット 298
ロボット工学 298
ロングワード 80
論理演算 21
論理積 21

論理操作命令 (アセンブリ言語) 130
論理プログラミング 288
論理和 21

わ

ワード 79
ワードプロセッサ 187

■ 著者プロフィール

日向 俊二（ひゅうが・しゅんじ）
フリーのソフトウェアエンジニア・ライター。前世紀の中ごろにこの世に出現し、FORTRAN や C、BASIC でプログラミングを始め、その後、主にプログラミング言語とプログラミング分野での著作、翻訳、監修などを精力的に行う。わかりやすい解説が好評で、現在までに、C#、C/C++、Java、Visual Basic、XML、アセンブラ、コンピュータサイエンス、暗号などに関する著作多数。

コンピュータサイエンス入門

2006 年 2 月 10 日　　初版第 1 刷発行
2015 年 3 月 10 日　　第 4 刷発行

著　者	日向 俊二
発行人	石塚 勝敏
発　行	株式会社 カットシステム
	〒 169-0073 東京都新宿区百人町 4-9-7　新宿ユーエストビル 8F
	TEL　(03)5348-3850　　FAX　(03)5348-3851
	URL　http://www.cutt.co.jp/
	振替　00130-6-17174
印　刷	シナノ書籍印刷 株式会社

本書に関するご意見、ご質問は小社出版部宛まで文書か、sales@cutt.co.jp 宛に e-mail でお送りください。電話によるお問い合わせはご遠慮ください。また、本書の内容を超えるご質問にはお答えできませんので、あらかじめご了承ください。

■ 本書の内容の一部あるいは全部を無断で複写複製（コピー・電子入力）することは、法律で認められた場合を除き、著作者および出版者の権利の侵害になりますので、その場合はあらかじめ小社あてに許諾をお求めください。

Cover design　Y.Yamaguchi　　© 2006 日向俊二
Printed in Japan　ISBN978-4-87783-122-6